图解

仓颉编程 高级篇

刘玥 张荣超 ◎ 著

人民邮电出版社

北 京

图书在版编目（CIP）数据

图解仓颉编程. 高级篇 / 刘玥，张荣超著. -- 北京：
人民邮电出版社，2024.7. -- ISBN 978-7-115-64602-6

Ⅰ. TP312-64

中国国家版本馆 CIP 数据核字第 2024J4N271 号

内 容 提 要

　　本书以图解的形式，通过丰富的示例和简明的图表，以通俗易懂的方式阐释了仓颉编程语言的高级核心知识。

　　全书共 5 章，包括异常处理、输入与输出、元编程、多线程和 Socket 网络编程。

　　本书适合对仓颉编程语言有一定基础的学习者阅读。

◆ 著　　　　刘　玥　张荣超

　　责任编辑　吴晋瑜

　　责任印制　王　郁　胡　南

◆ 人民邮电出版社出版发行　　北京市丰台区成寿寺路 11 号

　　邮编　100164　电子邮件　315@ptpress.com.cn

　　网址　https://www.ptpress.com.cn

　　北京九州迅驰传媒文化有限公司印刷

◆ 开本：787×1092　1/16

　　印张：20.75　　　　　　　　　2024 年 7 月第 1 版

　　字数：515 千字　　　　　　　2024 年 7 月北京第 1 次印刷

定价：108.80 元

读者服务热线：(010)81055410　印装质量热线：(010)81055316
反盗版热线：(010)81055315
广告经营许可证：京东市监广登字 20170147 号

作者简介

    刘玥，九丘教育 CEO，曾在高校任教十余年，具有丰富的课堂教学经验，尤其擅长讲授程序设计、算法类课程。

    张荣超，九丘教育教学总监、华为开发者专家（HDE）、华为首届 HarmonyOS 开发者创新大赛最佳导师、OpenHarmony 项目群技术指导委员会（TSC）委员。

前言

仓颉编程语言是华为完全自研的面向全场景应用开发的通用编程语言。作为一门新的编程语言，仓颉结合了众多的现代编程语言技术。相信随着仓颉编程语言的不断发展，会有更多的开发者加入仓颉的大家庭。

本书的作者作为首批受邀参与仓颉编程语言内测的人员，在对仓颉编程语言进行了系统且深入的学习和研究之后，采用广受好评的图解方式，并借助于丰富的示例程序，力争做到通俗易懂、深入浅出地阐明仓颉编程语言的高级知识。

为了更快、更好地帮助读者深入学习仓颉编程语言，本书提供了示例源代码以及多种答疑渠道。

由于仓颉编程语言正处于不断完善的过程中，其版本和开发环境也处于快速更新迭代的阶段，自参与内测以来，几乎每个月都有一个新的版本更新，至本书付印时，仓颉已更新至0.51.4 版本（2024 年 5 月 7 日发布）。之后针对仓颉的更新，我们会在第一时间通过抖音、微信公众号、微信视频号、B 站等平台同步持续更新相关内容（搜索"九丘教育"）。

另外，由于成书时间紧张以及作者水平有限，书中难免有错漏，恳请各位读者批评、指正。欢迎各位读者通过本书发布的各种联系方式与我们交流。

感谢人民邮电出版社的傅道坤和吴晋瑜编辑为本书的顺利出版提供的鼎力支持和宝贵建议。最后，还要向阅读拙作的读者们表示衷心的感谢！

本书的组织结构

本书分为 5 章，主要内容如下。

第 1 章，"异常处理"：首先介绍了普通 try 表达式，然后介绍了能够自动资源管理的 try-with-resources 表达式。

第 2 章，"输入与输出"：首先介绍了目录与文件操作，然后介绍了基本输入流与输出流，最后介绍了其他几种流，包括缓冲流、压缩流、解压流等。

第 3 章，"元编程"：首先介绍了一个元编程的简单示例，然后介绍了 Token、Tokens 类型、quote 表达式、AST 节点、非属性宏和属性宏、嵌套宏、内置宏，最后展示了几个宏的应用示例。

第 4 章，"多线程"：首先介绍了线程管理的相关知识，然后介绍了如何保证线程安全和实现线程通信，最后介绍了如何进行多线程协调。

第 5 章，"Socket 网络编程"：首先介绍了网络通信的三要素，然后介绍了基于 UDP 的网络编程，最后介绍了基于 TCP 的网络编程。

本书读者对象

本书面向已有一定基础的仓颉编程语言学习者。本书包含丰富的示例和图表，措辞简明，循循善诱，能够帮助读者较为轻松地理解和掌握仓颉编程语言的核心高级知识。

资源与支持

资源获取

本书提供如下资源：
- 本书源代码；
- 本书思维导图；
- 异步社区 7 天 VIP 会员。

要获得以上资源，您可以扫描下方二维码，根据指引领取。

提交勘误

作者和编辑尽最大努力来确保书中内容的准确性，但难免会存在疏漏。欢迎您将发现的问题反馈给我们，帮助我们提升图书的质量。

当您发现错误时，请登录异步社区（https://www.epubit.com），按书名搜索，进入本书页面，单击"发表勘误"，输入勘误信息，单击"提交勘误"按钮即可（见下图）。本书的作者和编辑会对您提交的勘误进行审核，确认并接受后，将赠予您异步社区的 100 积分。积分可用于在异步社区兑换优惠券、样书或奖品。

与我们联系

我们的联系邮箱是 wujinyu@ptpress.com.cn。

如果您对本书有任何疑问或建议，请发邮件给我们，并请在邮件标题中注明本书书名，以便我们更高效地做出反馈。

如果您有兴趣出版图书、录制教学视频，或者参与图书翻译、技术审校等工作，可以发邮件给本书的责任编辑。

如果您所在的学校、培训机构或企业，想批量购买本书或异步社区出版的其他图书，也可以发邮件给我们。

如果您在网上发现有针对异步社区出品图书的各种形式的盗版行为，包括对图书全部或部分内容的非授权传播，请您将怀疑有侵权行为的链接发邮件给我们。您的这一举动是对作者权益的保护，也是我们持续为您提供有价值的内容的动力之源。

关于异步社区和异步图书

"**异步社区**"（www.epubit.com）是由人民邮电出版社创办的 IT 专业图书社区，于 2015 年 8 月上线运营，致力于优质内容的出版和分享，为读者提供高品质的学习内容，为作译者提供专业的出版服务，实现作者与读者在线交流互动，以及传统出版与数字出版的融合发展。

"**异步图书**"是异步社区策划出版的精品 IT 图书的品牌，依托于人民邮电出版社在计算机图书领域多年来的发展与积淀。异步图书面向 IT 行业以及各行业使用 IT 技术的用户。

目录

第1章 异常处理 1

1.1 概述 2

1.2 普通 try 表达式 4

   1.2.1 普通 try 表达式的基本用法 5

   1.2.2 普通 try 表达式中的 catch 块 7

   1.2.3 普通 try 表达式中的 finally 块 9

1.3 try-with-resources 表达式 14

   1.3.1 try-with-resources 表达式的基本用法 14

   1.3.2 自动关闭资源的过程 15

   1.3.3 自动关闭资源的顺序 17

1.4 小结 21

第2章 输入与输出 23

2.1 概述 24

2.2 目录与文件操作 24

   2.2.1 Path 类型 24

   2.2.2 Directory 类 28

   2.2.3 File 类 36

   2.2.4 FileInfo 类型 41

   2.2.5 目录与文件操作示例 42

2.3 基本输入流与输出流 46

   2.3.1 InputStream 与 OutputStream 47

   2.3.2 文件读写 47

   2.3.3 控制台读写 57

   2.3.4 ByteArrayStream 61

2.4 其他流 70

   2.4.1 BufferedInputStream 与 BufferedOutputStream 70

   2.4.2 StringReader 与 StringWriter 79

   2.4.3 ChainedInputStream 与 MultiOutputStream 85

   2.4.4 压缩与解压 88

2.5 小结 99

第 3 章　元编程 101

3.1　概述 102
3.2　一个简单的示例 102
　　3.2.1　宏定义 105
　　3.2.2　宏调用和宏展开 106
3.3　Token、Tokens 类型及 quote 表达式 107
　　3.3.1　Token 类型 107
　　3.3.2　Tokens 类型 109
　　3.3.3　quote 表达式 112
3.4　AST 节点 115
　　3.4.1　Tokens 与 AST 节点类型的互相转换 117
　　3.4.2　AST 节点操作 118
　　3.4.3　遍历 AST 节点 138
3.5　非属性宏和属性宏 140
　　3.5.1　非属性宏 141
　　3.5.2　属性宏 145
3.6　嵌套宏 148
　　3.6.1　宏定义中的宏调用 149
　　3.6.2　宏调用中的宏调用 154
3.7　内置宏 161
3.8　宏的应用示例 163
　　3.8.1　实现记忆化 163
　　3.8.2　面向切面编程 169
　　3.8.3　自动代码生成 174
　　3.8.4　自动文档生成 177
3.9　小结 181

第 4 章　多线程 183

4.1　概述 184
4.2　线程管理 186
　　4.2.1　线程的创建 187
　　4.2.2　线程的生命周期 188
　　4.2.3　Future 类型 191
　　4.2.4　访问线程的属性 194
4.3　线程安全 197
　　4.3.1　原子操作 199
　　4.3.2　可重入互斥锁 210
　　4.3.3　可重入读写锁 228

4.3.4 使用 ThreadLocal 确保线程安全 ·· 237

4.4 线程通信 ·· 243

4.4.1 Monitor ·· 244

4.4.2 MultiConditionMonitor ·· 256

4.5 多线程协调 ·· 263

4.5.1 Barrier ·· 263

4.5.2 SyncCounter ·· 268

4.5.3 Semaphore ··· 271

4.6 小结 ··· 283

第 5 章 Socket 网络编程 ·· 285

5.1 概述 ··· 286

5.2 网络通信的三要素 ·· 286

5.2.1 IP 地址 ··· 287

5.2.2 端口 ·· 289

5.2.3 网络通信协议 ·· 290

5.3 基于 UDP 的网络编程 ·· 292

5.3.1 UdpSocket 的基本用法 ··· 294

5.3.2 UdpSocket 的应用示例 ··· 303

5.4 基于 TCP 的网络编程 ·· 306

5.4.1 TcpSocket 和 TcpServerSocket 的基本用法 ·································· 308

5.4.2 TcpSocket 和 TcpServerSocket 的应用示例 ·································· 314

5.5 小结 ··· 319

第 1 章
异常处理

1 概述

2 普通try表达式

3 try-with-resources表达式

4 小结

1.1　概述

在程序运行时，可能会发生各种各样的异常状况，如索引越界、运算溢出、算术运算被 0 除等。当这些异常发生时，如果未对异常进行适当的处理，可能会导致程序的部分或整体停止运行。接下来通过一个示例来帮助我们认识异常，代码如下：

```
// 计算2个整数（Int64类型）的商
func divide(a: Int64, b: Int64) {
    let result = a / b
    println("运算结束")
    result
}

main() {
    let result = divide(6, 0)   // 调用函数divide
    println("运算结果为：${result}")
}
```

在以上示例代码中，首先定义了一个函数 divide，用于计算两个 Int64 类型整数的商，然后在 main 中调用了该函数。上面的代码可以编译通过，但是在运行过程中发生了异常，输出的异常信息如下：

```
An exception has occurred:
ArithmeticException: Divided by zero !
```

通过异常信息可知，产生的异常为 ArithmeticException，该异常是由被 0 除引起的。因为在 main 中调用函数 divide 时传入的第 2 个实参为 0，所以在函数 divide 中进行除法运算时发生了异常 ArithmeticException。在异常发生后，程序立即终止运行，因此代码中的 2 个 println 表达式都不会被执行。

ArithmeticException 类只是仓颉内置异常类中的一种。仓颉提供了很多内置异常类，用于封装程序运行过程中的异常状况，表 1-1 列出了几个常见的内置异常类。

表 1-1　常见的内置异常类

内置异常类	描　　述
IndexOutOfBoundsException	索引越界产生的异常
OverflowException	算术运算溢出产生的异常
ArithmeticException	算术运算产生的异常
IllegalArgumentException	非法参数产生的异常
IllegalStateException	非法状态产生的异常
FSException	文件流产生的异常
IOException	I/O 流产生的异常
NoneValueException	Option 值为 None 产生的异常

仓颉的内置异常类全部直接或间接继承自 Exception 类。Exception 类描述的是程序运行时的逻辑错误或者 I/O 错误导致的异常。对于 Exception 及其子类对应的异常，需要在程序中捕

获处理。

除了 Exception 类，仓颉还提供了 Error 类，该类描述的是程序运行时的系统内部错误和资源耗尽错误，其常见的子类有 OutOfMemoryError（内存空间不足错误）、StackOverflowError（栈溢出错误）等。Error 类及其子类对应的错误是仓颉程序本身无法处理的严重错误。如果出现这些错误，只能通知用户，并尽量安全终止程序。

Exception 类与 Error 类的主要成员如图 1-1 所示。

类　名	成员类型	定　义	功　能
Exception类	构造函数	init()	创建Exception实例
		init(message: String)	创建Exception实例，参数message表示异常信息
	成员属性	open prop message: String	返回异常的详细信息，该属性在构造函数中初始化，默认为空字符串
	成员函数	open func toString(): String	返回异常类型名以及异常的详细信息，其中的详细信息默认使用message
		func printStackTrace(): Unit	打印堆栈信息至标准错误流（Console.stdErr）
Error类	成员属性	open prop message: String	返回错误的详细信息
	成员函数	open func toString(): String	返回错误类型名以及错误的详细信息，其中的详细信息默认使用message
		func printStackTrace(): Unit	打印堆栈信息至标准错误流（Console.stdErr）

图 1-1　Exception 类与 Error 类的主要成员

1. 定义和创建异常

除了使用内置的异常类，我们也可以自定义异常类。通过继承 Exception 类（或其子类）可以自定义异常。由于异常是 class 类型，因此只需要调用构造函数即可创建异常对象。举例如下：

```
// 自定义异常，表示打开资源失败的异常类
public class ResourceOpeningFailedException <: Exception {
    public init(message: String) {
        super(message)
    }
}


main() {
    // 创建ResourceOpeningFailedException对象
    let exception = ResourceOpeningFailedException("打开资源失败")

    // 查看exception的message
    println("message: ${exception.message}")
}
```

编译并执行以上代码，输出结果如下：

```
message: 打开资源失败
```

2．抛出异常

如果程序在运行时发生了异常，系统会 自动抛出 相应的异常类对象。例如，下面的示例代码通过调用 getOrThrow 函数解构 None 值，系统自动抛出了异常 NoneValueException。

```
main() {
    let opt: ?Int64 = None
    println(opt.getOrThrow())  // 调用getOrThrow函数解构None值，自动抛出异常
}
```

编译并执行以上代码，输出的异常信息如下：

```
An exception has occurred:
NoneValueException
```

除了由系统自动抛出异常，我们也可以使用关键字 throw 手动抛出 内置异常类或自定义异常类的对象。关键字 throw 与抛出的异常类对象一起构成了 throw 表达式，其语法格式如下：

```
throw 异常类对象
```

throw 表达式的类型为 Nothing。throw 表达式之后紧跟的代码将不会被执行。

下面的示例代码在检测到 None 值之后，手动抛出了异常 NoneValueException。

```
main() {
    let opt: ?Int64 = None

    if (opt.isNone()) {
        throw NoneValueException("opt的值为None")  // 手动抛出异常
        println("这是一行不会被执行的代码")  // throw表达式之后的代码不会被执行
    }
}
```

编译并执行以上代码，输出的异常信息如下：

```
An exception has occurred:
NoneValueException: opt的值为None
```

以上示例只是抛出了异常，并没有对异常进行处理。**无论是自动还是手动抛出的异常对象，都需要被捕获，然后进行妥善的处理。** 否则程序将会在异常发生后非正常终止。

为了使程序能够应对异常、提高程序的正确性和健壮性，仓颉引入了异常处理机制，通过异常类对异常状况进行封装，并通过 try 表达式对异常进行捕捉和处理。

try 表达式分为两种。

- 手动管理资源的普通 try 表达式。
- 自动管理资源的 try-with-resources 表达式。

1.2　普通 try 表达式

普通 try 表达式最多可由 3 部分组成：try 块、catch 块和 finally 块。其语法格式如下：

```
try {
    // 可能抛出异常的代码
} [catch (CatchPattern1) {
    // 处理异常的代码
} catch (CatchPattern2) {
    // 处理异常的代码
} ......
    ......
} catch (CatchPatternN) {
    // 处理异常的代码
}] [finally {
    // 无论是否抛出异常，都会执行的代码
}]
```

try 块包含了可能抛出异常的代码；catch 块用于捕捉 try 块中抛出的异常并进行处理；finally 块包含了无论是否抛出异常都会执行的代码。

在该语法格式中，只有 try 块是必选的，catch 块可以有多个，finally 块最多只能有一个。但是，try 块不能独立存在，要么至少存在一个 catch 块，要么存在 finally 块。

普通 try 表达式的类型的判断方法与 if 表达式或 match 表达式类似，需要注意的是，**普通 try 表达式中的 finally 块不参与类型判断**。

- 当普通 try 表达式的值没有被使用时，普通 try 表达式的类型为 Unit，不要求 try 块和所有 catch 块的类型有最小公共父类型。
- 当普通 try 表达式的值被使用时，其类型为 try 块和所有 catch 块的类型的最小公共父类型。

对于 try 块和每个 catch 块的类型，则是由块中最后一项的类型决定的。另外，在上下文有明确的类型要求时，try 块和所有 catch 块的类型必须是上下文所要求类型的子类型。

1.2.1 普通 try 表达式的基本用法

普通 try 表达式的执行流程如下。

- 首先执行 try 块中的代码（try 块中包含了可能发生异常的代码）。如果在执行 try 块的过程中没有发生异常，那么执行完 try 块之后执行 finally 块中的代码，然后执行普通 try 表达式后面的代码。
- 如果在执行 try 块的过程中发生了异常，系统会自动创建相应的异常对象并从 try 块中抛出（try 块中剩余的代码将不会被执行），然后将这个异常对象从上到下依次与各个 catch 块中的 CatchPattern 进行匹配。
- 若与某个 catch 块匹配成功，则异常对象被该 catch 块捕获，执行该 catch 块中的代码以处理异常，执行完该 catch 块之后执行 finally 块中的代码，然后执行普通 try 表达式后面的代码。
- 若异常对象与所有的 catch 块都不匹配，则执行完 finally 块中的代码后异常对象被继续抛出。

普通 try 表达式的执行流程如图 1-2 所示。

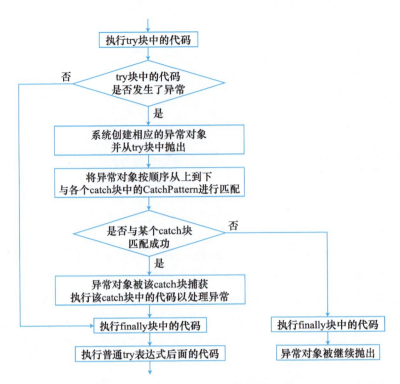

图 1-2 普通 try 表达式执行的流程

接下来，修改本章开头的示例程序，使用普通 try 表达式捕捉并处理异常。修改过后的示例程序如代码清单 1-1 所示。

代码清单 1-1 try_expression_demo.cj

```
01    // 计算2个整数（Int64类型）的商
02    func divide(a: Int64, b: Int64) {
03        var result: ?Int64 = None
04
05        // 使用普通try表达式捕捉异常
06        try {
07            result = a / b   // 可能抛出异常的代码
08        } catch (e: ArithmeticException) {
09            println(e)   // 输出异常类型名以及异常信息
10        } finally {
11            println("运算结束")
12        }
13
14        result
15    }
16
17    main() {
18        var optResult = divide(6, 3)   // 调用函数divide
19        if (let Some(result) <- optResult) {
20            println("运算结果为：${result}\n")
21        } else {
```

```
22              println("参数错误，运算失败 \n")
23          }
24
25      optResult = divide(6, 0)   // 再次调用函数divide，第2个实参为0
26      if (let Some(result) <- optResult) {
27          println("运算结果为: ${result}")
28      } else {
29          println("参数错误，运算失败")
30      }
31  }
```

编译并执行以上程序，输出结果如下：

```
运算结束
运算结果为: 2


ArithmeticException: Divided by zero !
运算结束
参数错误，运算失败
```

在函数 divide 中使用了一个普通 try 表达式（第 5 ~ 12 行），该表达式的 catch 块用于捕捉异常 ArithmeticException。

在第 1 次调用函数 divide 时，传入的实参分别为 6 和 3（第 18 行）。函数 divide 中的 try 块执行时没有发生异常。执行完 try 块后，finally 块中的代码被执行，输出 " 运算结束 "。然后将 Some(2) 作为函数的返回值返回。最后在 main 中使用 if-let 表达式将运算结果解构出来并输出（第 19 ~ 23 行）。

在第 2 次调用函数 divide 时，传入的第 2 个实参为 0（第 25 行）。在执行 try 块时发生了异常，抛出的异常为 ArithmeticException，该异常对象被 catch 块捕获并绑定到变量 e，然后调用 println 函数输出了异常对象的信息（第 6 ~ 9 行）。执行完 catch 块后，finally 块被执行，输出 " 运算结束 "，然后将 None 值作为函数的返回值返回。

在示例程序中，由于发生异常时及时捕捉并处理了异常，因此程序能够按照我们预设的流程正常运行完毕，而不是在抛出异常后终止运行。通过这个示例可以看出，普通 try 表达式在提高程序健壮性的同时，通过 try 块和 catch 块将正常流程的代码和异常流程的代码进行了分离。这种分离使得我们能够清晰地理解哪些代码可能会引起问题，以及如何处理这些问题。

需要注意的是，try 块、catch 块和 finally 块中定义或绑定的变量都是局部变量，作用域仅限于当前所在的块。此外，应该避免在单个 try 块中编写大量的代码。try 块中的代码越多，发生异常的可能性就越大，发生异常时定位问题的难度也越大。应该将庞大的 try 块拆分为若干个可能发生异常的代码块，并将每个代码块都放在一个单独的 try 块中，分别捕捉并处理异常。

1.2.2　普通 try 表达式中的 catch 块

普通 try 表达式中的 catch 块可以有 0 到多个，关于 catch 块需要注意以下两个方面的问题。
1.　多个 catch 块的顺序
当程序从上到下依次匹配各 catch 块时，一旦匹配成功，就会忽略该 catch 块后面所有的

catch 块。因此，要注意 catch 块之间的排列顺序，一定要把子类异常类型的 catch 块放在其父类异常类型的 catch 块之前，否则，子类异常类型的 catch 块将永远不会被匹配到，此时编译器会报相关的警告信息。举例如下：

```
main() {
    try {
        throw OverflowException("溢出")    // 手动抛出异常 OverflowException
    } catch (e: OverflowException) {
        println(e.message)    // 输出异常信息
    } catch (e: ArithmeticException) {
        println(e)    // 输出异常类型名及异常信息
    } catch (e: IllegalArgumentException) {
        e.printStackTrace()    // 输出堆栈信息
    }
}
```

编译并执行以上代码，输出结果如下：

溢出

将上面代码中的前两个 catch 块交换一下位置，代码如下：

```
main() {
    try {
        throw OverflowException("溢出")    // 手动抛出异常 OverflowException
    } catch (e: ArithmeticException) {
        println(e)    // 输出异常类型名及异常信息
    } catch (e: OverflowException) {
        println(e.message)    // 输出异常信息
    } catch (e: IllegalArgumentException) {
        e.printStackTrace()    // 输出堆栈信息
    }
}
```

编译以上代码，输出警告信息：

warning: useless exception type

执行代码，输出：

OverflowException: 溢出

因为 OverflowException 是 ArithmeticException 的子类，所以在交换之后，抛出的异常对象被 ArithmeticException 对应的 catch 块捕获，输出了异常类型名以及异常信息，而子类 OverflowException 对应的 catch 块将永远不会被匹配到。

2. catch 块中的 CatchPattern

catch 块中的 CatchPattern 可以有 2 种模式：类型模式和通配符模式。在大多数情况下，我们只想捕捉某一类型及其子类型的异常，这时可以使用 CatchPattern 的类型模式来处理。有时也需要对所有异常做统一处理，这时可以使用 CatchPattern 的通配符模式来处理。

类型模式有以下 2 种语法格式。

- **identifier: ExceptionClass**：此格式可以捕获类型为 ExceptionClass 及其子类的异常。被捕获的异常对象会被转换为 ExceptionClass 类型，然后与变量 identifier 进行绑定，接着就可以在 catch 块中通过变量 identifier 访问捕获的异常对象了。前面示例程序中的所有 catch 块使用的都是这种语法格式。

- **identifier: ExceptionClass_1 | ExceptionClass_2 | …… | ExceptionClass_n**：当某些 catch 块中的代码非常类似或相同时，可以考虑使用这种语法格式将多个 catch 块合并为一个 catch 块。此格式可以捕获 ExceptionClass_1 至 ExceptionClass_n 中任一类型或其子类型的异常。被捕获的异常对象会被转换为上述所有异常类的最小公共父类型。之后，系统将异常对象绑定到变量 identifier。在该 catch 块中通过变量 identifier 只能访问最小公共父类型中的成员。

在类型模式的 2 种语法格式中，都可以使用通配符 "_" 代替标识符 identifier，区别在于使用通配符时不会发生与异常对象的绑定操作。

通配符模式的语法是 "_"。它等价于类型模式中的 "e: Exception"，即捕获同级 try 块中抛出的任意类型的异常。

下面的示例代码在 catch 块中使用了上面介绍的几种模式。代码如下：

```
main() {
    try {
        throw NoneValueException()  // 手动抛出异常NoneValueException
    } catch (e: IndexOutOfBoundsException) {  // 类型模式
        println(e)
    } catch (e: OverflowException | NoneValueException) {  // 使用 "|" 的类型模式
        println(e)
    } catch (_: IllegalArgumentException) {  // 在类型模式中使用了通配符
        println("发生异常IllegalArgumentException")
    } catch (_) {  // 通配符模式，相当于 "e: Exception"
        println("发生异常")
    }
}
```

编译并执行以上代码，输出结果如下：

```
NoneValueException
```

需要特别留意的是，应该避免在 try 块之后仅使用一个 catch(_) 块或 catch(e: Exception) 块来捕获所有类型的异常。尽管这种做法可以减少代码量，但并不推荐这样做。原因在于，不同种类的异常通常需要不同的处理策略。此外，这样的全面性捕获可能会隐藏程序中的关键异常，导致问题难以定位和解决。因此，更推荐的做法是使用多个 catch 块，针对每一种可能出现的异常提供专门且明确的处理逻辑，这样有助于提高代码的可读性和可维护性。

1.2.3 普通 try 表达式中的 finally 块

普通 try 表达式中如果有 finally 块，那么 finally 块中的代码一定会被执行。在编程时要避免 finally 块中的代码再发生异常。

1．return 表达式不会影响 finally 块的执行

在使用普通 try 表达式时，即使 try 块或 catch 块中有 return 表达式，finally 块中的代码也一定会被执行。举例如下：

```
func divide(a: Int64, b: Int64): ?Int64 {
    try {
        return a / b   // try块中的return表达式
    } catch (e: ArithmeticException) {
        return None   // catch块中的return表达式
    } finally {
        println("finally块已执行")
    }
}

main() {
    // 第1次调用函数divide，没有发生异常
    var optResult = divide(6, 3)
    if (let Some(result) <- optResult) {
        println("运算结果为: ${result}\n")
    } else {
        println("参数错误，运算失败\n")
    }

    // 第2次调用函数divide，发生异常ArithmeticException
    optResult = divide(6, 0)
    if (let Some(result) <- optResult) {
        println("运算结果为: ${result}")
    } else {
        println("参数错误，运算失败")
    }
}
```

编译并执行以上代码，输出结果如下：

```
finally块已执行
运算结果为: 2

finally块已执行
参数错误，运算失败
```

通过上面的示例可知，无论 try 表达式在执行 try 块中的代码时有没有抛出异常，函数 divide 都执行了对应的 return 表达式并返回了相应的 Option 值，而 finally 块中的代码都被执行了。

此外，在编程时需要尽量避免在 finally 块中使用 return 表达式，因为这可能导致意外的行为和结果。举例如下：

```
func divide(a: Int64, b: Int64): ?Int64 {
    try {
        return a / b
    } catch (e: ArithmeticException) {
        return None
    } finally {
```

```
            println("finally块已执行")
            return 0   // finally块中的return表达式
        }
    }

main() {
    let optResult = divide(6, 3)
    if (let Some(result) <- optResult) {
        println("运算结果为:${result}")
    } else {
        println("参数错误，运算失败")
    }
}
```

编译并执行以上代码，输出结果如下：

```
finally块已执行
运算结果为: 0
```

在以上示例中，finally 块中的 return 表达式返回的值 0 覆盖了 try 块或 catch 块中的 return 表达式要返回的值。这个结果是不正确的。

2．使用 finally 块手动关闭资源

无论 try 块中是否发生异常，finally 块中的代码都会被执行，这对于资源的清理和释放特别有用，例如，关闭文件、关闭数据库连接、关闭网络连接等。

下面的示例程序定义了一个 TestResource 类，我们通过这个类来模拟资源的打开和关闭的过程。TestResource 类的成员变量 closed 表示资源的状态，为 true 时表示关闭状态，为 false 时表示打开状态。另外，该类中还有 2 个成员函数：函数 isClosed 返回 closed 值；函数 close 用于在资源打开时关闭资源，无论关闭资源成功与否，都会输出相应的提示信息。程序代码如代码清单 1-2 所示。

代码清单 1-2 manual_resource_management.cj

```
01  public class TestResource {
02      // closed为true表示关闭状态，为false表示打开状态；初始时资源为打开状态
03      private var closed = false
04
05      // 关闭资源
06      public func close() {
07          if (!closed) {
08              closed = true
09              println("TestResource：关闭资源成功")
10          } else {
11              // 如果当前TestResource实例已经被关闭，输出提示信息
12              println("TestResource：关闭资源失败，资源已关闭")
13          }
14      }
15
16      public func isClosed() {
17          closed
```

```
18        }
19
20        // 其他成员略
21    }
22
23    main() {
24        let resource = TestResource()
25
26        // 使用普通try表达式手动管理资源
27        try {
28            println("resource是否被关闭：${resource.isClosed()}")
29        } finally {
30            resource.close()    // 在finally块中关闭资源
31        }
32
33        println("resource是否被关闭：${resource.isClosed()}")
34        resource.close()    // 再次尝试关闭资源
35    }
```

编译并执行以上代码，输出结果如下：

```
resource是否被关闭：false
TestResource：关闭资源成功
resource是否被关闭：true
TestResource：关闭资源失败，资源已关闭
```

在 main 中，首先创建了一个 TestResource 对象 resource（第 24 行），resource 当前是打开的状态。接着使用普通 try 表达式对资源进行手动管理（第 26 ～ 31 行）。在 try 块中，我们可以对 resource 进行所需的操作，在这个程序中简化为获取其成员变量 closed 的值。在对 resource 的所有操作完成后，在 finally 块中调用函数 close 手动关闭了资源（第 30 行）。由于 finally 块中的代码一定会被执行，因此打开的资源 resource 一定会被正确地关闭，这是十分重要的。

如果打开的资源（如文件、数据库连接、网络连接等）没有被正确关闭，可能会带来严重的后果。

- **资源泄露**。最直接的后果是资源泄露，即程序占用的资源没有被释放。这些资源可能包括内存、文件句柄、网络套接字等。长期的资源泄露会导致系统资源耗尽，进而影响程序或系统的稳定性和性能。
- **文件或数据损坏**。对于文件操作，如果数据写入文件后，没有正确关闭文件流，可能导致数据没有被完全写入或者刷新到磁盘，从而引起数据不一致或损坏。
- **数据库连接耗尽**。对于数据库连接，如果连接没有被正确关闭，可能导致数据库连接池中的连接耗尽，新的数据库操作无法建立连接，影响数据库的正常使用。
- **网络资源不足**。网络连接如果没有被及时关闭，可能导致可用的网络端口减少，影响新的网络连接的建立。
- **文件锁定**。在某些系统中，如果一个文件被一个进程打开并且没有正确关闭，该文件可能无法被其他进程访问，导致锁定或访问冲突。

- **安全风险**。某些资源如果没有正确关闭，可能导致安全漏洞，例如临时文件未删除、敏感信息未清除等。
- **程序逻辑错误**。程序中资源没有被正确管理和关闭，可能导致程序逻辑上的错误，影响程序的正常运行和稳定性。

为了避免这些问题，应该**确保在资源使用完毕后，及时并正确地关闭它们**。通常我们可以在普通 try 表达式的 finally 块中手动关闭这些资源。

下面的示例程序是一个实际的应用。在程序中首先打开了一个文本文件，然后获取了文件的一些信息，对文件的操作完毕后关闭了文件。其中使用的文本文件 test_file.txt 位于项目文件夹下的目录 src 中，该文件存储了一些用于测试的文本。程序代码如代码清单 1-3 所示。

代码清单 1-3　manual_file_management.cj

```
01   from std import fs.{File, FSException}
02
03   main() {
04       var optFile: ?File = None
05
06       try {
07           optFile = File.openRead(#".\src\test_file.txt"#)   // 打开文件
08
09           // 如果成功打开文件，则进行相应的操作
10           if (let Some(file) <- optFile) {
11               println("文件大小：${file.length}")
12               println("文件名：${file.info.path.fileNameWithoutExtension.getOrThrow()}")
13               println("文件扩展名：${file.info.path.extensionName.getOrThrow()}")
14           }
15       } catch (e: FSException | NoneValueException) {
16           e.printStackTrace()
17       } finally {
18           if (let Some(file) <- optFile) {
19               try {
20                   file.close()   // 关闭文件
21               } catch (e: FSException) {
22                   e.printStackTrace()
23               }
24           }
25       }
26   }
```

编译并执行以上程序，输出结果如下：

```
文件大小：196
文件名：test_file
文件扩展名：txt
```

在示例程序中，首先创建了一个 Option 类型的变量 optFile（第 7 行），用于封装文件对象。接着在普通 try 表达式中打开、操作并关闭文件（第 6 ～ 25 行）。在 try 块中，首先尝试打开文件（第 7 行），如果打开文件失败会抛出异常 FSException 并被 catch 块捕获。如果打开文件成功，则 optFile 中封装了打开的 File 对象。使用 if-let 表达式将其中的 File 对象解构出来，对

文件对象进行相应的操作（第 9 ～ 14 行）。在对文件对象的操作完成后，在 finally 块中手动关闭文件。因为关闭文件这一操作也可能会失败，所以在 finally 块中使用了一个嵌套的 try 表达式来关闭 File 对象（第 19 ～ 23 行）。在嵌套的 try 表达式的 try 块中，调用函数 close 关闭了解构出的文件对象 file（第 20 行）。

　　当然，除了通过普通 try 表达式手动管理资源，我们还有一个更好的选择：可以自动管理资源的 try-with-resources 表达式。

注：关于文件的相关操作详见第 2 章。

1.3　try-with-resources 表达式

　　在进行资源管理时使用 try-with-resources 表达式，可以保证资源在使用完毕后自动关闭。try-with-resources 表达式的语法格式如下：

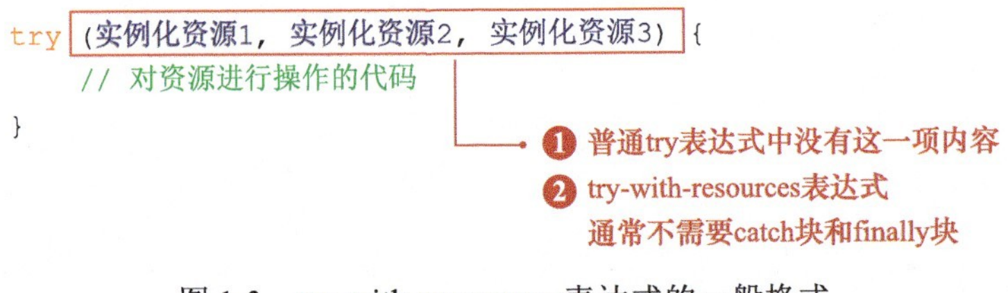

```
try (实例化资源1，实例化资源2，……，实例化资源N) {
    // 可能抛出异常的代码
} [catch (CatchPattern) {   // catch块可以有多个
    // 处理异常的代码
}] [finally {
    // 无论是否抛出异常，都会执行的代码
}]
```

try-with-resources 表达式的类型为 Unit。在形式上，try-with-resources 表达式与普通 try 表达式的区别有两点（见图 1-3）。

- try-with-resources 表达式的关键字 try 和 try 块之间多了一对圆括号。在这个圆括号内，是 1 到多个资源实例化的代码。
- try-with-resources 表达式中的 try 块可以独立存在，可以没有 catch 块和 finally 块。

图 1-3　try-with-resources 表达式的一般格式

1.3.1　try-with-resources 表达式的基本用法

　　try-with-resources 表达式的执行流程和基本用法与普通 try 表达式类似，只不过 try-with-resources 表达式可以自动进行资源管理。try-with-resources 表达式开始执行时，首先对圆括号中申请的一系列资源进行实例化，然后执行 try 块中的代码。在 try 块中，通常是对资源实例进行一些相关的操作。在 try 块中的代码执行完毕后（无论该代码是正常执行结束还是因为异常而终止），程序会自动调用 close 函数来关闭已申请的资源，确保资源的安全释放。

在圆括号中对资源进行实例化时，表示实例的变量前面不允许使用关键字 let、var 或 const，并且该变量的作用域只限于 try 块，在 try 块中不能对该变量进行赋值操作。如果有多个资源需要实例化，实例化代码之间以逗号分隔。

对于圆括号内的资源实例，要求每个实例的类型都必须实现 Resource 接口。Resource 接口定义在仓颉标准库的 core 包中，其定义如下：

```
public interface Resource {
    // 判断资源是否关闭，如果已经关闭返回true，否则返回false
    func isClosed(): Bool

    // 关闭资源
    func close(): Unit
}
```

由于 File 类已经实现了 Resource 接口，因此可以将代码清单 1-3 中的普通 try 表达式修改为 try-with-resources 表达式。修改过后的程序如代码清单 1-4 所示。

代码清单 1-4　auto_file_management.cj

```
01    from std import fs.{File, FSException}
02
03    main() {
04        try (file = File.openRead(#".\src\test_file.txt"#)) {
05            // 操作文件对象
06            println("文件大小：${file.length}")
07            println("文件名：${file.info.path.fileNameWithoutExtension.getOrThrow()}")
08            println("文件扩展名：${file.info.path.extensionName.getOrThrow()}")
09        } catch (e: FSException | NoneValueException) {
10            e.printStackTrace()
11        }
12    }
```

以上示例程序的运行结果和修改之前是完全一样的。try-with-resources 表达式删除了关闭文件的 finally 块，因为它会通过自动调用 File 类的 close 函数关闭 file。

try-with-resources 表达式应用的重点在于自动管理资源，通常不需要 catch 块和 finally 块。尽管如此，对于 try 块中可能抛出的异常，包括资源申请和释放过程中可能抛出的异常，仍然可以使用 catch 块捕捉并处理（如本例中的第 9 ～ 11 行）。另外，对于其他任何必要的清理工作，仍然可以在 finally 块中进行处理。注意，try-with-resources 表达式只会自动管理在关键字 try 之后申请的资源，对于其他手动申请的资源，仍需要手动管理。

1.3.2　自动关闭资源的过程

接下来我们仔细研究一下 try-with-resources 表达式自动关闭资源的具体过程，继续使用 TestResource 类来模拟自动资源管理的过程（见代码清单 1-2）。首先改造一下 TestResource 类，使其实现 Resource 接口，并为其添加 2 个成员函数。然后修改 main，将其中的普通 try 表达式改为 try-with-resources 表达式。修改过后的程序如代码清单 1-5 所示。

代码清单 1-5　auto_resource_management.cj

```
01  public class TestResource <: Resource {
02      // closed为true表示关闭状态，为false表示打开状态；初始时资源为打开状态
03      private var closed = false
04
05      // 关闭资源
06      public func close() {
07          if (!closed) {
08              closed = true
09              println("TestResource：关闭资源成功")
10          }
11      }
12
13      public func isClosed() {
14          println("TestResource的isClosed函数被调用")
15          closed
16      }
17
18      // 输出TestResource类的信息
19      public func printInfo() {
20          println("class TestResource <: Resource")
21      }
22
23      // 更改closed值
24      public func changeClosed(closed: Bool) {
25          this.closed = closed
26      }
27
28      // 其他成员略
29  }
30
31  main() {
32      // 使用try-with-resources自动管理资源
33      try (resource = TestResource()) {
34          resource.printInfo()
35      }
36  }
```

编译并执行以上代码，输出结果如下：

```
class TestResource <: Resource
TestResource的isClosed函数被调用
TestResource：关闭资源成功
```

在 try-with-resources 表达式中，首先对资源 TestResource 进行了实例化，得到了 TestResource 对象 resource（第 33 行）。接着执行 try 块中的代码，try 块中的代码只有一行（第 34 行），执行完 try 块中的代码之后程序输出：

```
class TestResource <: Resource
```

接着 try-with-resources 表达式自动关闭资源。在关闭资源时，程序会先调用资源实例的
isClosed 函数，若返回值为 false，则调用资源实例的 close 函数关闭资源；若返回值为 true，
则不再调用 close 函数。

在上面的示例中，try 块执行完毕之后程序调用了 resource 的 isClosed 函数判断资源的状
态，因此程序接着输出：

TestResource 的 isClosed 函数被调用

在得到了 false 值后，程序调用了 resource 的 close 函数关闭了资源，因此程序最后的输出
如下：

TestResource：关闭资源成功

接下来修改 main，验证自动关闭资源的过程。修改过后的 main 代码如下：

```
main() {
    // 使用 try-with-resources 自动管理资源
    try (resource = TestResource()) {
        resource.changeClosed(true)  // 将 resource 的 closed 值修改为 true
    }
}
```

编译并执行程序，输出结果如下：

TestResource 的 isClosed 函数被调用

在 try 块中，我们通过调用函数 changeClosed 将 resource 的 closed 值修改为 true。这样，
当 try-with-resources 表达式试图关闭 resource 时，首先调用 isClosed 函数，得到了 true 值，
这表明资源已经被关闭了。因此程序不再调用 close 函数，最终程序只有一行输出，是调用
isClosed 函数时产生的。

以上示例程序中 try-with-resources 表达式自动关闭 resource 的过程如图 1-4 所示。

图 1-4　自动关闭 resource 的过程示意图

1.3.3　自动关闭资源的顺序

如果在 try-with-resources 表达式中申请了多个资源，那么在 try 块的代码执行完毕之后，
程序**按照实例化的顺序逆序**自动释放申请的资源。举例如下：

```
public class R1 <: Resource {
    public func close() {
        println("R1：close函数被调用")
    }

    public func isClosed() {
        println("R1：isClosed函数被调用")
        false
    }
}

public class R2 <: Resource {
    public func close() {
        println("R2：close函数被调用")
    }

    public func isClosed() {
        println("R2：isClosed函数被调用")
        false
    }
}

main() {
    // try-with-resources按照申请资源的顺序逆序释放资源
    try (
        r1 = R1(),
        r2 = R2()
    ) {
        println("这是一行占位的代码")
    }
}
```

编译并执行以上代码，输出结果如下：

```
这是一行占位的代码
R2：isClosed函数被调用
R2：close函数被调用
R1：isClosed函数被调用
R1：close函数被调用
```

在以上示例代码中，申请及释放资源的顺序如图 1-5 所示。

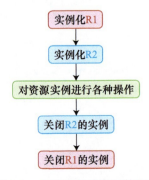

图 1-5　申请及释放资源的顺序

程序执行时首先对 R1 进行实例化，再对 R2 进行实例化，之后执行 try 块中的代码，执行代码完毕后，先关闭 R2 的实例，再关闭 R1 的实例。这是十分合理的设计，因为资源之间可能存在依赖关系。下面看一个具体的示例，程序代码如代码清单 1-6 所示（TestResource 类的代码见代码清单 1-5）。

代码清单 1-6　auto_resources_management.cj

```
01  public class TestResource <: Resource {
02      // 代码略
03  }
04
05  // TestResource的包装类
06  public class TestResourceWrapper <: Resource {
07      private var closed = false   // closed为true表示关闭状态，为false表示打开状态
08      private var resource: TestResource
09
10      public init(resource: TestResource) {
11          this.resource = resource
12      }
13
14      public func close() {
15          if (!closed) {
16              closed = true
17              println("TestResourceWrapper：关闭资源成功")
18          }
19
20          // 关闭当前TestResourceWrapper实例的同时关闭被包装的TestResource实例
21          resource.close()
22          println("从TestResourceWrapper中关闭TestResource成功")
23      }
24
25      public func isClosed() {
26          closed
27      }
28
29      // 输出TestResourceWrapper包装的TestResource实例的信息
30      public func printInfo() {
31          resource.printInfo()
32      }
33
34      // 其他成员略
35  }
36
37  main() {
38      try (
39          // 如果资源间存在依赖关系，要先实例化被依赖的资源
40          resource = TestResource(),
41          resourceWrapper = TestResourceWrapper(resource)
42      ) {
43          resourceWrapper.printInfo()
44      }
45  }
```

编译并执行以上程序，输出结果如下：

```
class TestResource <: Resource
TestResourceWrapper：关闭资源成功
TestResource：关闭资源成功
从TestResourceWrapper中关闭TestResource成功
TestResource的isClosed函数被调用
```

在示例程序中定义了一个 TestResourceWrapper 类，该类是 TestResource 类的包装类，且实现了 Resource 接口。由于 TestResourceWrapper 类实例化时需要提供 TestResource 实例，因此在实例化时，要先实例化 TestResource 类，再实例化 TestResourceWrapper 类（第 39 ～ 41 行）。try 块中的代码只有一行，就是通过 resourceWrapper 调用 TestResourceWrapper 类的函数 printInfo。TestResourceWrapper 类的函数 printInfo 通过成员变量 resource 调用了 TestResource 类的函数 printInfo，因此程序输出：

```
class TestResource <: Resource
```

在 try 块执行完毕之后，程序自动关闭所有申请的资源。**首先程序会关闭 resourceWrapper：**先调用 TestResourceWrapper 类的 isClosed 函数判断 resourceWrapper 的状态，得到 false 值之后，调用 TestResourceWrapper 类的 close 函数关闭 resourceWrapper。注意观察一下 TestResourceWrapper 类的 close 函数：

```
public func close() {
    if (!closed) {
        closed = true
        println("TestResourceWrapper：关闭资源成功")   // 第一行输出
    }

    // 关闭当前TestResourceWrapper实例的同时关闭被包装的TestResource实例
    resource.close()   // 第二行输出
    println("从TestResourceWrapper中关闭TestResource成功")   // 第三行输出
}
```

这个函数首先将当前 TestResourceWrapper 实例的 closed 值修改为 true，即关闭了当前 TestResourceWrapper 实例，然后有了第一行输出；接着调用了当前 TestResourceWrapper 实例包装的 TestResource 实例的函数 close，将其包装的 resource 也同步关闭了（调用 resource 的 close 函数时会有第二行输出），然后有了第三行输出。因此程序输出：

```
TestResourceWrapper：关闭资源成功
TestResource：关闭资源成功
从TestResourceWrapper中关闭TestResource成功
```

接下来程序会关闭 resource：先调用 TestResource 类的 isClosed 函数判断 resource 的状态，此时由于 resource 已经被关闭，程序不再调用 TestResource 类的函数 close。所有资源释放完毕。程序有了最后一行输出（调用 isClosed 函数时输出）：

```
TestResource的isClosed函数被调用
```

这个示例在申请资源时，先实例化 TestResource 类，再实例化 TestResourceWrapper 类。

在关闭资源时，先关闭 TestResourceWrapper 实例，再关闭 TestResource 实例。

在关闭的过程中，由于在关闭包装类 TestResourceWrapper 的实例时已经同步关闭了被包装的 TestResource 实例，因此程序在关闭 TestResourceWrapper 实例之后没有再次调用 TestResource 类的 close 函数。如果将示例程序中的第 20 ～ 22 行代码删除，那么程序的输出结果如下：

```
class TestResource <: Resource
TestResourceWrapper：关闭资源成功
TestResource的isClosed函数被调用
TestResource：关闭资源成功
```

这一次，在关闭 TestResourceWrapper 实例之后，程序检查了 TestResource 实例的状态，得到了 false 值，然后调用了 TestResource 实例的 close 函数将资源关闭。

通过以上示例，我们了解了 try-with-resources 自动管理资源的具体过程。这个例子看起来有些抽象，在本书后面的内容中会有具体的示例。例如，一个典型的示例就是缓冲流的应用：在使用缓冲流包装 File 对象时，缓冲流实例依赖于 File 对象，在对缓冲流的操作结束后，关闭缓冲流实例的同时会关闭 File 对象（详见 2.4.1 节）。

在仓颉中，很多表示资源的类型都实现了 Resource 接口。在管理这些类型的资源时，推荐使用 try-with-resources 表达式。

1.4　小结

本章主要介绍了异常的相关知识以及两种 try 表达式的用法。异常的相关知识如图1-6所示。

图 1-6　异常的相关知识

程序中的异常必须被捕获并处理，两种 try 表达式都可以用于捕捉并处理异常。但是这两种 try 表达式的主要应用场景还是有区别的：普通 try 表达式主要用于处理异常，而 try-with-resources 表达式主要用于自动管理资源。普通 try 表达式和 try-with-resources 表达式的主要特点如表 1-2 所示。

表 1-2　普通 try 表达式和 try-with-resources 表达式的主要特点

	普通 try 表达式	try-with-resources 表达式
主要应用场景	捕捉和处理异常	自动管理资源
资源管理	资源的管理需要手动处理	资源被自动管理
关闭资源	通常需要在 finally 块中手动关闭	执行完 try 块代码之后自动关闭
代码量	由于需要显式关闭资源和处理多种异常，代码往往比较冗长	代码简洁

第 2 章
输入与输出

1　概述

2　目录与文件操作

3　基本输入流与输出流

4　其他流

5　小结

2.1　概述

在程序设计中，输入与输出是十分重要的基础操作，它们确保了程序可以与外界进行交互。表 2-1 列出了输入与输出操作的一些应用场景与作用。

表 2-1　输入与输出操作的一些应用场景与作用

应用场景	作　　用
数据交互	输入操作使程序能够从各种数据源接收数据，包括用户的键盘输入、从文件中读取的数据、网络请求的响应数据或其他程序的输出等。 输出操作允许程序将数据传输给用户（如控制台输出）、写入文件、发送到网络上的其他计算机或提供给其他程序等
用户交互	输入输出操作使程序能够与用户进行交互，收集用户指令和反馈结果
数据持久化	文件输出是数据持久化的常见形式。它允许程序创建、修改以及保存文件，确保数据可以长久存储，即使在程序退出后也不会丢失
数据分析与处理	程序经常需要读取大量数据以进行分析和处理。输入操作允许程序批量读取数据，输出操作允许程序展示处理结果或将结果进一步传输
通信	在网络编程中，输入和输出操作能够实现数据在不同系统间的流动
自动化处理	程序可以通过脚本自动执行任务，如定期从数据库中导出数据、处理日志文件等，而输入输出操作是实现这些自动化处理的基础
资源共享	通过输出操作，程序生成的数据可以被多个其他程序使用，实现了资源的共享和重用
调试与日志记录	通过输出操作得到的日志记录和程序调试信息对于维护和调试程序是不可或缺的
模块化和重用	标准的输入输出接口允许代码模块化，使得输入输出部分可以被多个程序重用，而不需要针对每个程序重复编写代码
性能优化	有效地使用输入输出流，例如使用缓冲流，可以显著提高程序处理数据的效率

输入（input）与输出（output）操作（I/O 操作）对于程序来说，不但十分必要，而且是保证程序交互性的关键。无论是简单的程序还是复杂的企业级应用，合理的输入输出都是确保程序正确运行的基石。本章将首先介绍目录与文件操作的相关知识，然后再重点讨论仓颉提供的一系列与 I/O 操作相关的流。

2.2　目录与文件操作

本节主要介绍一些基础的目录与文件操作，包括目录与文件的创建、删除和复制，目录与文件信息的获取等。仓颉标准库的 fs 包提供了一系列实现目录与文件操作的类型，主要包括 Path、Directory、File 和 FileInfo 等。

2.2.1　Path 类型

fs 包提供了一个用于表示本地路径的 Path 类型，该类型的定义如下：

```
public struct Path <: Equatable<Path> & Hashable & ToString {
    // 构造函数
    public init(rawPath: String)
```

```
        // 其他成员略
}
```

通过调用 Path 类型的构造函数可以构造各种 Path 实例。Path 实例可以表示目录、软链接或文件的路径（Windows 平台支持 DOS 设备路径和 UNC 路径），该路径可以是绝对路径或相对路径。对于相对路径，Path 实例表示的是相对于项目文件夹的路径。举例如下：

```
from std import fs.Path

main() {
    // 绝对路径
    let path1 = Path("D:/test_dir")    // 表示目录
    let path2 = Path("D:/test_dir/dir/sub_dir/test.txt")    // 表示文件

    // 相对路径
    let path3 = Path("./src/test")    // 表示目录
    let path4 = Path("./src/main.cj")    // 表示文件

    println(path1)
    println(path2)
    println(path3)
    println(path4)
}
```

编译并执行以上代码，输出结果如下：

```
D:/test_dir
D:/test_dir/dir/sub_dir/test.txt
./src/test
./src/main.cj
```

对于一个 Path 实例，可以通过 Path 类型的一系列成员属性获取该路径的各个组成部分，如表 2-2 所示。

表 2-2　Path 类型的成员属性

成员属性	类　　型	说　　明
directoryName	Option<Path>	获取路径的目录部分
fileName	Option<String>	获取路径的文件名（含扩展名）或最后一级目录名
fileNameWithoutExtension	Option<String>	获取路径的文件名（不含扩展名）或最后一级目录名
extensionName	Option<String>	获取路径的文件扩展名

以上成员属性的类型都是 Option 类型。另外，当路径为空或包含字符串结束符"\0"时，使用以上属性获取相关信息时会抛出异常 IllegalArgumentException。下面的示例代码通过以上成员属性获取了一个 Path 实例的各个组成部分。

```
from std import fs.Path

main() {
    let path = Path("D:/test_dir/dir/sub_dir/test.txt")
```

```
    // 获取目录
    println("目录:${path.directoryName}")

    // 获取文件名（含扩展名）
    println("文件名（含扩展名）:${path.fileName}")

    // 获取文件名（不含扩展名）
    println("文件名（不含扩展名）:${path.fileNameWithoutExtension}")

    // 获取扩展名
    println("扩展名:${path.extensionName}")
}
```

编译并执行以上代码，输出结果如下：

目录: Some(D:/test_dir/dir/sub_dir)
文件名（含扩展名）: Some(test.txt)
文件名（不含扩展名）: Some(test)
扩展名: Some(txt)

以上示例中路径的各个组成部分如图 2-1 所示。

图 2-1　路径的各个组成部分

如果将以上示例代码中的 Path 实例修改为目录的路径，例如：

"D:/test_dir/dir/sub_dir"

那么最终的输出结果如下：

目录: Some(D:/test_dir/dir)
文件名（含扩展名）: Some(sub_dir)
文件名（不含扩展名）: Some(sub_dir)
扩展名: None

除了以上成员属性，通过 Path 类型的相关成员函数还可以对 Path 实例进行各种判断，如表 2-3 所示。

表 2-3　Path 类型用于判断的实例成员函数

成员函数	返回值类型	说　　明
isAbsolute	Bool	判断 Path 实例是否是绝对路径
isRelative	Bool	判断 Path 实例是否是相对路径
isDirectory	Bool	判断 Path 实例是否是目录，与 isSymbolicLink/isFile 互斥
isSymbolicLink	Bool	判断 Path 实例是否是软链接，与 isDirectory/isFile 互斥
isFile	Bool	判断 Path 实例是否是文件，与 isDirectory/isSymbolicLink 互斥

当路径为空或包含字符串结束符"\0"时，调用以上函数时会抛出异常 IllegalArgumentException。如果路径不存在或判断过程中底层调用的系统接口发生错误，调用函数 isDirectory、isSymbolicLink、isFile 时会抛出异常 FSException。FSException 是定义在 fs 包中的文件流异常类，表示与流、文件系统相关的异常，其定义如下：

```
public class FSException <: Exception {
    public init()
    public init(message: String)
}
```

下面的示例代码使用 Path 类型的相关成员函数对 Path 实例进行了判断。

```
from std import fs.{Path, FSException}

main() {
    try {
        let path = Path("D:/test_dir/dir/sub_dir/test.txt")

        // 判断是绝对路径还是相对路径
        println("绝对路径：${path.isAbsolute()}")
        println("相对路径：${path.isRelative()}")

        // 判断是软链接、目录还是文件
        println("\n软链接：${path.isSymbolicLink()}")
        println("目录：${path.isDirectory()}")
        println("文件：${path.isFile()}")
    } catch (_: FSException) {
        println("path指定的文件不存在")
    }
}
```

如果在目录 D:/test_dir/dir/sub_dir 下存在文本文件 test.txt，则编译并执行以上代码的输出结果如下：

```
绝对路径：true
相对路径：false

软链接：false
目录：false
文件：true
```

否则，输出结果如下：

```
绝对路径：true
相对路径：false
path指定的文件不存在
```

由于 Path 类型实现了 Equatable 接口，因此可以直接使用操作符"=="或"!="对 Path 实例进行判（不）等操作。Path 类型还提供了函数 split 和 join 用于对路径进行分割或拼接，相关函数的定义如下：

```
/*
 * 将路径分割成目录和文件名两部分，以元组形式返回，获取失败时对应的元组元素为None
 * 对于目录路径，分割得到的文件名部分对应最后一级目录的目录名
 */
public func split(): (Option<Path>, Option<String>)

// 在当前路径后拼接另一个路径，返回新路径的Path实例
public func join(path: String): Path
public func join(path: Path): Path
```

举例如下：

```
from std import fs.Path

main() {
    let path1 = Path(#"D:\test_dir\dir"#)

    // 调用split函数分割路径
    println(path1.split()[0])
    println("${path1.split()[1]}\n")

    let pathStr = "test.txt"
    let path2 = Path(#"sub_dir\test.txt"#)
    // 调用join函数拼接路径
    println(path1.join(pathStr))   // 参数为String类型
    println(path1.join(path2))     // 参数为Path类型
}
```

编译并执行以上代码，输出结果如下：

```
Some(D:\test_dir)
Some(dir)

D:\test_dir\dir\test.txt
D:\test_dir\dir\sub_dir\test.txt
```

2.2.2 Directory 类

fs 包提供了 Directory 类，用于进行常规的目录操作。其定义如下：

```
public class Directory <: Iterable<FileInfo> {
    // 构造函数
    public init(path: String)
    public init(path: Path)

    // 其他成员略
}
```

通过 Directory 类的构造函数，可以创建表示目录的 Directory 对象。Directory 类的主要成员函数如图 2-2 所示。另外，Directory 类还提供了一个成员属性 info 用于获取目录元数据信息。

成员函数类型	函数名	功 能
静态成员函数	exists	判断路径对应的目录是否存在
	create	创建目录
	delete	删除目录
	move	将当前目录及其文件、子文件夹都移动到指定路径
	copy	将当前目录及其文件、子文件夹都拷贝到指定路径
实例成员函数	createSubDirectory	在当前目录下创建指定名称的子目录
	createFile	在当前目录下创建指定名称的文件
	isEmpty	判断当前目录是否为空
	iterator	返回当前目录的文件及子目录迭代器
	directories	返回当前目录的子目录迭代器
	files	返回当前目录的文件迭代器
	entryList	返回当前目录的文件及子目录列表
	directoryList	返回当前目录的子目录列表
	fileList	返回当前目录的文件列表

图 2-2　Directory 类的主要成员函数

1. 创建和删除目录

通过 Directory 类的成员函数 create 和 delete 可以创建和删除目录。相关函数的定义如下：

```
// 创建目录，参数path表示待创建的目录，参数recursive指定是否递归创建（true表示递归创建）
public static func create(path: String, recursive!: Bool = false): Directory
public static func create(path: Path, recursive!: Bool = false): Directory

// 删除目录，参数path表示待删除的目录，参数recursive指定是否递归删除（true表示递归删除）
public static func delete(path: String, recursive!: Bool = false): Unit
public static func delete(path: Path, recursive!: Bool = false): Unit
```

函数 create 和 delete 中的参数 recursive 表示是否递归创建或删除目录。当 recursive 的值为 false 时，仅创建或删除最后一级目录；当 recursive 的值为 true 时，将逐级创建或删除目录。下面看两个示例。

示例 1

以下代码在执行时，目录 D:/test_dir 下没有任何文件或子目录。程序首先调用 create 函数创建目录 "D:/test_dir/dir/sub_dir"，参数 recursive 为默认值 false，表示仅创建目标目录中的最后一级目录，即 sub_dir。此时，要求 sub_dir 前面的每一级目录都已经存在，否则会抛出异常 FSException。由于目录 "D:/test_dir/dir" 不存在，第 1 次创建失败。第 2 次调用 create 函数创建目录时，将参数 recursive 指定为 true，表示逐级创建路径中不存在的目录，即逐级创建 "D:/test_dir/dir" 和 "D:/test_dir/dir/sub_dir"，第 2 次创建成功。

```
from std import fs.{Path, Directory, FSException}

main() {
    // 目录D:/test_dir下没有任何文件或子目录
    let newDir = Path("D:/test_dir/dir/sub_dir")

    try {
        // 不递归创建目录，仅创建最后一级目录，要求前面的目录必须都已经存在
```

```
        Directory.create(newDir)
    } catch (_: FSException) {
        println("创建目录失败（recursive: false)")
    }

    // 调用 exists 函数判断目录是否创建成功
    println("是否创建成功（第1次）: ${Directory.exists(newDir)}")

    try {
        // 递归创建目录，逐级创建目录
        Directory.create(newDir, recursive: true)
    } catch (_: FSException) {
        println("创建目录失败（recursive: true)")
    }

    println("是否创建成功（第2次）: ${Directory.exists(newDir)}")
}
```

编译并执行以上代码，输出结果如下：

```
创建目录失败（recursive: false)
是否创建成功（第1次）: false
是否创建成功（第2次）: true
```

在调用 create 函数创建目录时，若待创建的目录已经存在，或非递归创建的情况下目标目录的路径中有不存在的目录时，都会抛出异常 FSException。

Directory 类提供了静态成员函数 exists 用于判断路径对应的目录是否已经存在，该函数的定义如下：

```
// 判断路径对应的目录是否存在
public static func exists(path: String): Bool
public static func exists(path: Path): Bool
```

在创建目录之前，可以结合 exists 函数对目录是否存在进行判断，或使用普通 try 表达式以保证程序能够正常运行。

示例 2

以下代码在执行时，已存在目录"D:/test_dir/dir/sub_dir"。程序首先使用非递归的方式删除目录"D:/test_dir/dir"。当使用非递归方式删除目录时，仅删除最后一级目录，且要求最后一级目录必须为空，不包含任何文件和子目录。由于"D:/test_dir/dir"中包含子目录 sub_dir，因此第 1 次删除失败。第 2 次删除时，先调用 exists 函数确认待删除的目录存在，再调用 delete 函数以递归的方式逐级删除目录，即逐级删除"D:/test_dir/dir/sub_dir"和"D:/test_dir/dir"，第 2 次删除成功。

```
from std import fs.*

main() {
    // 当前已存在目录 D:/test_dir/dir/sub_dir
    let delDir = Path("D:/test_dir/dir")
```

```
    try {
        // 不递归删除目录，仅删除最后一级目录，要求最后一级目录必须为空
        Directory.delete(delDir)
    } catch (_: FSException) {
        println("删除目录失败")
    }

    // 结合exists函数进行判断
    if (Directory.exists(delDir)) {
        // 递归删除目录，逐级删除目录
        Directory.delete(delDir, recursive: true)
        println("删除目录成功")
    }
}
```

编译并执行以上代码，输出结果如下：

```
删除目录失败
删除目录成功
```

如果要使用非递归的方式删除目录，可以结合 Directory 类的成员函数 isEmpty 先判断待删除的目录是否为空，该函数的定义如下：

```
// 判断当前目录是否为空
public func isEmpty(): Bool
```

2. 移动和复制目录

通过 Directory 类的成员函数 move 和 copy 可以实现目录的移动和复制。相关函数的定义如下：

```
/*
 * 将当前目录及其文件、子文件夹都移动到指定路径
 * 参数sourceDirPath表示源目录路径，destinationDirPath表示目标目录路径
 * 参数overwrite表示是否覆盖，为true时表示覆盖目标路径中的所有子文件夹和文件
 */
public static func move(sourceDirPath: String, destinationDirPath: String,
    overwrite: Bool): Unit
public static func move(sourceDirPath: Path, destinationDirPath: Path,
    overwrite: Bool): Unit

/*
 * 将当前目录及其文件、子文件夹都复制到指定路径
 * 参数sourceDirPath表示源目录路径，destinationDirPath表示目标目录路径
 * 参数overwrite表示是否覆盖，为true时表示覆盖目标路径中的所有子文件夹和文件
 */
public static func copy(sourceDirPath: String, destinationDirPath: String,
    overwrite: Bool): Unit
public static func copy(sourceDirPath: Path, destinationDirPath: Path,
    overwrite: Bool): Unit
```

参数 overwrite 表示是否覆盖目标目录。当调用 move 函数时，若 overwrite 为 true，则清空目标目录，并将源目录中的所有文件和子目录移动到目标目录中去（源目录将被删除）。当

调用 copy 函数时，若 overwrite 为 true，则源目录中的文件将覆盖目标目录中同名的文件（不影响目标目录中的其他文件）。下面看两个示例。

示例 1

以下示例代码的目标是调用 Directory 类的成员函数 move 将源目录 srcDir 及其中的文件和子目录移动到目标目录 destDir。代码执行之前的目录结构如图 2-3 所示。

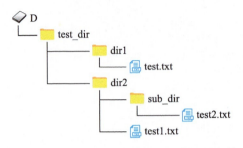

图 2-3　示例程序的目录结构（移动目录之前）

示例代码如下：

```
from std import fs.{Path, Directory, FSException}

main() {
    let srcDir = Path("D:/test_dir/dir1")
    let destDir = Path("D:/test_dir/dir2")

    try {
        // 移动目录，不覆盖目标目录
        Directory.move(srcDir, destDir, false)
        println("移动目录成功")
    } catch (_: FSException) {
        println("移动目录失败")
    }
}
```

编译并执行以上代码，输出结果如下：

移动目录失败

以上示例代码在调用 move 函数时，将参数 overwrite 指定为 false，即不覆盖目标目录，此时若目标目录已经存在，则会抛出异常 FSException（即使目标目录为空也会抛出异常）。由于目标目录已经存在，移动目录失败。修改调用 move 函数的那一行代码，将参数 overwrite 指定为 true：

```
// 移动目录，覆盖目标目录
Directory.move(srcDir, destDir, true)
```

再次编译并执行示例代码，输出结果如下：

移动目录成功

这一次移动目录成功，移动之后的目录结构如图 2-4 所示。

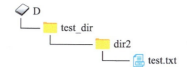

图 2-4 示例程序的目录结构（移动目录之后）

通过以上示例可以看出，调用 move 函数移动目录成功之后，源目录将不再存在，源目录中的所有文件及子目录被移动到了目标目录。这个操作相当于在文件系统级别上对源目录进行了重命名，只不过新的名称可以在另一个路径下。在移动时，若参数 overwrite 为 true，则相当于先删除了目标目录，然后再将源目录重命名为目标目录。

示例 2

以下示例代码的目标是调用 Directory 类的成员函数 copy 将源目录 srcDir 及其中的文件和子目录复制到目标目录 destDir。代码执行之前的目录结构如图 2-5 所示。

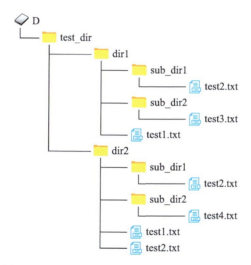

图 2-5 示例程序的目录结构（复制目录之前）

示例代码如下：

```
from std import fs.{Path, Directory, FSException}

main() {
    let srcDir = Path("D:/test_dir/dir1")
    let destDir = Path("D:/test_dir/dir2")

    try {
        // 复制目录，不覆盖目标目录
        Directory.copy(srcDir, destDir, false)
        println("复制目录成功")
    } catch (_: FSException) {
        println("复制目录失败")
    }
}
```

编译并执行代码，输出结果如下：

复制目录失败

以上示例代码在调用 copy 函数时，将参数 overwrite 指定为 false，即不覆盖目标目录，此时若目标目录已经存在则会抛出异常 FSException（即使目标目录为空也会抛出异常）。由于目标目录已经存在，复制目录失败。修改调用 copy 函数的那一行代码，将参数 overwrite 指定为 true：

```
// 复制目录，覆盖目标目录
Directory.copy(srcDir, destDir, true)
```

再次编译并执行示例代码，输出结果如下：

复制目录成功

这一次复制目录成功，操作完成之后的目录结构如图 2-6 所示。

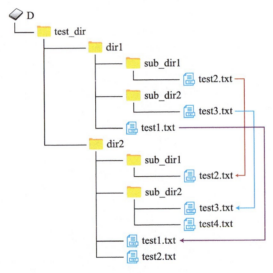

图 2-6　示例程序的目录结构（复制目录之后）

在调用 copy 函数复制目录成功之后，源目录中的所有文件和子目录都保持不变，而目标目录中与源目录中相同位置的同名文件都被源目录中的文件覆盖了。

3. 创建子目录和文件

Directory 类提供了成员函数 createSubDirectory 和 createFile 用于创建子目录和文件，相关函数的定义如下：

```
// 在当前目录下创建指定名称的子目录
public func createSubDirectory(name: String): Directory

// 在当前目录下创建指定名称的文件
public func createFile(name: String): File
```

参数 name 表示待创建的子目录名或文件名，不能带路径前缀，否则抛出异常。举例如下：

```
from std import fs.{Path, Directory}

main() {
    // 目录D:/test_dir已存在且其中没有任何文件或子目录
    let path = Path("D:/test_dir")
    let dir = Directory(path)

    // 结合函数exists和isEmpty确认目标目录存在且为空
    if (Directory.exists(path) && dir.isEmpty()) {
        // 创建子目录
        dir.createSubDirectory("sub_dir")
        // 在dir下创建文件
        dir.createFile("test.txt")
    }
}
```

如果在程序执行之前目录 D:/test_dir 存在且为空，那么在编译并执行以上代码之后，在目录 D:/test_dir 下成功创建了子目录 sub_dir 和文件 test.txt。

4．遍历目录下的子目录或文件

Directory 类提供了一系列成员函数用于获取当前目录下的子目录或文件的迭代器或列表，相关函数的定义如下：

```
public func iterator(): Iterator<FileInfo>   // 返回当前目录的文件及子目录迭代器
public func directories(): Iterator<FileInfo>   // 返回当前目录的子目录迭代器
public func files(): Iterator<FileInfo>   // 返回当前目录的文件迭代器

public func entryList(): ArrayList<FileInfo>   // 返回当前目录的文件及子目录列表
public func directoryList(): ArrayList<FileInfo>   // 返回当前目录的子目录列表
public func fileList(): ArrayList<FileInfo>   // 返回当前目录的文件列表
```

注：FileInfo类型的相关知识见2.2.4节。

以下示例代码调用函数 iterator、directories 和 files 遍历了目录。代码执行时的目录结构如图 2-7 所示。

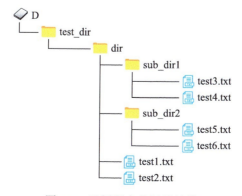

图 2-7　示例程序的目录结构

示例代码如下：

```
from std import fs.Directory

main() {
    let curDir = Directory(#"D:\test_dir\dir"#)

    // 遍历当前目录下的子目录及文件，不涉及子目录中的文件
    println("iterator函数")
    for (item in curDir.iterator()) {
        println(item.path)
    }

    // 遍历当前目录下的子目录
    println("\ndirectories函数")
    for (dir in curDir.directories()) {
        println(dir.path)
    }

    // 遍历当前目录下的文件，不涉及子目录中的文件
    println("\nfiles函数")
    for (file in curDir.files()) {
        println(file.path)
    }
}
```

编译并执行以上代码，输出结果如下：

```
iterator函数
D:\test_dir\dir\sub_dir1
D:\test_dir\dir\sub_dir2
D:\test_dir\dir\test1.txt
D:\test_dir\dir\test2.txt

directories函数
D:\test_dir\dir\sub_dir1
D:\test_dir\dir\sub_dir2

files函数
D:\test_dir\dir\test1.txt
D:\test_dir\dir\test2.txt
```

将以上示例代码中的函数 iterator、directories 和 files 替换成函数 entryList、directoryList 和 fileList，输出结果也是一样的，只不过后面的 3 个函数得到的是 ArrayList 而不是迭代器。需要注意的是，以上 6 个函数在遍历时只涉及当前目录中的子目录或文件，而不涉及子目录中的目录或文件。

2.2.3　File 类

fs 包提供了 File 类，用于进行常规的文件操作。File 类的定义如下：

```
public class File <: Resource & InputStream & OutputStream & Seekable {
```

```
    // 构造函数
    public init(path: String, openOption: OpenOption)
    public init(path: Path, openOption: OpenOption)

    // 其他成员略
}
```

注：InputStream、OutputStream、Seekable 及 OpenOption 类型的相关知识见 2.3 节。

File 类的主要成员如图 2-8 所示。

成员类型	名　称	功　　能
实例成员属性	length	获取文件头至文件尾的数据字节数
	remainLength	获取文件当前光标位置至文件尾的数据字节数
	position	获取文件当前光标位置
	info	获取文件元数据信息
	fileDescriptor	获取文件描述符信息
静态成员函数	exists	判断路径对应的文件是否存在
	move	移动文件到指定路径
	copy	复制文件到指定路径
	openRead	以只读模式打开指定路径的文件
	create	以只写模式创建指定路径的文件
	delete	删除指定路径对应的文件
	readFrom	从指定路径的文件读取数据
	writeTo	向指定路径的文件写入数据
实例成员函数	read	从文件中读取数据
	write	向文件中写入数据
	seek	将光标跳转到指定位置
	canRead	判断当前File对象是否可读
	canWrite	判断当前File对象是否可写
	readToEnd	读取当前File对象还没读取的数据
	copyTo	将当前File对象还没读取的数据复制到指定的OutputStream中
	close	关闭当前File对象
	isClosed	判断当前File对象是否已关闭

图 2-8　File 类的主要成员

下面介绍文件的创建、删除、移动和复制操作，文件的读写操作将在 2.3.2 节详细介绍。

1. 创建和删除文件

通过 File 类的成员函数 create 可以以只写模式创建指定路径的文件，该函数的定义如下：

```
// 以只写模式创建指定路径的文件，参数path表示待创建文件的路径
public static func create(path: String): File
public static func create(path: Path): File
```

调用 create 函数时，如果路径指向的文件的上级目录不存在或文件已存在，则抛出异常 FSException。在调用 create 函数创建文件成功后，返回一个 File 对象，该对象对应一个打开的文件。在对 File 对象的所有操作完成后，应该调用 close 函数关闭文件，否则会导致资源泄露。如果不确定文件是否已被关闭，可以调用 isClosed 函数进行判断。

举例如下：

```
from std import fs.{Path, File}

main() {
    // 目录D:/test_dir/dir已存在且为空
    let path = Path("D:/test_dir/dir/test.txt")

    if (!File.exists(path)) {
        // 以只写模式创建File对象file
        let file = File.create(path)

        // 判断file是否可读、可写
        println(file.canRead())   // 输出: false
        println(file.canWrite())  // 输出: true

        // 关闭文件
        if (!file.isClosed()) {
            file.close()
            println("文件已关闭")   // 输出：文件已关闭
        }
    }
}
```

如果不希望每次都通过 close 函数手动关闭文件，或需要操作的文件有多个手动关闭很麻烦时，try-with-resources 表达式总是很好的选择（参见 1.3 节）。以上示例代码可以修改如下：

```
from std import fs.{Path, File, FSException}

main() {
    let path = Path("D:/test_dir/dir/test.txt")

    try (
        // 创建File对象file
        file = File.create(path)
    ) {
        // 判断file是否可读、可写
        println(file.canRead())
        println(file.canWrite())
    } catch (_: FSException) {
        println("创建文件失败")
    }
}
```

以上代码在执行时，若文件"D:/test_dir/dir/test.txt"已存在，则会捕捉异常并输出提示信息。若创建 File 对象成功，则可以正常进行文件操作，在 try-with-resources 表达式执行完毕之后，程序会自动关闭文件而无须手动调用 close 函数。

通过 File 类的成员函数 delete 可以删除指定路径对应的文件，删除文件之前必须确保文件已经关闭，否则可能删除失败。如果调用 delete 函数删除文件时文件不存在或删除失败，则抛出异常 FSException。delete 函数的定义如下：

```
// 删除指定路径对应的文件，参数path表示待删除文件的路径
```

```
public static func delete(path: String): Unit
public static func delete(path: Path): Unit
```

举例如下：

```
from std import fs.{Path, File, FSException}

main() {
    // 目录D:/test_dir/dir下存在文件test.txt
    let path = Path("D:/test_dir/dir/test.txt")

    try {
        // 删除文件
        File.delete(path)
    } catch (_: FSException) {
        println("删除文件失败")
    }
}
```

编译并执行以上代码，目录 D:/test_dir/dir 下的文件 test.txt 将被删除。

2. 移动和复制文件

通过 File 类的成员函数 move 和 copy 可以实现文件的移动和复制。相关函数的定义如下：

```
/*
 * 移动文件到指定路径
 * 参数sourcePath表示源文件路径，destinationPath表示目标文件路径
 * 参数overwrite表示是否覆盖，为true时表示覆盖目标路径中的同名文件
 */
public static func move(sourcePath: String, destinationPath: String,
    overwrite: Bool): Unit
public static func move(sourcePath: Path, destinationPath: Path,
    overwrite: Bool): Unit

/*
 * 复制文件到指定路径
 * 参数sourcePath表示源文件路径，destinationPath表示目标文件路径
 * 参数overwrite表示是否覆盖，为true时表示覆盖目标路径中的同名文件
 */
public static func copy(sourcePath: String, destinationPath: String,
    overwrite: Bool): Unit
public static func copy(sourcePath: Path, destinationPath: Path,
    overwrite: Bool): Unit
```

以下示例代码的目的是调用 File 类的成员 move 函数将文件从源路径移动到目标路径。代码执行之前的目录结构如图 2-9 所示。

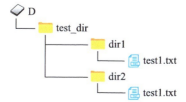

图 2-9 示例程序的目录结构（移动文件之前）

示例代码如下：

```
from std import fs.{Path, File, FSException}

main() {
    let srcPath = Path("D:/test_dir/dir1/test1.txt")
    let destPath = Path("D:/test_dir/dir2/test1.txt")

    try {
        // 移动文件,overwrite设置为false
        File.move(srcPath, destPath, false)
    } catch (_: FSException) {
        println("移动文件失败")
    }
}
```

编译并执行以上代码，输出结果如下：

移动文件失败

由于目标路径对应的文件与源文件同名，且参数 overwrite 被设置为 false，因此移动文件失败了。如果将参数 overwrite 设置为 true，再次编译并执行代码，源文件将被移动至目标目录并覆盖目标路径中的同名文件，移动成功之后的目录结构如图 2-10 所示。

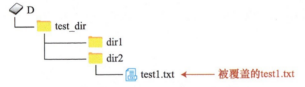

图 2-10　示例程序的目录结构（移动文件之后）

另外，通过 move 函数可以对文件进行重命名。以下示例代码执行之前的目录结构仍然如图 2-9 所示。代码如下：

```
from std import fs.{Path, File, FSException}

main() {
    // 对文件进行重命名
    let srcPath = Path("D:/test_dir/dir1/test1.txt")
    let destPath = Path("D:/test_dir/dir1/test2.txt")

    try {
        File.move(srcPath, destPath, false)
    } catch (_: FSException) {
        println("重命名失败")
    }
}
```

编译并执行以上代码，成功将 test1.txt 重命名为 test2.txt，对应的目录结构如图 2-11 所示。

copy 函数与 move 函数的用法是类似的，区别在于：移动文件之后源文件将不再存在，而复制之后在目标路径创建了源文件的一个副本，源文件保持不变。

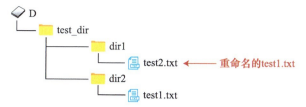

图 2-11　示例程序的目录结构（重命名之后）

2.2.4　FileInfo 类型

通过 Directory 类的成员属性 info 可以获取目录的元数据信息，通过 File 类的成员属性 info 可以获取文件的元数据信息。这 2 个成员属性的定义是一样的：

```
public prop info: FileInfo
```

FileInfo 是定义在 fs 包中的 struct 类型，该类型的定义如下：

```
public struct FileInfo <: Equatable<FileInfo> {
    // 构造函数
    public init(path: String)
    public init(path: Path)

    // 其他成员略
}
```

FileInfo 类型的主要成员如图 2-12 所示。

成员类型	名　称	功　能
实例成员属性	path	获取当前路径
	length	获取当前文件或当前目录中所有文件的大小
	parentDirectory	获取父级目录元数据
	SymbolicLinkTarget	获取链接目标路径
	creationTime	获取创建时间
	lastAccessTime	获取最后访问时间
	lastModificationTime	获取最后修改时间
实例成员函数	isFile	判断当前实例是否是文件
	isSymbolicLink	判断当前实例是否是软链接
	isDirectory	判断当前实例是否是目录
	isReadOnly	判断当前文件或目录是否只读
	isHidden	判断当前文件或目录是否隐藏
	canExecute	判断用户是否有执行文件或进入目录的权限
	canRead	判断用户是否有读取文件或浏览目录的权限
	canWrite	判断用户是否有写入文件或删除、移动、创建目录内文件的权限
	setExecutable	设置用户是否有执行文件或进入目录的权限
	setReadable	设置用户是否有读取文件或浏览目录的权限
	setWritable	设置用户是否有写入文件或删除、移动、创建目录内文件的权限

图 2-12　FileInfo 类型的主要成员

图 2-12 中的相关成员属性的定义如下：

```
public prop path: Path
public prop length: Int64
public prop parentDirectory: Option<FileInfo>
public prop symbolicLinkTarget: Option<Path>

// DateTime是定义在标准库time包中的表示日期时间的类型
public prop creationTime: DateTime
public prop lastAccessTime: DateTime
public prop lastModificationTime: DateTime
```

以下示例代码演示了如何获取目录的元数据信息。代码如下：

```
from std import fs.Directory

main() {
    // 目录D:\test_dir\dir\sub_dir已存在
    let dir = Directory(#"D:\test_dir\dir\sub_dir"#)

    // 判断dir是目录、软链接还是文件
    println("目录:${dir.info.isDirectory()}")
    println("软链接:${dir.info.isSymbolicLink()}")
    println("文件:${dir.info.isFile()}")

    // 获取dir父级目录的路径
    if (let Some(fileInfo) <- dir.info.parentDirectory) {
        println("父级目录路径:${fileInfo.path}")
    }

    // 获取目录的创建时间、最后访问时间和最后修改时间
    println("创建时间:${dir.info.creationTime}")
    println("最后访问时间:${dir.info.lastAccessTime}")
    println("最后修改时间:${dir.info.lastModificationTime}")
}
```

编译并执行以上代码，输出结果如下：

```
目录:true
软链接:false
文件:false
父级目录路径:D:\test_dir\dir
创建时间:2024-03-05T09:01:00Z
最后访问时间:2024-03-05T09:16:46Z
最后修改时间:2024-03-05T09:16:45Z
```

2.2.5　目录与文件操作示例

前面介绍了目录与文件操作的相关类型与基本操作，本节举几个目录与文件操作的例子。

1. 输出指定目录中所有 .txt 文件的文件名

下面的示例程序输出了指定目录中所有 .txt 文件的文件名。代码执行时的工程目录结构如图 2-13 所示。程序代码如代码清单 2-1 所示。

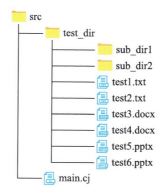

图 2-13　示例程序的工程目录结构

代码清单 2-1　main.cj

```
01  from std import fs.{Path, Directory, FSException}
02
03  // 输出指定目录dirPath中扩展名为extension的文件名
04  func printTxtFileNames(dirPath: Path, extension: String) {
05      try {
06          let dir = Directory(dirPath)
07          let fileInfos = dir.fileList()    // 获取文件列表
08
09          for (fileInfo in fileInfos) {
10              if (let Some(extensionName) <- fileInfo.path.extensionName) {
11                  if (extensionName == extension) {
12                      println(fileInfo.path.fileName.getOrThrow())
13                  }
14              }
15          }
16      } catch (e: FSException) {
17          e.printStackTrace()
18      }
19  }
20
21  main() {
22      // 调用函数printTxtFileNames输出项目文件夹下的src/test_dir中的所有.txt文件的文件名
23      printTxtFileNames(Path("./src/test_dir"), "txt")
24  }
```

编译并执行以上示例程序，输出结果如下：

```
test1.txt
test2.txt
```

2. 重命名指定目录中的所有 cj 文件

下面的示例程序通过 File 的成员函数 move 对指定目录中的所有 cj 文件进行了重命名，在文件名后加上了指定的后缀。代码执行之前的工程目录结构如图 2-14 所示，程序代码如代码清单 2-2 所示。

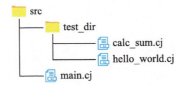

图 2-14　示例程序的工程目录结构（重命名之前）

代码清单 2-2　main.cj

```
01  from std import fs.*
02
03  // 重命名指定目录dirPath中扩展名为extension的文件，为文件名加上指定后缀suffix
04  func renameFileNames(dirPath: Path, extension: String, suffix: String) {
05      try {
06          let dir = Directory(dirPath)
07          let fileInfos = dir.fileList()    // 获取文件列表
08
09          for (fileInfo in fileInfos) {
10              if (let Some(extensionName) <- fileInfo.path.extensionName) {
11                  if (extensionName == extension) {
12                      // 将文件路径分割为目录路径和文件名
13                      let (optDirPath, optFileName) = fileInfo.path.split()
14                      // 获得目录路径
15                      let dirPath = optDirPath.getOrThrow()
16
17                      // 为文件名加上指定后缀
18                      var fileName = optFileName.getOrThrow().trimRight("." + extension)
19                      fileName += suffix + "." + extension
20
21                      // 获得重命名之后的文件路径
22                      let destPath = dirPath.join(fileName)
23
24                      // 调用move函数对文件进行重命名
25                      File.move(fileInfo.path, destPath, false)
26                  }
27              }
28          }
29      } catch (e: FSException) {
30          e.printStackTrace()
31      }
32  }
33
```

```
34  main() {
35      // 调用函数renameFileNames将项目文件夹下的src/test_dir中的所有cj文件重命名
36      renameFileNames(Path("./src/test_dir"), "cj", "_九丘教育")
37  }
```

编译并执行以上程序，执行完毕之后的工程目录结构如图 2-15 所示。

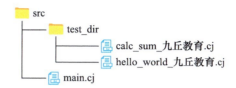

图 2-15　示例程序的工程目录结构（重命名之后）

3. 清空指定目录

下面的示例程序的作用是清空指定目录，代码执行之前在项目文件夹下的 src/test_dir 中有一些子目录和文件。程序代码如代码清单 2-3 所示。

代码清单 2-3　main.cj

```
01  from std import fs.*
02
03  // 删除指定目录dirPath中的所有子目录和文件
04  func deleteSubDirectoriesAndFiles(dirPath: Path) {
05      try {
06          let dir = Directory(dirPath)
07          let fileInfos = dir.entryList()  // 获取文件和子目录列表
08
09          for (fileInfo in fileInfos) {
10              if (fileInfo.isFile()) {
11                  // 删除文件
12                  File.delete(fileInfo.path)
13              } else if (fileInfo.isDirectory()) {
14                  // 删除子目录（包括子目录中的文件及目录）
15                  Directory.delete(fileInfo.path, recursive: true)
16              }
17          }
18      } catch (e: FSException | IllegalArgumentException) {
19          e.printStackTrace()
20      }
21  }
22
23  main() {
24      // 调用函数deleteSubDirectoriesAndFiles清空项目文件夹下的src/test_dir
25      deleteSubDirectoriesAndFiles(Path("./src/test_dir"))
26  }
```

编译并执行以上程序之后，项目文件夹下的 src/test_dir 将被清空。

2.3　基本输入流与输出流

在仓颉中，将输入和输出数据的处理方式称为"流（stream）"。因为数据流具有像水流一样的连续性、方向性、不可逆性等特点，使用"流"这个概念可以很好地描述数据在程序和数据源之间的移动和处理方式。

引入流的概念解决数据读写的问题至少有以下几点好处。

- **抽象与封装**：流为底层的数据读写操作提供了高度的抽象和封装，使得开发者无须关心底层的具体实现细节，只需关心如何使用流来处理它。
- **统一的数据处理模型**：无论与哪种类型的数据交互，流都提供了统一的数据处理模型，这大大简化了编程工作。
- **高效处理大数据**：流允许程序逐个或逐块地处理数据，而不需要一次性加载整个数据集到内存中。这在处理大文件或网络数据传输时特别有用，因为它可以显著降低内存使用并提高效率。
- **灵活与可扩展**：流可以被包装和组合使用。例如，使用缓冲输入流来包装一个文件流，这样可以从文件中高效地读取数据。这种方式提供了巨大的灵活性，允许我们根据需要构建复杂的数据处理通道。
- **跨平台性**：由于流提供了高度的抽象，它使得代码更具可移植性。例如，尽管不同的操作系统可能有不同的文件系统，但使用流来读写文件的代码在各种操作系统上基本上是相同的。

总之，流提供了一种统一、灵活和高效的方式来读写数据，为处理各种数据源和数据目标提供了一个共同的框架。

从内存的角度来说，根据数据的流向可以将仓颉中的流分为两种类型。

- **输入流**：用于从数据源（例如文件、网络、键盘等）读取数据到内存（或程序）。
- **输出流**：用于从内存（或程序）写入数据到数据目标（例如文件、网络、控制台等）。

当执行**读操作**时，**数据从数据源流入内存**，使用输入流；当执行**写操作**时，**数据从内存流出到数据目标**，使用输出流，如图 2-16 所示。

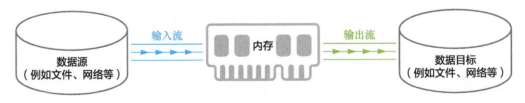

图 2-16　输入流与输出流的概念

为了对输入流和输出流进行抽象，仓颉标准库的 io 包提供了两个基本的接口：InputStream 和 OutputStream。另外，仓颉还提供了许多实现了接口 InputStream 或 OutputStream 的流类型，以便于从各种数据源读取数据或向各种数据目标写入数据。我们可以选择合适的流类型，根据需求让数据从一个地方流向另一个地方。需要注意的是，**仓颉的流类型都用于传输字节**，而不是字符。流类型的使用步骤大体分为 3 步，如图 2-17 所示。

- **打开流**：需要创建一个流对象来开始数据的传输。
- **读取或写入数据**：通过流对象，从数据源读取数据或者向数据目标写入数据。
- **关闭流**：使用完流对象之后要关闭它，这样可以释放系统资源，防止资源泄露。

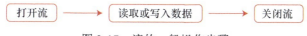

图 2-17　流的一般操作步骤

2.3.1　InputStream 与 OutputStream

接口 InputStream 和 OutputStream 定义在 io 包中，它们的定义如下：

```
public interface InputStream {
    // 从输入流读取数据到指定的字节数组buffer；返回值为读取的字节数；没有数据可读时，返回0
    func read(buffer: Array<Byte>): Int64

    // 返回输入流中的数据量（字节数），默认实现返回 -1
    prop length: Int64
}

public interface OutputStream {
    // 将指定的字节数组buffer中的数据写入输出流
    func write(buffer: Array<Byte>): Unit

    // 刷新当前输出流，默认实现为空
    func flush(): Unit
}
```

本章介绍的众多流类型都实现了接口 InputStream 或 OutputStream。例如，前面介绍的用于文件操作的 File 类就同时实现了接口 InputStream 和 OutputStream：

```
public class File <: Resource & InputStream & OutputStream & Seekable
```

用于控制台数据读写的 ConsoleReader 类和 ConsoleWriter 类，分别实现了接口 InputStream 和 OutputStream：

```
public class ConsoleReader <: InputStream
public class ConsoleWriter <: OutputStream
```

用于处理字节数组的 ByteArrayStream 类也同时实现了接口 InputStream 和 OutputStream：

```
public class ByteArrayStream <: InputStream & OutputStream
```

接下来介绍如何使用上面提到的几种流类型进行各种 I/O 操作。

2.3.2　文件读写

文件读写主要通过定义在 fs 包中的 File 类来实现。2.2.3 节已经简单介绍了 File 类以及文件的一些基本操作，本节主要介绍如何读写文件，File 类与文件读写操作相关的成员如图 2-18 所示。

成员类型	名　称	功　能
构造函数	init	创建 File 对象
实例成员属性	length	获取文件头至文件尾的数据字节数
	remainLength	获取文件当前光标位置至文件尾的数据字节数
	position	获取文件当前光标位置
静态成员函数	openRead	以只读模式打开指定路径的文件
	create	以只写模式创建指定路径的文件
	readFrom	从指定路径的文件读取数据
	writeTo	向指定路径的文件写入数据
实例成员函数	read	从文件中读取数据
	write	向文件中写入数据
	seek	将光标跳转到指定位置
	readToEnd	读取当前 File 对象还没读取的数据
	copyTo	将当前 File 对象还没读取的数据复制到指定的 OutputStream 中

图 2-18　File 类与文件读写操作相关的成员

如前所述，通过 File 类的成员函数 create 可以以只写模式创建指定路径的文件。另外，通过 File 类的成员函数 openRead 可以以只读模式打开指定路径的文件，该函数的定义如下：

```
// 以只读模式打开指定路径的文件，参数path表示待打开文件的路径
public static func openRead(path: String): File
public static func openRead(path: Path): File
```

调用 openRead 函数时，如果文件不存在或者文件不可读，则会抛出异常 FSException。

1. 调用构造函数创建 File 对象

除了通过函数 create 和 openRead，通过 File 类的构造函数，也可以创建 File 对象。File 类的构造函数的定义如下：

```
// 构造函数
public init(path: String, openOption: OpenOption)
public init(path: Path, openOption: OpenOption)
```

调用构造函数创建 File 对象时，需要 2 个参数：第 1 个参数表示 File 对象的路径，可以是 String 或 Path 类型；第 2 个参数表示不同的文件打开选项，该参数的类型是 OpenOption。OpenOption 是定义在 fs 包中的枚举类型，其定义如下：

```
public enum OpenOption {
    | Append
    | Truncate(Bool)
    | Open(Bool, Bool)
    | Create(Bool)
    | CreateOrTruncate(Bool)
    | CreateOrAppend
}
```

　　构造器 Append 表示的 OpenOption 实例指定文件系统应该打开**现有文件**并查找到文件尾，用这个选项创建的 File 对象**可写、不可读**。如果文件不存在或试图查找文件尾之前的位置，都将引发异常。另外，任何试图读取的操作也将引发异常。

　　构造器 Truncate 表示的 OpenOption 实例指定文件系统应该打开**现有文件**，该文件被打开后将被截断为零字节大小（文件内容被清空），用这个选项创建的 File 对象**可写**，参数指定是否可读。如果文件不存在，将引发异常。

　　构造器 Open 表示的 OpenOption 实例指定文件系统应该打开**现有文件**，第 1 个参数指定文件是否可读，第 2 个参数指定文件是否可写。如果文件不存在，将引发异常。

　　构造器 Create 表示的 OpenOption 实例指定文件系统应该**创建新文件**，用这个选项创建的 File 对象**可写**，参数指定是否可读。如果文件已存在，将引发异常。

　　构造器 CreateOrTruncate 表示的 OpenOption 实例指定文件系统应该**创建新文件**，如果该文件已存在，则**将该文件截断为零字节大小**，用这个选项创建的 File 对象**可写**，参数指定是否可读。

　　构造器 CreateOrAppend 表示的 OpenOption 实例指定文件系统应该**创建新文件**，如果该文件已存在，则打开**现有文件**并查找到文件尾，用这个选项创建的 File 对象**可写、不可读**。任何试图查找文件尾之前的位置或试图读取的操作都将引发异常。

　　OpenOption 类型的构造器的相关用法可以总结为图 2-19。

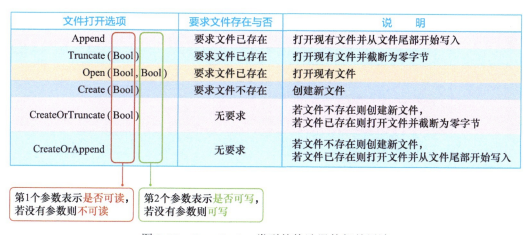

图 2-19　OpenOption 类型的构造器的相关用法

　　在以上几种文件打开选项中，使用选项 Create、Truncate 或 CreateOrTruncate 创建或打开的都是空文件（因为选项 Truncate 会清空文件）。使用选项 Append 或 Open 打开的文件的原内容将会被保留。而使用选项 CreateOrAppend 时，若文件不存在则使用选项 Create，若文件存在则使用选项 Append。

　　以下示例代码演示了如何调用 File 类的构造函数来打开现有文件或创建新文件。代码如下：

```
from std import fs.*

main() {
    // 目录D:\test_dir中已存在文件test1.txt（没有其他文件或子目录）
    let path = Path(#"D:\test_dir"#)
```

```
    try (
        // 打开现有文件test1.txt
        file1 = File(path.join("test1.txt"), Append),

        // 创建新文件test2.txt
        file2 = File(path.join("test2.txt"), Create(true))
    ) {
        println(file1.info.path)   // 输出：D:\test_dir\test1.txt
        println(file2.info.path)   // 输出：D:\test_dir\test2.txt
    } catch (e: FSException) {
        e.printStackTrace()
    }
}
```

注意，如果没有使用 try-with-resources 表达式，那么在对 File 对象的操作完成后，一定要调用 close 函数手动关闭文件以防资源泄漏。

2. 从文件中读取数据

通过 File 类的成员函数可以从可读的文件中读取数据。相关的成员函数定义如下：

```
// 从指定路径的文件读取数据，返回值为读取的数据
public static func readFrom(path: String): Array<Byte>
public static func readFrom(path: Path): Array<Byte>

// 从当前File对象中读取数据到字节数组buffer，返回值为读取的字节数，如果文件被读完则返回0
public func read(buffer: Array<Byte>): Int64

// 读取当前File对象还没读取的数据，返回值为读取的数据
public func readToEnd(): Array<Byte>

// 将当前File对象还没读取的数据复制到指定的OutputSteam中
public func copyTo(out: OutputStream): Unit
```

以上成员函数中，函数 readFrom 和 readToEnd 的返回值类型都是 Array<Byte>，而函数 read 的参数类型也是 Array<Byte>。Byte 是 UInt8 类型的别名，Array<Byte> 指的是字节数组。

以下的示例代码调用 readFrom 函数读取了文本文件 test.txt 中的数据。文本文件 test.txt 位于项目文件夹下的 src/test_dir 中，其字符编码方案为 UTF-8，其中的内容只有以下字符：

```
ABCDEFG
```

示例代码如下：

```
from std import fs.{Path, File, FSException}

main() {
    let path = Path("./src/test_dir/test.txt")

    try {
        // 读取文件中的数据
        let byteArray= File.readFrom(path)
```

```
        // 直接将byteArray输出
        println(byteArray)
    } catch (e: FSException) {
        e.printStackTrace()
    }
}
```

编译并执行以上示例代码，输出结果如下：

```
[65, 66, 67, 68, 69, 70, 71]
```

在示例代码中，调用 File 类的成员函数 readFrom 读取了文本文件 test.txt 中的所有字符，并将所有字符以 Array<Byte> 的形式返回，存入 byteArray。之后调用 println 函数直接将 byteArray 输出，输出的字节数组的元素对应着字符 'A' ～ 'G' 的 Unicode 编码，而不是原始的字符。这是因为仓颉的流只传输和处理字节，而不是字符。要将读取的字节数组还原成字符，就需要进行相应的转换。

■ **字符与二进制数据的转换。**

在计算机系统中，所有文件都以二进制形式存储于存储介质上。当我们将文本保存到一个文本文件时，虽然我们看到的是字符（如字母、数字、标点符号等），但实际上存储的是这些字符的二进制编码。这种编码依赖于所使用的字符编码标准（如 ASCII、UTF-8）。当我们打开一个文本文件来浏览其内容时，文件系统或应用程序会将存储的二进制数据解码为相应的字符，这样我们就能看到原始的文本内容。这一过程涉及从字符到二进制数据的编码，以及从二进制数据到字符的解码，如图 2-20 所示。

图 2-20　字符与二进制数据的转换

Unicode 字符集是一种旨在覆盖全球所有文字和符号的国际编码标准。它为世界上几乎每一个字符，包括不同语言的文字、数字、标点符号以及各种其他符号，都分配了唯一的数字标识，称为**代码点**（code point）。为了在计算机系统中存储和处理这些代码点，Unicode 定义了几种不同的编码方案，最常见的包括 UTF-8、UTF-16 和 UTF-32。这些方案描述了如何将代码点转换为二进制数据。

UTF-8 是一种灵活、高效、支持广泛的 Unicode 编码方案，且与传统的 ASCII 编码兼容。作为一种变长编码，UTF-8 使用 1 到 4 字节表示一个代码点。在 UTF-8 编码方案中，一个英文字符占用 1 字节，一个中文字符占用 3 字节，其他语言的字符可能占用 2 ～ 4 字节。

在仓颉中，当使用输入流读取二进制数据时，得到的都是字节数组。例如，在上面的示例中读取文本文件时，得到的是一组字节数据，要将这些字节表示的数据还原成字符，就需要使用对应的编码方案对字节数组进行解码。解码可以通过 String 类型的成员函数 fromUtf8 来实现，该函数的定义如下：

```
// 根据字节数组创建字符串，参数utf8Data表示需要构造字符串的UTF-8数组
public static func fromUtf8(utf8Data: Array<Byte>): String
```

修改示例代码，修改过后的代码如代码清单 2-4 所示。

代码清单 2-4　read_from_file.cj

```
01   from std import fs.{Path, File, FSException}
02
03   main() {
04       let path = Path("./src/test_dir/test.txt")
05
06       try {
07           // 读取文件中的数据
08           let byteArray = File.readFrom(path)
09
10           // 输出解码之后的文本内容
11           println(String.fromUtf8(byteArray))
12       } catch (e: FSException) {
13           e.printStackTrace()
14       }
15   }
```

编译并执行以上示例程序，输出结果如下：

```
ABCDEFG
```

■　**从特定位置开始读取文件。**

使用 File 类的静态成员函数 readFrom 可以一次性读取整个文件。有时我们可能不需要读取整个文件，或者需要从特定位置开始读取文件的一部分，此时可以考虑 File 类的实例成员函数 read、readToEnd 和 copyTo。

这种情况下我们需要特别注意的是 File 对象的当前光标位置。File 类在定义时就实现了 Seekable 接口，该接口定义在 io 包中，其定义如下：

```
public interface Seekable {
    prop length: Int64    // 当前流中的总数据量（字节数）
    prop remainLength: Int64    // 当前流中可读的数据量（字节数）
    prop position: Int64    // 当前光标位置

    // 将光标跳转到指定位置sp，返回流中数据的头部到跳转后位置的偏移量（以字节为单位）
    func seek(sp: SeekPosition): Int64
}
```

File 对象与光标位置相关的属性如图 2-21 所示。

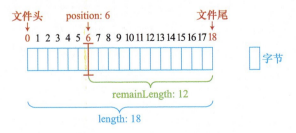

图 2-21　File 对象与光标位置相关的属性

调用 seek 函数时，指定的位置不能位于流中数据头部之前，但可以超过流中数据末尾。如果指定位置位于流中数据头部之前，将抛出异常 IOException。IOException 是定义在 io 包中的异常类，表示与 I/O 流相关的异常，其定义如下：

```
public class IOException <: Exception {
    public init()
    public init(message: String)
}
```

seek 函数的参数 sp 表示光标跳转后的位置，其类型为 SeekPosition。SeekPosition 是定义在 io 包中的枚举类型，其定义如下：

```
// SeekPosition构造器的参数表示offset，offset为正值时表示向后偏移，为负值时表示向前偏移
public enum SeekPosition {
    | Current(Int64)   // 在当前位置基础上偏移offset的位置
    | Begin(Int64)     // 在文件开始位置基础上偏移offset的位置
    | End(Int64)       // 在文件结束位置基础上偏移offset的位置
}
```

SeekPosition 类型的不同构造器对应的光标位置如图 2-22 所示。

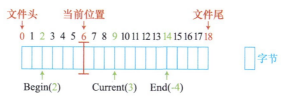

图 2-22　SeekPosition 的构造器对应的光标位置

当一个可读的 File 对象被创建时，当前光标位置在文件头的位置（position 为 0）。当 File 对象中的字节数据被读取后，当前光标位置随着已经读取的字节后移。如果需要调整当前光标位置，可以调用 seek 函数。以下的示例程序演示了这一过程。读取的文本文件 test.txt 位于项目文件夹下的 src/test_dir 中，其字符编码方案为 UTF-8，其中的内容只有以下字符：

图解仓颉编程

示例程序如代码清单 2-5 所示。

代码清单 2-5　seek_position_demo.cj

```
01  from std import fs.{File, OpenOption}
02  from std import io.SeekPosition
03
04  main() {
05      try (
06          // 以只读模式打开文件
07          file = File("./src/test_dir/test.txt", Open(true, false))
08      ) {
09          // 文件刚被打开时的length、position和remainLength
10          println("刚打开时：")
11          println("\tlength：${file.length}")
```

```
12            println("\tposition：${file.position}")
13            println("\tremainLength：${file.remainLength}")
14
15            // 调用 read 函数读取 6 字节
16            let byteArray = Array<Byte>(6, item: 0)    // 创建一个容量为 6 的字节数组
17            println("\n已读取字节数：${file.read(byteArray)}")
18            println("读取的文本：${String.fromUtf8(byteArray)}")
19
20            // 读取 6 字节之后的 position 和 remainLength
21            println("\n读取 6 字节之后：")
22            println("\tposition：${file.position}")
23            println("\tremainLength：${file.remainLength}")
24
25            // 调用 seek 函数将光标位置从当前位置后移 6 字节
26            println("\n调用 seek 后文件头到跳转后位置的偏移量：${file.seek(Current(6))}")
27
28            // 后移 6 字节之后的 position 和 remainLength
29            println("\n后移 6 字节之后：")
30            println("\tposition：${file.position}")
31            println("\tremainLength：${file.remainLength}")
32
33            // 调用 readToEnd 函数读取剩余数据
34            println("\n最后读取的文本：${String.fromUtf8(file.readToEnd())}")
35        }
36  }
```

编译并执行以上程序，输出结果如下：

```
刚打开时：
        length：18
        position：0
        remainLength：18


已读取字节数：6
读取的文本：图解


读取 6 字节之后：
        position：6
        remainLength：12


调用 seek 后文件头到跳转后位置的偏移量：12


后移 6 字节之后：
        position：12
        remainLength：6


最后读取的文本：编程
```

3．向文件中写入数据

通过 File 类的成员函数可以向可写的文件中写入数据。相关的成员函数定义如下：

```
// 向指定路径的文件写入指定的字节数组 buffer 中的数据
```

```
public static func writeTo(path: String, buffer: Array<Byte>,
    openOption!: OpenOption = CreateOrAppend): Unit
public static func writeTo(path: Path, buffer: Array<Byte>, openOption!:
    OpenOption = CreateOrAppend): Unit

// 向当前File对象中写入指定的字节数组buffer中的数据
public func write(buffer: Array<Byte>): Unit
```

另外，调用 copyTo 函数也可以将源文件中尚未读取的数据写入目标文件。

函数 writeTo 和 write 写入的数据都是字节数组。如果要将字符串写入文本文件，可以调用 String 类型的 toArray 函数将 String 实例转换为字节数组，该函数的定义如下：

```
// 返回字符串的UTF-8编码的字节数组
public func toArray(): Array<Byte>
```

String 类型的函数 toArray 和 fromUtf8 的作用是相反的，如图 2-23 所示。

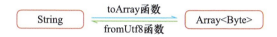

图 2-23　字符串与字节数组的相互转换

以下的示例程序分别调用函数 writeTo、write 和 copyTo 向文本文件中写入了数据。示例程序中使用的文本文件 test.txt 位于项目文件夹下的 src/test_dir 中，其字符编码方案为 UTF-8，其中的内容只有以下字符：

图解仓颉编程

示例程序如代码清单 2-6 所示。

代码清单 2-6　write_to_file.cj

```
01  from std import fs.{Path, File, OpenOption}
02  from std import io.SeekPosition
03
04  main() {
05      let destPath = Path("./src/test_dir/test.txt")
06      let srcPath = Path("./src/test_dir/temp.txt")
07
08      // 调用writeTo函数向temp.txt中写入数据
09      var byteArray = "一图胜千言".toArray()
10      File.writeTo(srcPath, byteArray, openOption: CreateOrTruncate(false))
11
12      try (
13          // 打开test.txt，将openOption指定为Append
14          destFile = File(destPath, Append),
15          // 以只读模式打开temp.txt
16          srcFile = File(srcPath, Open(true, false))
17      ) {
18          // 调用write函数向test.txt的末尾写入一个换行符
19          byteArray = "\n".toArray()
20          destFile.write(byteArray)
```

```
21
22              // 调用 copyTo 函数将 temp.txt 中的文本写入 test.txt 末尾
23              srcFile.seek(Begin(0))  // 确保 srcFile 的当前光标位置在文件头
24              srcFile.copyTo(destFile)
25          }
26  }
```

编译并执行以上程序之后，test.txt 中的内容将变为：

图解仓颉编程
一图胜千言

在向文件中写入数据时，仍然需要注意当前光标的位置。写入数据时，是从当前光标位置开始写入，并且写入的内容将会覆盖原内容，而不是插入内容。

对于使用 Create、Truncate、CreateOrTruncate 或 Open 选项打开的 File 对象，其初始的 position 值总是为 0；不管该 File 对象是否可读，都可以调用 seek 函数来调整当前光标位置，但是指定的位置不能位于流中数据头部之前。

对于使用 Append 或 CreateOrAppend 选项打开的 File 对象，其光标位置总是在文件末尾（使用 Create 创建新文件时文件头即是文件尾），写入数据时总是向 File 对象的末尾追加数据。此时，不可以调用 seek 函数来调整当前光标位置（也不能访问属性 position 和 remainLength），否则会抛出异常 FSException。

以下的示例代码向文本文件 test.txt 中写入了数据。文本文件 test.txt 位于项目文件夹下的 src/test_dir 中，其字符编码方案为 UTF-8，其中的内容只有以下字符：

```
ABCDEFGHIJKLMN
```

示例代码如下：

```
from std import fs.{File, OpenOption}
from std import io.SeekPosition

main() {
    try (
        // 以只写模式打开 test.txt
        file = File("./src/test_dir/test.txt", Open(false, true))
    ) {
        file.write("01".toArray())  // 从当前光标位置写入 "01"
        println("写入\"01\"之后的光标位置: ${file.position}")

        file.seek(End(-5))  // 移动当前光标位置
        file.write("90".toArray())  // 从当前光标位置写入 "90"
        println("写入\"90\"之后的光标位置: ${file.position}")

        file.seek(End(2))
        file.write("67890".toArray())  // 从当前光标位置写入 "67890"
        println("写入\"67890\"之后的光标位置: ${file.position}")
    }
}
```

编译并执行以上示例代码，输出结果如下：

```
写入"01"之后的光标位置：2
写入"90"之后的光标位置：11
写入"67890"之后的光标位置：21
```

文本文件 test.txt 中的内容将变为：

```
01CDEFGHI90LMN  67890
```

其中字节数据变化的过程如图 2-24 所示。

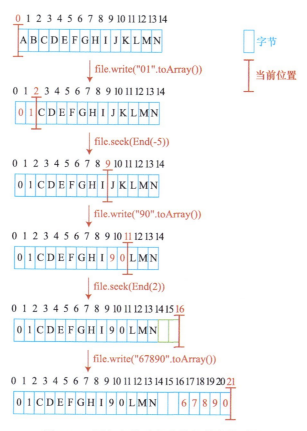

图 2-24　写入文件时字节数据的变化过程

2.3.3　控制台读写

标准输入流、标准输出流和标准错误流是操作系统提供的 3 个基本的数据流，是许多编程环境中处理输入和输出的基础。它们的作用如下。

- 标准输入流：用于从键盘或其他标准输入源接收数据，常用于读取用户输入、文件数据等。
- 标准输出流：用于向屏幕或其他标准输出目标发送数据，程序使用这个流来输出数据和结果，常用于输出程序运行结果、打印消息等。

■ **标准错误流**：用于输出错误信息和警告等。与标准输出流的不同之处在于，错误流可以被重定向到与标准输出不同的目标，使得正常输出和错误输出可以分开处理。

在许多编程语言中，对这 3 个流都有相应的内置支持。仓颉标准库的 console 包提供了 Console 类，该类提供了标准输入流、标准输出流和标准错误流。Console 类的定义如下：

```
public class Console {
    // 标准输入流
    public static prop stdIn: ConsoleReader

    // 标准输出流
    public static prop stdOut: ConsoleWriter

    // 标准错误流
    public static prop stdErr: ConsoleWriter
}
```

其中，标准输入流 stdIn 是 ConsoleReader 类的实例，标准输出流 stdOut 和标准错误流 stdErr 是 ConsoleWriter 类的实例。stdIn 用于从控制台（键盘）读取数据，stdOut 用于将数据输出到控制台，stdErr 用于将错误信息输出到控制台。这些流使得我们能够与控制台进行交互。

ConsoleReader 类和 ConsoleWriter 类定义在 console 包中，分别实现了接口 InputStream 和 OutputStream。ConsoleReader 类提供了从控制台读取数据并转换成字符或字符串的功能，ConsoleWriter 类提供了将数据或错误信息写入控制台的功能。ConsoleReader 类的定义如下：

```
public class ConsoleReader <: InputStream {
    // 从标准输入流中读取数据到指定的字节数组arr；返回值为读取的字节数；没有数据可读时，返回 0
    public func read(arr: Array<Byte>): Int64

    // 从标准输入流中读取一个字符
    public func read(): Option<Char>

    // 从标准输入流中读取一行字符，不包含末尾的换行符
    public func readln(): Option<String>

    // 从标准输入流中读取字符直到读取到字符ch结束，返回值中包含字符ch
    public func readUntil(ch: Char): Option<String>

    // 其他成员略
}
```

ConsoleReader 类的读操作是同步的，内部设有缓冲区来保存控制台输入的内容。在输入时，如果在 UNIX 操作系统上键入【Ctrl + D】，或在 Windows 操作系统上键入【Ctrl + Z】，以上返回值类型为 Option 的函数将返回 None。

注：关于同步的相关知识参见第 4 章。

下面看一个简单的示例。代码如下：

```
from std import console.Console

main() {
    print("请输入一个字符：")  // 输出一行提示信息
    let optChar = Console.stdIn.read()  // 调用read函数从控制台读取一个字符
    if (let Some(char) <- optChar) {
        println("刚刚输入的字符为：${char}")
    }
}
```

编译并执行以上代码时，控制台首先输出：

请输入一个字符：

之后程序暂停等待用户从键盘输入数据。由于示例代码使用的是 read 函数，因此无论用户输入了多少个字符，程序都只会读取输入的第 1 个字符。用户结束输入后（按 Enter 键结束输入），程序继续执行，将刚刚读取的字符输出到控制台并换行。例如，用户输入了 "abcde"，那么程序的运行结果如下：

请输入一个字符：abcde
刚刚输入的字符为：a

再如，用户输入了 "a"，那么程序的运行结果如下：

请输入一个字符：a
刚刚输入的字符为：a

ConsoleWriter 类的定义如下：

```
public class ConsoleWriter <: OutputStream {
    // 将指定的字节数组buffer中的数据写入标准输出流
    public func write(buffer: Array<Byte>): Unit

    // 将指定的字符串v写入标准输出流
    public func write(v: String): Unit

    // 将T类型的实例v写入标准输出流，要求T已实现ToString接口
    public func write<T>(v: T): Unit where T <: ToString

    // 将指定的字节数组buffer中的数据写入标准输出流并换行
    public func writeln(buffer: Array<Byte>): Unit

    // 将指定的字符串v写入标准输出流并换行
    public func writeln(v: String): Unit

    // 将T类型的实例v写入标准输出流并换行，要求T已实现ToString接口
    public func writeln<T>(v: T): Unit where T <: ToString

    // 刷新标准输出流
    public func flush(): Unit

    // 其他成员略
}
```

ConsoleWriter 类定义了一系列重载的函数 write 和 writeln，上面只列出了其中几个。函数 write 和 writeln 的主要区别是：函数 writeln 会在写入的数据末尾加上一个换行符。ConsoleWriter 类的函数 write 和 writeln 可以将各种类型的数据写入标准输出流，包括 String、Rune、Bool、Array<Byte>、各种浮点类型、各种整数类型以及所有实现了 ToString 接口的其他类型。另外，ConsoleWriter 类的写操作与函数 print 和 println 相比是线程安全的。

注：关于线程安全的相关知识参见第4章。

下面的示例代码演示了如何使用 ConsoleReader 和 ConsoleWriter 从控制台读写数据。代码如下：

```
from std import console.Console

main() {
    let byteArray = "这是一段演示ConsoleReader和ConsoleWriter的示例代码".toArray()
    // 通过ConsoleWriter向标准输出流中写入字节数组直接显示为字符（而不是一组字节数据）
    Console.stdOut.writeln(byteArray)

    // 先输出提示信息，再读取用户输入的数据
    Console.stdOut.write("\n请输入用户名：")
    let optUserName = Console.stdIn.readln()   // 调用readln函数读取一行数据
    if (let Some(userName) <- optUserName) {
        Console.stdOut.writeln("用户名：${userName}")
    }

    Console.stdOut.write("\n请输入6位数的密码（以#号结束）：")
    let optPassword = Console.stdIn.readUntil('#')   // 调用readUntil函数读取数据
    if (let Some(password) <- optPassword) {
        Console.stdOut.writeln("密码：${password.trimRight("#")}")
    }
}
```

编译并执行以上代码，输出结果如下：

```
这是一段演示ConsoleReader和ConsoleWriter的示例代码

请输入用户名：John
用户名：John

请输入6位数的密码（以#号结束）：123456#
密码：123456
```

在以上示例中有一点需要注意，当通过 ConsoleWriter 向控制台输出字节数组时输出结果是直接显示为字符的。举例如下：

```
from std import console.Console

main() {
    let byteArray = "VERY GOOD".toArray()
```

```
        // ConsoleWriter与println函数在输出字节数组时显示结果是不同的
        Console.stdOut.writeln(byteArray)
        println(byteArray)
}
```

编译并执行以上代码，输出结果如下：

```
VERY GOOD
[86, 69, 82, 89, 32, 71, 79, 79, 68]
```

2.3.4　ByteArrayStream

仓颉标准库的 io 包提供了一个**处理字节数组**的流 ByteArrayStream，它同时实现了接口 InputStream 和 OutputStream。ByteArrayStream 适用于在内存中处理字节数据的场景，例如处理从网络上接收的数据或在发送之前修改数据。该类的定义如下：

```
public class ByteArrayStream <: InputStream & OutputStream & Seekable {
    // 构造函数
    public init()  // 构造一个容量为32(默认容量）的字节数组流
    public init(capacity: Int64)  // 构造一个容量为capacity的字节数组流

    // 其他成员略
}
```

ByteArrayStream 类的主要成员如图 2-25 所示。

成员类型	名　称	功　　能
实例成员属性	length	获取当前流的总数据量
	remainLength	获取当前流的当前光标位置至流末尾的数据字节数
	position	获取当前流的当前光标位置
实例成员函数	seek	将光标跳转到指定位置
	write	向当前流以追加的方式写入数据
	read	从当前流读取数据
	readToEnd	读取当前流中还没读取的数据
	copyTo	将当前流中还没读取的数据复制到指定的OutputStream中
	clone	创建当前ByteArrayStream实例的副本
	clear	清空当前流的数据
	isEmpty	判断当前流是否为空
	bytes	获取当前流中还没读取的数据
	capacity	获取当前ByteArrayStream实例的容量
	reserve	为当前ByteArrayStream实例扩容

图 2-25　ByteArrayStream 类的主要成员

下面介绍 ByteArrayStream 的读写操作和容量管理的相关知识。

1．向 ByteArrayStream 中写入数据

通过 ByteArraySteam 类的成员函数 write 可以向字节数组流中写入数据，该函数的定义如下：

```
// 将指定的字节数组buffer写入当前流
public func write(buffer: Array<Byte>): Unit
```

write 函数在写入字节数组时，总是从当前流的末尾以追加的方式写入数据，与当前流的 position 属性没有关系。示例程序如代码清单 2-7 所示。

代码清单 2-7　write_to_byte_array_stream.cj

```
01  from std import io.{ByteArrayStream, SeekPosition}
02
03  main() {
04      let cache = ByteArrayStream()    // 创建一个空的 ByteArrayStream 对象 cache
05
06      // cache 刚创建时的相关属性
07      println("刚创建时：")
08      println("\tlength：${cache.length}")
09      println("\tremainLength：${cache.remainLength}")
10      println("\tposition：${cache.position}")
11
12      // 调用 write 函数向 cache 中写入字节数组
13      cache.write("01234".toArray())
14
15      // 写入 "01234" 之后 cache 的相关属性
16      println("\n写入\"01234\"之后：")
17      println("\tlength：${cache.length}")
18      println("\tremainLength：${cache.remainLength}")
19      println("\tposition：${cache.position}")    // 调用 write 函数写入时不影响 position 值
20
21      // 调用 seek 函数调整当前光标位置
22      cache.seek(Begin(3))
23      // 再次调用 write 函数向 cache 中写入字节数组
24      cache.write("56789".toArray())
25
26      // 写入 "56789" 之后 cache 的相关属性
27      println("\n写入\"56789\"之后：")
28      println("\tlength：${cache.length}")
29      println("\tremainLength：${cache.remainLength}")
30      println("\tposition：${cache.position}")
31
32      // 调用 bytes 函数查看 cache 中还没读取的数据
33      println("\ncache 中还没读取的数据：${String.fromUtf8(cache.bytes())}")
34
35      // 查看 cache 中的所有数据
36      cache.seek(Begin(0))
37      println("\ncache 中的所有数据：${String.fromUtf8(cache.bytes())}")
38  }
```

编译并执行以上程序，输出结果如下：

```
刚创建时：
        length：0
        remainLength：0
```

```
        position : 0

写入"01234"之后：
        length : 5
        remainLength : 5
        position : 0

写入"56789"之后：
        length : 10
        remainLength : 7
        position : 3

cache中还没读取的数据：3456789

cache中的所有数据：0123456789
```

示例程序首先创建了一个空的 ByteArrayStream 对象 cache（第 4 行）。此时 cache 的 length、remainLength 和 position 均为 0（第 6 ~ 10 行）。接着调用 write 函数向 cache 中写入了长度为 5 字节的字节数组（第 13 行），cache 的 length 和 remainLength 均变为 5，而 position 仍然是 0（第 15 ~ 19 行）。这说明调用 write 函数向 ByteArrayStream 写入数据时对 position 是没有影响的。

为了验证这一点，程序接着调用了 seek 函数将 position 修改为 3（第 22 行），然后再次调用 write 函数向 cache 中写入了长度为 5 字节的字节数组（第 24 行）。在第 2 次写入之后，position 的值仍然为 3 不变，而 length 变为 10，remainLength 变为 7（第 26 ~ 30 行）。

在第 33 行，程序调用了 bytes 函数查看了 cache 中还没读取的数据（当前位置到流末尾的所有数据）。bytes 函数的定义如下：

```
// 返回当前流中还没读取的数据对应的字节数组
public func bytes(): Array<Byte>
```

注意，调用 bytes 函数对 position 也没有影响。

由于当前 position 的值为 3，因此 cache 中还没读取的数据为 "3456789"。

最后，将 position 调整到流的头部，查看 cache 中的所有数据（第 35 ~ 37 行），cache 中的所有数据为 "0123456789"。由此可以看出，write 函数总是在流的末尾追加数据。

回到 bytes 函数，通过 bytes 函数也可以修改当前流中的数据。对 bytes 函数的返回值切片进行的修改操作会影响当前流的内容。举例如下：

```
from std import io.{ByteArrayStream, SeekPosition}

main() {
    let cache = ByteArrayStream()

    // 调用write函数向cache中写入字节数组
    cache.write("0123456789".toArray())
    println("cache：${String.fromUtf8(cache.bytes())}")

    // 通过bytes函数的切片修改cache中的数据
    let byteArray = cache.bytes()
```

```
        byteArray[2..=5] = "cdef".toArray()

        // 查看修改之后的 cache
        cache.seek(Begin(0))
        println("修改过后的 cache：${String.fromUtf8(cache.bytes())}")
}
```

编译并执行以上代码，输出结果如下：

```
cache：0123456789
修改过后的 cache：01cdef6789
```

2. 从 ByteArrayStream 中读取和复制数据

通过 ByteArraySteam 类的成员函数 read 和 readToEnd 可以从字节数组流中读取数据，通过函数 copyTo 可以复制流中的数据，通过函数 clone 可以创建 ByteArraySteam 实例的副本。相关函数的定义如下：

```
// 从当前流中读取数据到字节数组 buffer，返回值为读取的字节数，没有数据可读时返回 0
public func read(buffer: Array<Byte>): Int64

// 读取当前流中还没读取的数据，返回值为读取的数据
public func readToEnd(): Array<Byte>

// 将当前流中还没读取的数据复制到指定的 OutputStream 中
public func copyTo(output: OutputStream): Unit

// 创建当前 ByteArrayStream 实例的副本
public func clone(): ByteArrayStream
```

以下示例程序演示了以上 4 个函数的用法。示例程序如代码清单 2-8 所示。

代码清单 2-8　read_from_byte_array_stream.cj

```
01   from std import io.{ByteArrayStream, SeekPosition}
02
03   main() {
04       let cache1 = ByteArrayStream()
05       cache1.write("0123456789".toArray())
06
07       let byteArray = Array<Byte>(5, item: 0)
08
09       // 调用 read 函数从 cache1 中读取字节数据到 byteArray 中
10       cache1.read(byteArray)
11       println("read 函数读取的数据：${String.fromUtf8(byteArray)}")
12
13       // 调用 copyTo 函数将 cache1 中还没读取的数据复制到 cache2 中
14       let cache2 = ByteArrayStream()
15       cache1.copyTo(cache2)
16       println("调用 copyTo 函数之后 cache1 的 position：${cache1.position}")
17       println("\ncache2 中的数据量：${cache2.length}")
18       println("cache2 中的数据：${String.fromUtf8(cache2.bytes())}")
19
20       // 调用 clone 函数创建 cache1 的副本 cache3
```

```
21        cache1.seek(Begin(3))    // 将cache1的position修改为3
22        let cache3 = cache1.clone()
23        println("\ncache3中还没读取的数据:${String.fromUtf8(cache3.bytes())}")
24        println("cache3的position:${cache3.position}")
25
26        // 查看cache3中的所有数据
27        cache3.seek(Begin(0))
28        println("cache3中的所有数据:${String.fromUtf8(cache3.bytes())}")
29
30        // 调用readToEnd函数读取cache1中还没读取的数据
31        println("\ncache1中还没读取的数据:${String.fromUtf8(cache1.readToEnd())}")
32        println("调用readToEnd函数之后cache1的position:${cache1.position}")
33    }
```

编译并执行以上示例程序,输出结果如下:

```
read函数读取的数据:01234
调用copyTo函数之后cache1的position:10

cache2中的数据量:5
cache2中的数据:56789

cache3中还没读取的数据:3456789
cache3的position:3
cache3中的所有数据:0123456789

cache1中还没读取的数据:3456789
调用readToEnd函数之后cache1的position:10
```

在示例程序中,首先创建了一个空的 ByteArrayStream 对象 cache1,并向其中写入了 10 字节的数据 "0123456789"(第 4、5 行)。接着调用 read 函数从 cache1 中读取了 5 字节的数据(第 7 ~ 11 行),如图 2-26 所示。读取数据之后 cache1 的 position 为 5。

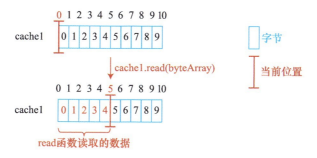

图 2-26　调用 ByteArrayStream 类的 read 函数读取数据

接着程序调用 copyTo 函数将 cache1 中还没读取的数据复制到 cache2 中(第 13 ~ 15 行)。由于 cache1 的 position 为 5,因此 copyTo 函数将当前位置到流末尾的数据复制到了 cache2 中。函数调用结束后,对于 cache1,其中的剩余数据都被读取了,cache1 的 position 变为 10;对于 cache2,从 cache1 中读取的数据被写入了 cache2,cache2 中的数据为 5 个字节,即 "56789" 对应的字节数组(第 16 ~ 18 行),如图 2-27 所示。注意,如果本例中的 cache2 不为空,那么

copyTo 函数在将数据复制到 cache2 时会以追加的方式写入而不会清空 cache2 中的原数据。

注：调用 ByteArrayStream 类的函数 copyTo 向 File 对象中复制数据时需要遵循文件打开选项的相应约束。例如，对于使用选项 Open(false, true) 打开的文件，复制的数据会从当前 File 对象的当前位置开始以覆盖的方式被写入。参见 2.3.2 节。

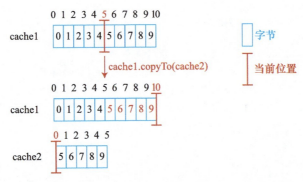

图 2-27　调用 ByteArrayStream 类的 copyTo 函数复制数据

copyTo 函数只是复制当前流中还没读取的数据，而 clone 函数是创建当前 ByteArrayStream 实例的副本。程序调用 clone 函数创建了 cache1 的副本 cache3（第 20 ～ 22 行）。函数调用结束后，cache3 和 cache1 中存储的数据和相关属性（以 position 为例）都是完全一致的（第 23 ～ 28 行），如图 2-28 所示。

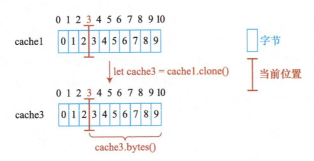

图 2-28　调用 ByteArrayStream 类的 clone 函数创建副本

最后，程序调用了 readToEnd 函数读取了 cache1 中还没读取的数据，读取结束后，cache1 的 position 变为 10（第 30 ～ 32 行），如图 2-29 所示。

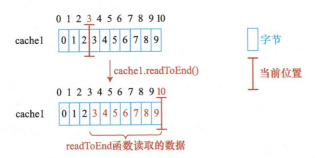

图 2-29　调用 ByteArrayStream 类的 readToEnd 函数读取剩余数据

通过以上示例还可以看出，对 ByteArrayStream 进行读操作（如函数 read、readToEnd 和 copyTo）或调用 seek 函数会影响 position 值，而进行写操作不会影响 position 值（如函数 write 和 copyTo）。

3. ByteArrayStream 的容量管理

每个 ByteArrayStream 实例都需要一定的内存空间来保存其内容。当我们创建 ByteArrayStream 实例时，系统会为该实例分配相应的内存空间以备存储字节数组。ByteArrayStream 类提供了一个 capacity 函数用于获取当前 ByteArrayStream 实例的容量，表示该实例可以存储的最大字节数，相对应地，当前实例中实际存储的数据字节数为成员属性 length 的值。capacity 函数的定义如下：

```
// 获取当前ByteArrayStream实例的容量
public func capacity(): Int64
```

让我们复习一下 ByteArrayStream 类的构造函数：

```
// 构造一个容量为32（默认容量）的字节数组流
public init()

// 构造一个容量为capacity的字节数组流
public init(capacity: Int64)
```

在创建 ByteArrayStream 实例时，可以通过参数 capacity 指定实例的容量，如果没有指定参数，则默认容量为 32。举例如下：

```
from std import io.ByteArrayStream

main() {
    // 创建一个容量为默认容量的ByteArrayStream实例cache1
    let cache1 = ByteArrayStream()

    cache1.write("abcde".toArray())
    println("cache1:")
    println("\tcapacity: ${cache1.capacity()}")
    println("\tlength: ${cache1.length}")
    println("\tdata: ${String.fromUtf8(cache1.bytes())}")

    // 创建一个容量为8的ByteArrayStream实例cache2
    let cache2 = ByteArrayStream(8)

    cache2.write("ABCDE".toArray())
    println("\ncache2:")
    println("\tcapacity: ${cache2.capacity()}")
    println("\tlength: ${cache2.length}")
    println("\tdata: ${String.fromUtf8(cache2.bytes())}")
}
```

编译并执行以上代码，输出结果如下：

```
cache1:
        capacity: 32
        length: 5
```

```
        data: abcde

cache2:
        capacity: 8
        length: 5
        data: ABCDE
```

ByteArrayStream 实例的 length 大小总是小于等于当前容量。当该实例中存储的数据超出当前容量时，系统会自动扩充当前实例的容量，为其分配更大的存储空间。举例如下：

```
from std import io.ByteArrayStream

main() {
    let cache = ByteArrayStream(10)   // 初始容量为10

    cache.write("01234".toArray())   // 向cache中写入5字节的数据
    println(String.fromUtf8(cache.bytes()))
    println("capacity: ${cache.capacity()}  length: ${cache.length}\n")

    cache.write("567".toArray())   // 向cache中写入3字节的数据
    println(String.fromUtf8(cache.bytes()))
    println("capacity: ${cache.capacity()}  length: ${cache.length}\n")

    cache.write("89".toArray())   // 向cache中写入2字节的数据
    println(String.fromUtf8(cache.bytes()))
    println("capacity: ${cache.capacity()}  length: ${cache.length}\n")

    cache.write("0".toArray())   // 向cache中写入1字节的数据
    println(String.fromUtf8(cache.bytes()))
    println("capacity: ${cache.capacity()}  length: ${cache.length}\n")

    cache.write("12345".toArray())   // 向cache中写入5字节的数据
    println(String.fromUtf8(cache.bytes()))
    println("capacity: ${cache.capacity()}  length: ${cache.length}\n")
}
```

编译并执行以上代码，输出结果如下：

```
01234
capacity: 10  length: 5

01234567
capacity: 10  length: 8

0123456789
capacity: 10  length: 10

01234567890
capacity: 15  length: 11

0123456789012345
capacity: 22  length: 16
```

以上示例中 cache 的容量和其中存储的数据变化过程如图 2-30 所示。

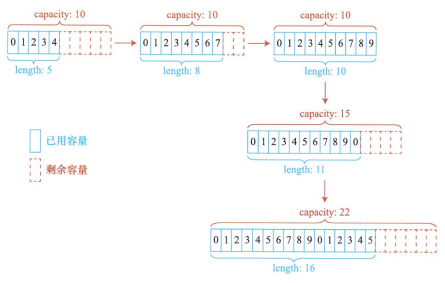

图 2-30 cache 的变化过程

除了可以在创建 ByteArrayStream 实例时指定容量，ByteArrayStream 类还提供了一个 reserve 函数用于对 ByteArrayStream 实例进行扩容。该函数的定义如下：

```
/*
 * 扩充当前ByteArrayStream实例的容量
 * 如果当前实例的剩余容量大于等于additional，则不发生扩容
 * 如果当前实例的剩余容量小于additional，则对当前实例进行扩容
 * 扩充之后的容量为(additional + capacity)与(capacity的1.5倍向下取整)这2个值中的较大者
 */
public func reserve(additional: Int64): Unit
```

举例如下：

```
from std import io.ByteArrayStream

main() {
    let cache = ByteArrayStream(10)
    println("容量: ${cache.capacity()} 剩余容量: ${cache.capacity() - cache.length}")

    // 调用 reserve 函数为 cache 扩容
    cache.reserve(5)    // 参数additional小于剩余容量，扩容失败
    println("容量: ${cache.capacity()} 剩余容量: ${cache.capacity() - cache.length}")

    cache.reserve(15)   // 扩容成功，扩充之后的容量为 (additional + capacity)
    println("容量: ${cache.capacity()} 剩余容量: ${cache.capacity() - cache.length}")
}
```

编译并执行以上代码，输出结果如下：

```
容量：10  剩余容量：10
容量：10  剩余容量：10
容量：25  剩余容量：25
```

2.4　其他流

除了上面介绍的几种基本 I/O 流，仓颉还为我们提供了一些其他流。在合适的应用场景选择合适的流可以显著提高 I/O 操作的效率。

2.4.1　BufferedInputStream 与 BufferedOutputStream

缓冲流是一种包装流，它通过内部的缓冲机制提高了 I/O 操作的效率。当我们需要频繁地进行小规模的 I/O 操作或处理大量数据时，应该优先考虑使用缓冲流。仓颉的 io 包提供了 BufferedInputStream 和 BufferedOutputStream 这 2 个类，它们分别是接口 InputStream 和 OutputStream 的包装类，能够提供缓冲功能。

1. BufferedInputStream

BufferedInputStream 是用于读取数据的缓冲输入流。它使用一个容量较大的字节数组（默认为 4KB）作为内部缓冲区，这样可以从数据源一次性读取尽可能多的数据到缓冲区中（见图 2-31）。当调用读取相关的函数时，程序会首先从缓冲区获取数据，而不是直接从数据源获取。当缓冲区中的数据读取完毕，再从数据源中获取数据来填充缓冲区。因为直接从数据源读取数据的成本通常比从内部缓冲区中读取数据的成本要高得多，所以这种方式减少了直接与数据源交互的次数，从而提高了读取操作的效率。

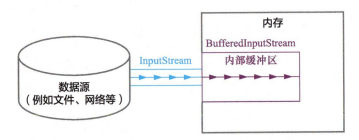

图 2-31　BufferedInputStream 的缓冲功能

BufferedInputStream 类的定义如下：

```
public class BufferedInputStream<T> <: InputStream where T <: InputStream {
    // 创建一个内部缓冲区容量为4KB的BufferedInputStream实例，参数input表示绑定的输入流
    public init(input: T)

    // 创建一个内部缓冲区容量为capacity的BufferedInputStream实例，参数input表示绑定的输入流
    public init(input: T, capacity: Int64)

    // 从绑定的输入流读取数据到buffer中，返回值为读取的字节数，没有数据可读时返回0
    public func read(buffer: Array<Byte>): Int64

    // 绑定新的输入流，参数input表示待绑定的输入流；重置状态，但不重置capacity
    public func reset(input: T): Unit
}
```

另外，在 io 包中，BufferedInputStream 类还通过扩展分别实现了接口 Resource 和 Seekable。

下面我们通过一个示例程序说明 BufferedInputStream 的工作原理。示例程序中使用的文本文件 test.txt 位于项目文件夹下的 src/test_dir 中，其字符编码方案为 UTF-8，其中的内容只有以下字符：

```
ABCDEFGHIJKLMN
```

示例程序如代码清单 2-9 所示。

代码清单 2-9　buffered_input_stream_demo.cj

```
01  from std import io.BufferedInputStream
02  from std import fs.File
03
04  main() {
05      try (
06          // 以只读模式打开 test.txt
07          file = File.openRead("./src/test_dir/test.txt"),
08
09          // 创建一个内部缓冲区容量为 4 的 BufferedInputStream 实例，绑定输入流 file
10          bufInStream = BufferedInputStream(file, 4)
11      ) {
12          // 创建一个容量为 3 的字节数组，用于存储读取的数据
13          let byteArray = Array<Byte>(3, item: 0)
14
15          // 通过 bufInStream 从 file 中读取数据
16          // 第 1 次读取
17          bufInStream.read(byteArray)
18          println("第 1 次读取：")
19          println("\t 读取的数据：${String.fromUtf8(byteArray)}")
20          println("\tfile 的 position：${file.position}")
21
22          // 第 2 次读取
23          bufInStream.read(byteArray)
24          println("\n 第 2 次读取：")
25          println("\t 读取的数据：${String.fromUtf8(byteArray)}")
26          println("\tfile 的 position：${file.position}")
27
28          // 第 3 次读取
29          bufInStream.read(byteArray)
30          println("\n 第 3 次读取：")
31          println("\t 读取的数据：${String.fromUtf8(byteArray)}")
32          println("\tfile 的 position：${file.position}")
33
34          // 第 4 次读取
35          bufInStream.read(byteArray)
36          println("\n 第 4 次读取：")
37          println("\t 读取的数据：${String.fromUtf8(byteArray)}")
38          println("\tfile 的 position：${file.position}")
39
40          // 第 5 次读取
41          bufInStream.read(byteArray)
```

```
42          println("\n第5次读取：")
43          println("\t此时的byteArray：${String.fromUtf8(byteArray)}")
44          println("\tfile的position：${file.position}")
45      }
46  }
```

编译并执行以上程序，输出结果如下：

```
第1次读取：
        读取的数据：ABC
        file的position：4

第2次读取：
        读取的数据：DEF
        file的position：8

第3次读取：
        读取的数据：GHI
        file的position：12

第4次读取：
        读取的数据：JKL
        file的position：12

第5次读取：
        此时的byteArray：MNL
        file的position：14
```

示例程序首先创建了一个内部缓冲区容量为 4 的 BufferedInputStream 实例 bufInStream，绑定了输入流 file（第 6 ～ 10 行）。接着创建了一个容量为 3 的字节数组 byteArray，用于存储每次从输入流中读取的数据（第 13 行）。此时，file、bufInStream 和 byteArray 的初始状态如图 2-32 所示。

图 2-32　file、bufInStream 和 byteArray 的初始状态

接着通过 bufInStream 从 file 中读取数据。在第 1 次调用 read 函数时（第 17 行），bufInStream 检测到其内部缓冲区为空，它从 file 中加载了 4 字节的数据 "ABCD" 到内部缓冲区。然后从这个缓冲区提供了 read 函数请求的 3 字节的数据 "ABC"。此时，缓冲区中还剩 1 字节的数据没被读取。file、bufInStream 和 byteArray 的状态如图 2-33 所示。

图 2-33　第 1 次读取之后 file、bufInStream 和 byteArray 的状态

第 2 次请求读取 3 字节的数据时（第 23 行），bufInStream 会先检查内部缓冲区，此时缓冲区只有 1 字节的数据 "D"。bufInStream 会先将这 1 字节的数据提供给 byteArray，然后清空

缓冲区，再次从 file 中加载 4 字节的数据 "EFGH" 填充缓冲区，然后从新填充的缓冲区中提供
额外所需的 2 字节的数据 "EF" 给 byteArray。此时，缓冲区中还剩 2 字节的数据 "GH" 没被读取。
file、bufInStream 和 byteArray 的状态如图 2-34 所示。

图 2-34　第 2 次读取之后 file、bufInStream 和 byteArray 的状态

第 3 次读取时（第 29 行），缓冲区中剩余的 2 字节的数据 "GH" 首先被提供给 byteArray。
接着 bufInStream 清空缓冲区，再从 file 中加载 4 字节的数据 "IJKL" 到缓冲区，并从新填充的
缓冲区中提供额外所需的 1 字节的数据 "I" 给 byteArray。此时，缓冲区中还剩 3 字节的数据
"JKL" 没被读取。file、bufInStream 和 byteArray 的状态如图 2-35 所示。

图 2-35　第 3 次读取之后 file、bufInStream 和 byteArray 的状态

第 4 次读取时（第 35 行），缓冲区中的剩余数据刚好可以提供给 byteArray，此时不需要
从 file 中加载数据。总之，每当缓冲区数据不足时，bufInStream 就会尝试从 file 中读取尽可能
多的数据填充缓冲区。第 4 次读取结束后 file、bufInStream 和 byteArray 的状态如图 2-36 所示。

图 2-36　第 4 次读取之后 file、bufInStream 和 byteArray 的状态

最后一次读取时（第 41 行），文件中的剩余数据小于缓冲区大小，bufInStream 将会清空
缓冲区并加载所有剩余数据到缓冲区。读取结束后，所有剩余数据被提供给 byteArray，整个
file 的读取过程完成。此时，file、bufInStream 和 byteArray 的状态如图 2-37 所示。

图 2-37　第 5 次读取之后 file、bufInStream 和 byteArray 的状态

这里需要注意的是，由于最后一次只提供了 "MN" 给 byteArray，因此 byteArray 中的第 3
个元素保留了上一次的数据 "L"。为了保证最后一次输出的结果是最后一次读取的数据，可以
将第 41 ～ 44 行代码修改为：

```
let len = bufInStream.read(byteArray)
println("\n第5次读取：")
println("\t读取的数据：${String.fromUtf8(byteArray.slice(0, len))}")
println("\tfile的position：${file.position}")
```

这样在运行程序时，最后的输出将变为：

第 5 次读取：
　　　　　读取的数据：MN
　　　　　file 的 position：14

在上面的示例中，为了说明 BufferedInputStream 利用内部缓冲区从绑定的输入流中读取数据的过程，将内部缓冲区的大小设置为 4 字节，而将每次读取的数据设置为 3 字节。在这种情况下，似乎看不出 BufferedInputStream 的优势。

让我们考虑一个实际的场景。假设内部缓冲区的大小为 4KB（4096 字节），而文件中的数据有 10KB。现在我们需要频繁地从文件中读取数据，每次只读取几百字节的数据，比如每次只读取 256 字节，直至将文件中的数据读完。如果不使用 BufferedInputStream 而直接从文件中读取数据，那么每次调用读取的函数时，都会直接从文件系统中读取数据。整个过程总共需要与文件交互 40 次，才能读取文件中的全部数据。这意味着每次读取操作都会涉及磁盘访问，这样的操作是非常低效的，因为磁盘访问相比内存访问要慢得多。

而如果使用 BufferedInputStream 来包装 File，情况就会大不相同。当我们第 1 次对 BufferedInputStream 执行"读"操作时，BufferedInputStream 会从绑定的输入流中读取尽量多的数据填充内部缓冲区直到填满缓冲区（本例中读取了 4KB）。注意，它并不仅仅读取我们请求的 256 字节的数据，而是一次性读取尽可能多的数据填充了缓冲区。

接下来，当我们再次请求读取数据时，BufferedInputStream 会首先检查内部缓冲区，如果缓冲区中有足够的数据，它就直接从缓冲区中提供数据，而不是再次从磁盘读取。只有当缓冲区中的数据被完全读取后，它才会从文件中读取更多的数据来重新填充缓冲区。在这个例子中，BufferedInputStream 只需要与文件交互 3 次，就可以读取文件中的全部数据。

通过这种方式，BufferedInputStream 减少了实际的磁盘访问次数（减少对文件的读取次数）。它能够一次性读取大量数据到内存中的缓冲区，然后逐渐消费这些数据，因为之后的多次读取操作都直接在内存中完成，所以减少了对磁盘的依赖，显著提高了读取效率。

2．BufferedOutputStream

BufferedOutputStream 是用于写入数据的缓冲输出流。它使用一个容量较大的字节数组（默认为 4KB）作为**内部缓冲区**来暂存要写入数据目标的数据（见图 2-38）。当调用写入相关的函数时，程序会首先将数据写入缓冲区，而不是直接将数据写入数据目标。直到缓冲区无法再容纳新的数据块或者调用 flush 函数时，才真正将缓冲区中的所有数据一次性写入数据目标。因为直接将数据写入数据目标的成本通常比将数据写入内部缓冲区的成本要高得多，所以这种方式减少了直接与数据目标交互的次数，从而提高了写入操作的效率。

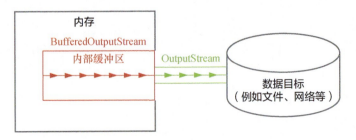

图 2-38　BufferedOutputStream 的缓冲功能

BufferedOutputStream 类的定义如下：

```
public class BufferedOutputStream<T> <: OutputStream where T <: OutputStream {
    // 创建一个内部缓冲区容量为4KB的BufferedOutputStream实例，参数output表示绑定的输出流
    public init(output: T)

    // 创建一个内部缓冲区容量为capacity的BufferedOutputStream实例，参数output表示绑定的输出流
    public init(output: T, capacity: Int64)

    // 将buffer中的数据写入绑定的输出流
    public func write(buffer: Array<Byte>): Unit

    // 将内部缓冲区中的数据刷出并写入绑定的输出流（缓冲区被清空），刷新绑定的输出流
    public func flush(): Unit

    // 绑定新的输出流，参数output表示待绑定的输出流；重置状态，但不重置capacity
    public func reset(output: T): Unit
}
```

另外，在 io 包中，BufferedOutputStream 类还通过扩展分别实现了接口 Resource 和 Seekable。BufferedOutputStream 的工作原理和 BufferedInputStream 是类似的。下面看一个示例程序，代码如下：

```
from std import io.BufferedOutputStream
from std import fs.{File, OpenOption}

main() {
    // 创建File对象，文件打开选项为CreateOrTruncate
    let file = File("./src/test_dir/test_buf.txt", CreateOrTruncate(false))

    // 创建一个内部缓冲区容量为4的BufferedOutputStream实例，绑定输出流file
    let bufOutStream = BufferedOutputStream(file, 4)

    // 通过bufOutStream向file中写入数据
    bufOutStream.write("1".toArray())      // file中的数据：空
    bufOutStream.write("2345".toArray())   // file中的数据："12345"
    bufOutStream.write("67".toArray())     // file中的数据："12345"
    bufOutStream.write("89".toArray())     // file中的数据："12345"
    bufOutStream.write("0".toArray())      // file中的数据："123456789"
}
```

示例程序首先创建了一个内部缓冲区容量为 4 的 BufferedOutputStream 实例 bufOutStream，绑定了输出流 file。此时，file 中没有任何数据，bufOutStream 的缓冲区为空。

接着通过 bufOutStream 向 file 中写入数据。在第 1 次调用 write 函数时，bufOutStream 将 1 字节的数据 "1" 写入内部缓冲区，此时缓冲区中还有 3 字节的剩余空间，程序并未向 file 写入任何数据（file 仍为空）。file 和 bufOutStream 的状态如图 2-39 所示。

file　　　　　　　　　　bufOutStream 1

图 2-39　第 1 次写入之后 file 和 bufOutStream 的状态

第 2 次向输出流中写入了 4 字节的数据 "2345"，此次写入的数据量等于缓冲区的容量，bufOutStream 立即将缓冲区中的所有数据刷出并写入 file（缓冲区被清空），再将新的数据直接写入 file。此时，file 中有 5 字节的数据，缓冲区中没有数据，缓冲区中还有 4 字节的剩余空间。file 和 bufOutStream 的状态如图 2-40 所示。

file 1 2 3 4 5　　　　　　bufOutStream

图 2-40　第 2 次写入之后 file 和 bufOutStream 的状态

第 3 次向输出流中写入了 2 字节的数据 "67"，此次写入的数据量小于缓冲区的剩余空间，bufOutStream 将这 2 字节的数据写入缓冲区。这一次程序没有向 file 写入数据，缓冲区中有 2 字节的数据以及 2 字节的剩余空间。file 和 bufOutStream 的状态如图 2-41 所示。

file 1 2 3 4 5　　　　　　bufOutStream 6 7

图 2-41　第 3 次写入之后 file 和 bufOutStream 的状态

第 4 次向输出流中写入了 2 字节的数据 "89"，此次写入的数据量小于缓冲区的剩余空间，bufOutStream 将这 2 字节的数据写入缓冲区。这一次程序仍然没有向 file 写入数据，缓冲区中有 4 字节的数据。file 和 bufOutStream 的状态如图 2-42 所示。

file 1 2 3 4 5　　　　　　bufOutStream 6 7 8 9

图 2-42　第 4 次写入之后 file 和 bufOutStream 的状态

第 5 次向输出流中写入了 1 字节的数据 "0"，此次写入的数据量大于缓冲区的剩余空间（剩余空间为 0），bufOutStream 立即将缓冲区中的所有数据刷出并写入 file，再将新的数据写入缓冲区。此时，file 中有 9 字节的数据，缓冲区中有 1 字节的数据以及 3 字节的剩余空间。file 和 bufOutStream 的状态如图 2-43 所示。

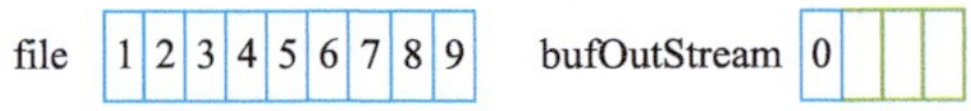

file 1 2 3 4 5 6 7 8 9　　bufOutStream 0

图 2-43　第 5 次写入之后 file 和 bufOutStream 的状态

BufferedOutputStream 填充内部缓冲区的策略如图 2-44 所示。

在通过 BufferedOutputStream 向输出流写入数据时，BufferedOutputStream 会首先判断写入的数据量是否大于等于缓冲区容量。如果写入的数据量大于等于缓冲区容量，则 BufferedOutputStream 会调用 flush 函数，立即将缓冲区中的所有数据刷出并写入数据目标（缓冲区被清空），然后直接将此次提供的数据写入数据目标。在上例中，第 2 次写入时，写入的数据量等于缓冲区容量，程序首先将缓冲区中的数据 "1" 写入 file，再将 "2345" 写入 file，操作结束后，file 中的数据为 "12345"，缓冲区被清空。

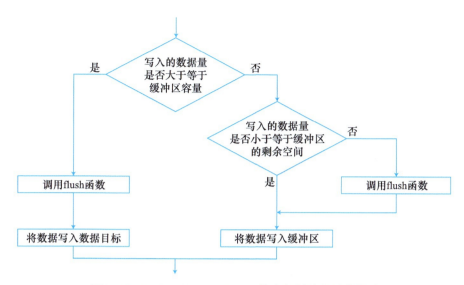

图 2-44　BufferedOutputStream 的内部缓冲区填充策略

如果写入的数据量小于缓冲区容量，则需要进一步判断写入的数据量与缓冲区剩余空间的关系。如果写入的数据量大于缓冲区的剩余空间，则调用 flush 函数，立即将缓冲区中的所有数据刷出并写入数据目标，然后将此次提供的数据写入缓冲区。在上例中，第 5 次写入时，写入的数据量大于缓冲区的剩余空间，程序首先将缓冲区中的数据 "6789" 写入 file，之后将 "0" 写入缓冲区。如果写入的数据量小于等于缓冲区的剩余空间，则将数据写入缓冲区，不作其他操作。在上例中，第 3 次和第 4 次写入数据都属于这种情况。

回到上面的示例，最后一次写入的 "0" 被留在了缓冲区中，没有被写入文件。此时，我们可以手动 flush 来强制将缓冲区中的剩余数据刷出并写入 file。在示例代码的末尾添加以下代码：

```
// 调用flush函数将缓冲区中剩余的数据写入绑定的输出流，并刷新绑定的输出流
bufOutStream.flush()
```

编译并执行代码之后，文本文件中的数据将变为：

```
1234567890
```

flush 函数的主要作用是清空缓冲区，将缓冲区中的所有数据写入数据目标，保证数据的完整性。尽管在缓冲区被填满时，程序会自动进行 flush 操作，但是在某些应用场景，手动 flush 也是必要的。例如，在进行网络通信时，手动 flush 可以确保缓冲区中的数据被立即发送；再如，在需要实时反映写入结果时（如日志记录、用户界面交互），使用 flush 可以确保数据立即被写入；等等。

细心的你可能已经注意到了，以上示例代码中的 File 对象并没有被正确地关闭，这是为了演示 BufferedOutputStream 的内部缓冲区是如何工作的。**缓冲流是包装流，只需关闭 BufferedOutputStream 对象，就同时关闭了 File 对象**。在 close 函数被调用时，close 函数内部会自动调用 flush 函数。因此，只要在对缓冲流的操作结束之后调用 close 函数关闭流，就可以自动实现 flush 操作。我们可以将之前添加的手动 flush 的代码修改为关闭缓冲流的代码，以

保证数据能够被完整地写入文件且文件被正确关闭。修改过后的代码如下：

```
// 调用close函数关闭bufOutStream
bufOutStream.close()
```

另外，由于 try-with-resources 表达式会自动调用关闭资源的 close 函数，因此在使用 try-with-resources 表达式管理流资源时，不需要手动调用函数 close 以及 flush。使用 try-with-resources 表达式可以简化资源管理，并降低了忘记关闭资源或刷新缓冲区的风险。

下面的示例程序通过 BufferedInputStream 从 src_file.txt 中不断读取数据并通过 BufferedOutputStream 将每次读取的数据写入 dest_file.txt 直至 src_file.txt 中的所有数据被读取完毕。文本文件 src_file.txt 位于项目文件夹下的 src/test_dir 中，其中是一些用于测试的文本。程序代码如代码清单 2-10 所示。

代码清单 2-10　buffered_streams_demo.cj

```
01  from std import io.{BufferedInputStream, BufferedOutputStream}
02  from std import fs.{File, OpenOption}
03
04  main() {
05      try (
06          // 源文件和对应的缓冲输入流
07          srcFile = File.openRead("./src/test_dir/src_file.txt"),
08          bufInStream = BufferedInputStream(srcFile),
09
10          // 目标文件和对应的缓冲输出流
11          destFile = File("./src/test_dir/dest_file.txt", CreateOrTruncate(false)),
12          bufOutStream = BufferedOutputStream(destFile)
13      ) {
14          let byteArray = Array<Byte>(10, item: 0)  // 临时存储数据的字节数组
15          var len: Int64  // 每次读取的字节数
16
17          // 通过缓冲流从srcFile中不断读取数据写入destFile
18          while (true) {
19              // 通过bufInStream从srcFile中读取数据到byteArray中
20              len = bufInStream.read(byteArray)
21
22              // 如果数据全部读取完毕，退出循环
23              if (len == 0) {
24                  break
25              }
26
27              // 通过bufOutStream将读取的数据写入destFile
28              bufOutStream.write(byteArray.slice(0, len))
29          }
30      }
31  }
```

综上，BufferedInputStream 和 BufferedOutputStream 的主要作用是通过内部缓冲区来提高输入和输出的效率。缓冲流主要适用于以下场景。

- **频繁的小型读写操作**。缓冲流通过减少对底层资源（如硬盘、网络等）的直接操作次数来提高性能。如果程序将会频繁地执行小型的读写操作，使用缓冲流可以将这些小型操作累积到一定量后，再一次性处理，从而减少资源访问次数。
- **不规则的数据处理**。当数据处理不是均匀和连续的（例如，读取时可能需要根据不同的条件读取不同长度的数据）时，缓冲流能有效地管理这种不规则性。

如果每次读取的数据量接近或大于内部缓冲区的大小，使用缓冲流的优势可能并不明显。在这种情况下，缓冲流提供的缓冲功能可能不会带来显著的性能提升，因为每次读取都可能需要直接与底层数据源交互。

即便如此，使用缓冲流仍然有一些好处，例如，它提供了一致的接口和附加的功能。这种机制使得程序可以抽象地处理输入和输出，而不必关心数据的实际来源或去向。无论数据来自磁盘、网络或其他任何 I/O 设备，只要相应的类型实现了接口 InputStream 或 OutputStream，BufferedInputStream 或 BufferedOutputStream 就可以对相应类型的实例进行包装。这样，开发者只需使用一套统一的 I/O 代码，就可以读写来自不同 I/O 设备的数据。这种抽象性为开发者带来了极大的便利，使得代码更具复用性和灵活性。

2.4.2 StringReader 与 StringWriter

为了更好地实现流中的字节与字符的相互转换，仓颉的 io 包提供了 StringReader 类和 StringWriter 类。前者用于根据指定的编码方案和字节序配置**将输入流中的字节转换为字符（字符串）**，后者用于根据指定的编码方案和字节序配置**将字符（字符串或实现了 ToString 接口的类型实例）转换为字节并写入输出流**，如图 2-45 所示。

图 2-45　StringReader 与 StringWriter

编码方案的概念前面已经介绍过，仓颉的 io 包定义了一个枚举类型 StringEncoding 表示字符串的编码方案。该类型的定义如下：

```
public enum StringEncoding {
    | UTF8   // UTF-8编码方案
    | UTF16  // UTF-16编码方案
    | UTF32  // UTF-32编码方案
}
```

字节序指的是计算机存储多字节数据类型（如整数、浮点数）时，字节的排列顺序，包括两种，如表 2-4 所示。

表 2-4　字节序

字节序	说　明	举　例	特　点
大端字节序	最高位字节存储在最低的内存地址，而最低位字节存储在最高的内存地址	整数值 0x12345678 在大端字节序中会被存储为"12 34 56 78"	表示方式更容易理解，因为它的存储顺序和阅读顺序一致
小端字节序	最高位字节存储在最高的内存地址，而最低位字节存储在最低的内存地址	整数值 0x12345678 在小端字节序中会被存储为"78 56 34 12"	在某些计算场景下，可能会有计算上的优势

这两种字节序的选择主要是由 CPU 架构决定的。例如，Intel 的 x86 和 x86_64 架构使用小端字节序，而许多早期的 RISC 架构使用大端字节序。在进行跨平台数据交换和网络通信时，如果数据在不同的计算机架构之间传输，就可能需要进行字节序的转换，以确保数据的正确解释和表示。

在仓颉的 io 包中，定义了一个枚举类型 Endian 表示字节序，该类型的定义如下：

```
// 只对UTF16、UTF32有效
public enum Endian {
    | Little  // 小端字节序
    | Big     // 大端字节序
}
```

另外，在 io 包中还定义了与字节序相关的全局变量和全局函数，用于获取运行时所在系统的字节序。其定义如下：

```
// 全局变量
public let CURRENT_ENDIAN: Endian = getCurrentEndian()

// 全局函数
public func getCurrentEndian(): Endian
```

下面介绍 StringReader 与 StringWriter 的用法。

1. StringReader

StringReader 类实现了 InputStream 接口，其定义如下：

```
public class StringReader<T> where T <: InputStream {
    /*
     * 构造函数
     * 参数 input 表示待读取数据的输入流
     * 参数 encoding 指定 input 的编码方案，默认为UTF-8
     * 参数 endian 指定 input 的字节序配置，默认为运行时系统的endian配置
     */
    public init(
        input: T,
        encoding!: StringEncoding = UTF8,
        endian!: Endian = CURRENT_ENDIAN
    )

    // 其他成员略
}
```

StringReader 内部默认有缓冲区，缓冲区容量为 4096 字节。另外，在 io 包中，StringReader 类还通过扩展分别实现了接口 Resource 和 Seekable。

StringReader 类的主要成员如图 2-46 所示。

成员类型	名　　称	功　　能
实例成员属性	length	获取当前流的总数据量
	remainLength	获取当前流的当前光标位置至流末尾的数据字节数
	position	获取当前流的当前光标位置
实例成员函数	seek	将光标跳转到指定位置
	read	从当前流读取单个字符
	readln	从当前流读取一行数据
	readToEnd	读取当前流中还没读取的数据
	readUntil	从当前流读取到指定字符、指定条件或者流结束位置之前的数据
	close	关闭当前流
	isClosed	判断当前流是否已关闭

图 2-46　StringReader 类的主要成员

关于 StringReader 类，我们主要关注的是其用于读取输入流中数据的几个函数。相关函数的定义如下：

```
/*
 * 按字符读取流中的数据
 * 对于每次读取的字符 c，返回 Option.Some(c)；读取流结束后再调用此函数返回 Option.None
 * 若读取到不合法字符，抛出异常 ContentFormatException
 */
public func read(): Option<Char>


/*
 * 按行读取流中的数据，不包含每一行末尾的换行符
 * 对于读取的每一行字符串 str（不包含末尾的换行符），返回 Option.Some(str)
 * 读取流结束后再调用此函数返回 Option.None
 * 若读取到不合法字符，抛出异常 ContentFormatException
 */
public func readln(): Option<String>


/*
 * 读取流中还没读取的数据，以字符串形式返回
 * 若读取到不合法字符，抛出异常 ContentFormatException
 */
public func readToEnd(): String


/*
 * 从流中读取到指定字符 v 之前（包含 v）或者流结束位置之前的数据
 * 读取成功时返回值为 Option.Some(str)，str 为此次读取的字符串
 * 若读取到不合法字符，抛出异常 ContentFormatException
 */
public func readUntil(v: Char): Option<String>


/*
```

```
*  从流中读取到使predicate返回true的字符位置之前（包含该字符）或者流结束位置之前的数据
*  读取成功时返回值为Option.Some(str)，str为此次读取的字符串
*  若读取到不合法字符，抛出异常ContentFormatException
*/
public func readUntil(predicate: (Char) -> Bool): Option<String>
```

ContentFormatException 是定义在 io 包中的一个异常处理类，表示与字符格式相关的异常。
接下来看几个示例。

示例 1

下面的示例代码调用 StringReader 类的 read 函数按字符读取了存储在文本文件中的一组
分数等级。在读取时，使用 while-let 表达式对得到的 Option 值进行解构，直到读取结束获得
None 值时 while-let 表达式结束循环。代码如下：

```
from std import io.StringReader
from std import fs.{File, OpenOption}

main() {
    let grades = "ABCA".toArray()   // grades记录了一组分数等级
    let path = "./src/test_dir/str_reader.txt"
    File.writeTo(path, grades, openOption: CreateOrTruncate(false))

    try (
        file = File(path, Open(true, false)),
        // 创建StringReader对象
        stringReader = StringReader(file)
    ) {
        // 调用read函数按字符读取file中的分数等级
        while (let Some(grade) <- stringReader.read()) {
            println(grade)
        }
    }
}
```

编译并执行以上代码，输出结果如下：

```
A
B
C
A
```

示例 2

下面的示例代码调用 StringReader 类的 readln 函数按行读取了存储在文本文件中的诗句。
代码如下：

```
from std import io.StringReader
from std import fs.{File, OpenOption}

main() {
    var tempStr = "空山新雨后 天气晚来秋 \n"
    tempStr += "明月松间照 清泉石上流 \n"
```

```
    tempStr += "竹喧归浣女 莲动下渔舟\n"
    tempStr += "随意春芳歇 王孙自可留\n"

    let verse = tempStr.toArray()
    let path = "./src/test_dir/str_reader.txt"
    File.writeTo(path, verse, openOption: CreateOrTruncate(false))

    try (
        file = File(path, Open(true, false)),
        // 创建StringReader对象
        stringReader = StringReader(file)
    ) {
        // 调用readln函数按行读取file
        while (let Some(line) <- stringReader.readln()) {
            println(line)
        }
    }
}
```

编译并执行以上代码，输出结果如下：

```
空山新雨后 天气晚来秋
明月松间照 清泉石上流
竹喧归浣女 莲动下渔舟
随意春芳歇 王孙自可留
```

示例 3

下面的示例调用 StringReader 类的 readUntil 函数读取了存储在文本文件中的一系列错误代码。这些错误代码之间以 "#" 作为分隔符。由于读取到的代码包含分隔符 "#"，在输出时调用 String 类型的 trimRight 函数去除了每个读取的字符串末尾的 "#"。代码如下：

```
from std import io.StringReader
from std import fs.{File, OpenOption}

main() {
    let errCodes = "404#403#502#".toArray()
    let path = "./src/test_dir/str_reader.txt"
    File.writeTo(path, errCodes, openOption: CreateOrTruncate(false))

    try (
        file = File(path, Open(true, false)),
        // 创建StringReader对象
        stringReader = StringReader(file)
    ) {
        // 调用readUntil函数读取errCodes中的错误代码，每个错误代码以#结束
        while (let Some(code) <- stringReader.readUntil('#')) {
            println(code.trimRight("#"))
        }
    }
}
```

编译并执行以上代码，输出结果如下：

```
404
403
502
```

2．StringWriter

StringWriter 类实现了 OutputStream 接口，其定义如下：

```
public class StringWriter<T> where T <: OutputStream {
    /*
     * 构造函数
     * 参数output表示待写入数据的输出流
     * 参数encoding指定output的编码方案，默认为UTF-8
     * 参数endian指定output的字节序配置，默认为运行时系统的endian配置
     */
    public init(
        output: T,
        encoding!: StringEncoding = UTF8,
        endian!: Endian = CURRENT_ENDIAN
    )

    // 将内部缓冲区中的数据刷出并写入绑定的输出流，刷新绑定的输出流
    public func flush(): Unit

    // 其他成员略
}
```

StringWriter 内部默认有缓冲区，缓冲区容量为 4096 字节。另外，在 io 包中，StringWriter 类还通过扩展分别实现了接口 Resource 和 Seekable。

关于 StringWriter 类，我们主要关注的是用于写入输出流的一系列重载函数 write 和 writeln。下面列举了其中几个函数的定义：

```
// 写入ToString类型
public func write<T>(v: T): Unit where T <: ToString

// 写入String类型
public func write(v: String): Unit

// 写入ToString类型并换行
public func writeln<T>(v: T): Unit where T <: ToString

// 写入String类型并换行
public func writeln(v: String): Unit
```

StringWriter 类的函数 write 和 writeln 可以将各种类型的数据写入输出流，包括 String、Rune、Bool、各种浮点类型、各种整数类型以及所有实现了 ToString 接口的其他类型。另外，调用 writeln 函数时可以不传入参数，此时函数只向输出流中写入一个换行符。

以下示例代码调用 StringWriter 的函数 write 和 writeln 向一个 File 对象中写入了字符串数据，然后通过 StringReader 读取了文件中的数据。代码如下：

```
from std import io.{StringWriter, StringReader}
from std import fs.{File, OpenOption}

main() {
    let path = "./src/test_dir/str_writer.txt"

    try (
        file = File(path, CreateOrTruncate(true)),
        // 创建 StringWriter 对象
        stringWriter = StringWriter(file)
    ) {
        // 调用 write 函数将字符串写入 file
        stringWriter.write("空山新雨后 天气晚来秋")

        // 调用 writeln 函数将换行符写入 file
        stringWriter.writeln()

        // 调用 writeln 函数将字符串写入 file
        stringWriter.writeln("明月松间照 清泉石上流")
        stringWriter.writeln("竹喧归浣女 莲动下渔舟")
        stringWriter.writeln("随意春芳歇 王孙自可留")
    }

    try (
        file = File(path, Open(true, false)),
        // 创建 StringReader 对象
        stringReader = StringReader(file)
    ) {
        // 通过 stringReader 查看 file 中的内容
        print(stringReader.readToEnd())
    }
}
```

编译并执行以上代码，输出结果如下：

```
空山新雨后 天气晚来秋
明月松间照 清泉石上流
竹喧归浣女 莲动下渔舟
随意春芳歇 王孙自可留
```

2.4.3 ChainedInputStream 与 MultiOutputStream

仓颉的 io 包提供了一个 ChainedInputStream 类，它可以将多个输入流连接成一个连续的输入流。另外，io 包还提供了一个 MultiOutputStream 类，它可以将数据同时写入多个输出流。

1. ChainedInputStream

ChainedInputStream 类实现了 InputStream 接口，其定义如下：

```
public class ChainedInputStream <: InputStream {
    // 创建一个 ChainedInputStream 实例，参数 input 指定输入流数组
```

```
    public init(input: Array<InputStream>)

    // 从输入流数组中依次读取数据到指定的字节数组buffer
    public func read(buffer: Array<Byte>): Int64
}
```

ChainedInputStream 类的工作原理如图 2-47 所示。

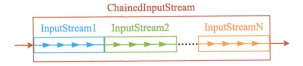

图 2-47　ChainedInputStream 类的工作原理

当从 ChainedInputStream 中读取数据时，首先会从输入流数组中的第一个输入流读取，直至到达其末尾，然后从下一个输入流读取，以此类推，直到最后一个输入流读取完毕。这对于需要从多个数据源逐个读取数据并将其视为单一数据源的场景非常有用。

下面的示例代码从由 3 个 ByteArraySteam 实例 cache1、cache2 和 cache3 组成的输入流数组中依次读取了全部数据并写入了数据目标 targetCache。代码如下：

```
from std import io.{ByteArrayStream, ChainedInputStream}

main() {
    // 创建3个ByteArraySteam实例
    let cache1 = ByteArrayStream()
    cache1.write("\n学号：0001 语文：90 数学：89".toArray())
    let cache2 = ByteArrayStream()
    cache2.write("\n学号：0002 语文：92 数学：90".toArray())
    let cache3 = ByteArrayStream()
    cache3.write("\n学号：0003 语文：86 数学：88".toArray())

    let targetCache = ByteArrayStream()  // 数据目标
    let byteArray = Array<Byte>(16, item: 0)  // 临时存储数据的字节数组
    var len: Int64  // 每次读取的字节数

    // 创建ChainedInputStream实例，把多个输入流连接成一个连续的输入流
    let chainedInputStream = ChainedInputStream([cache1, cache2, cache3])

    // 从chainedInputStream中依次读取输入流中的数据
    while (true) {
        len = chainedInputStream.read(byteArray)

        // 如果数据全部读取完毕，退出循环
        if (len == 0) {
            break
        }

        // 将读取的数据写入targetCache
        targetCache.write(byteArray.slice(0, len))
```

```
    }

    println("读取的数据:${String.fromUtf8(targetCache.readToEnd())}")
}
```

编译并执行以上代码,输出结果如下:

```
读取的数据:
学号:0001 语文:90 数学:89
学号:0002 语文:92 数学:90
学号:0003 语文:86 数学:88
```

2. MultiOutputStream

MultiOutputStream 类实现了 OutputStream 接口,其定义如下:

```
public class MultiOutputStream <: OutputStream {
    // 创建一个MultiOutputStream实例,参数output指定输出流数组
    public init(output: Array<OutputStream>)

    // 将指定的字节数组buffer中的数据写入输出流数组中的每个输出流
    public func write(buffer: Array<Byte>): Unit

    // 刷新输出流数组中的每个输出流
    public func flush(): Unit
}
```

MultiOutputStream 类的工作原理如图 2-48 所示。

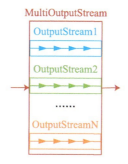

图 2-48   MultiOutputStream 类的工作原理

当向 MultiOutputStream 写入数据时,它会确保每一个关联的输出流都接收到相同的数据。这对于需要将相同的数据写入多个数据目标的场景非常有用,例如,同时备份数据到多个存储设备,或者同时将日志记录到文件并输出到控制台。这提供了一种方便的方式,使得同时写入多个数据源变得简单和一致。

下面的示例代码将 3 个输出流 targetFile1、targetFile2 和 targetFile3 组合成了一个输出流,读取了 srcFile 中的数据并同时写入了输出流数组中的每个输出流。其中使用的文本文件 src_file.txt 位于项目文件夹下的 src/test_dir 中,内容是一段用于测试的文本。代码如下:

```
from std import io.MultiOutputStream
from std import fs.{File, OpenOption}
```

```
main() {
    try (
        // 以只读模式打开src_file.txt
        srcFile = File.openRead("./src/test_dir/src_file.txt"),

        // 创建3个用于备份的数据目标文件
        targetFile1 = File("./src/test_dir/target_file_1.txt", CreateOrTruncate(false)),
        targetFile2 = File("./src/test_dir/target_file_2.txt", CreateOrTruncate(false)),
        targetFile3 = File("./src/test_dir/target_file_3.txt", CreateOrTruncate(false))
    ) {
        // 创建MultiOutputStream实例，把多个输出流组合成一个输出流
        let multiOutStream = MultiOutputStream([targetFile1, targetFile2, targetFile3])
        let byteArray = Array<Byte>(16, item: 0)   // 临时存储数据的字节数组
        var len: Int64   // 每次读取的字节数

        // 不断从srcFile中读取数据，通过multiOutStream写入输出流数组中的每个输出流
        while (true) {
            len = srcFile.read(byteArray)

            // 如果数据全部读取完毕，退出循环
            if (len == 0) {
                break
            }

            // 将读取的数据写入multiOutStream
            multiOutStream.write(byteArray.slice(0, len))
        }
    }
}
```

编译并执行以上代码之后，在项目文件夹下的 src/test_dir 中，会得到 src_file.txt 的 3 个备份文件。

2.4.4　压缩与解压

仓颉 compress 模块的 zlib 包提供了一系列类型用于实现流式压缩和解压的功能，如表 2-5 所示。

表 2-5　zlib 包提供的用于压缩和解压的各种流类型

类型名称	说　　明
CompressInputStream	压缩输入流，用于从输入流中读取并压缩数据，将压缩过的数据写入字节数组
CompressOutputStream	压缩输出流，用于读取并压缩字节数组中的数据，将压缩过的数据写入输出流
DecompressInputStream	解压输入流，用于从输入流中读取压缩数据、解压并将解压后的数据写入字节数组
DecompressOutputStream	解压输出流，用于从字节数组中读取压缩数据、解压并将解压后的数据写入输出流

另外，在 zlib 包中还定义了一个异常类 ZlibException，用于表示相关的异常。接下来我们从压缩和解压两方面来解释这些类的用法。

1. 压缩

CompressInputStream 类和 CompressOutputStream 类用于压缩数据，它们的工作原理如图 2-49 和图 2-50 所示。

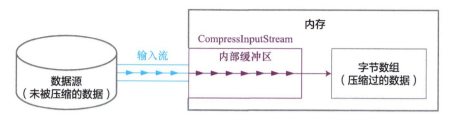

图 2-49 CompressInputStream 的工作原理

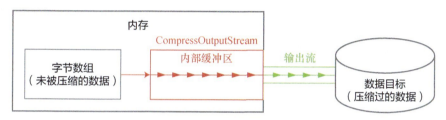

图 2-50 CompressOutputStream 的工作原理

CompressInputStream 类和 CompressOutputStream 类的共同点是二者都是读取未被压缩的数据并将数据压缩。区别在于 CompressInputStream 类是从输入流中读取数据，将压缩过的数据写入指定的字节数组，而 CompressOutputStream 类是从指定的字节数组中读取数据，将压缩过的数据写入输出流。这 2 个类分别实现了接口 InputStream 和 OutputStream，它们的定义如下：

```
public class CompressInputStream<T> <: InputStream where T <: InputStream {
    /*
     * 构造函数
     * 参数 inputStream 表示绑定的输入流
     * 参数 wrap 表示压缩数据格式，默认为 DeflateFormat
     * 参数 compressLevel 表示压缩等级，默认为 DefaultCompression
     * 参数 bufLen 表示内部缓冲区的大小，默认为 512 字节
     */
    public init(
        inputStream: InputStream,
        wrap!: WrapType = DeflateFormat,
        compressLevel!: CompressLevel = DefaultCompression,
        bufLen!: Int64 = 512
    )

    /*
     * 从绑定的输入流读取数据并压缩到指定的字节数组 outBuf 中
     * 如果压缩成功，则返回值为压缩后的字节数
     * 如果绑定的输入流中的数据已经全部压缩完成，或者该压缩输入流被关闭，则返回 0
     * 如果 outBuf 为空或者压缩失败，抛出异常 ZlibException
```

```
    */
    public func read(outBuf: Array<Byte>): Int64

    // 其他成员略
}

public class CompressOutputStream<T> <: OutputStream where T <: OutputStream {
    /*
     * 构造函数
     * 参数 outputStream 表示绑定的输出流
     * 参数 wrap 表示压缩数据格式，默认为 DeflateFormat
     * 参数 compressLevel 表示压缩等级，默认为 DefaultCompression
     * 参数 bufLen 表示内部缓冲区的大小，默认为 512 字节
     */
    public init(
        outputStream: OutputStream,
        wrap!: WrapType = DeflateFormat,
        compressLevel!: CompressLevel = DefaultCompression,
        bufLen!: Int64 = 512
    )
}

    // 压缩指定的字节数组 inBuf 中的数据，写入输出流
    public func write(inBuf: Array<Byte>): Unit

    // 将内部缓冲区中已压缩的数据刷出并写入绑定的输出流，刷新绑定的输出流
    public func flush(): Unit

    // 其他成员略
}
```

另外，CompressInputStream 类和 CompressOutputStream 类还分别通过扩展实现了 Resource 接口。

调用构造函数创建 CompressInputStream 和 CompressOutputStream 对象时，有 3 个可选参数。可选参数 wrap 表示压缩数据格式，该参数的类型是 WrapType。WrapType 类型是定义在 zlib 包中的枚举类型，其定义如下：

```
public enum WrapType {
    | DeflateFormat
    | GzipFormat
}
```

zlib 包中的压缩和解压功能使用 deflate 算法，压缩和解压数据格式支持 deflate raw 格式和 gzip 格式。WrapType 类型的 2 个构造器 DeflateFormat 和 GzipFormat 分别对应这 2 种格式。

可选参数 compressLevel 表示压缩等级，该参数的类型是 CompressLevel。CompressLevel 类型是定义在 zlib 包中的枚举类型，其定义如下：

```
public enum CompressLevel {
    | BestSpeed
    | DefaultCompression
```

```
        | BestCompression
    }
```

压缩等级决定了压缩率和压缩速度，CompressLevel 类型的 3 个构造器对应的压缩等级及其特点如图 2-51 所示。

图 2-51 压缩等级

以下示例代码演示了使用 CompressInputStream 从文件中读取并压缩数据的过程。其中使用的文件 test.xlsx 位于项目文件夹下的 src/test_dir 中，其中存储了一些数据，文件大小约为 230KB。代码如下：

```
from std import fs.File
from compress import zlib.CompressInputStream

main() {
    try (
        // 以只读模式打开用于测试的数据文件
        file = File.openRead("./src/test_dir/test.xlsx"),

        // 创建CompressInputStream实例，所有可选参数使用默认值
        compInStream = CompressInputStream(file)
    ) {
        let byteArray = Array<Byte>(1024, item: 0)  // 临时存储数据的字节数组
        var len: Int64  // 每次读取的字节数
        var sum = 0     // 统计总字节数

        while (true) {
            len = compInStream.read(byteArray)  // 读取并压缩数据到byteArray

            // 全部读取完毕之后退出循环
            if (len == 0) {
                break
            }

            sum += len  // 累加已压缩的字节数
        }
        println("文件中的总数据量：${file.length}")
        println("压缩后的数据量：${sum}")
    }
}
```

编译并执行以上代码，输出结果如下：

```
文件中的总数据量：235982
压缩后的数据量：134661
```

以上示例代码中的压缩等级为默认等级，使用不同的压缩等级对相同的数据文件进行压缩时压缩后的数据量如表 2-6 所示。

表 2-6 使用不同压缩等级压缩示例文件后得到的数据量

压缩等级	压缩后的数据量 / 字节
BestSpeed	137213
DefaultCompression	134661
BestCompression	133207

2. 解压

DecompressInputStream 类和 DecompressOutputStream 类用于解压数据，它们的工作原理如图 2-52 和图 2-53 所示。

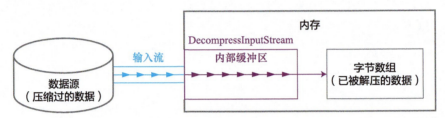

图 2-52 DecompressInputStream 的工作原理

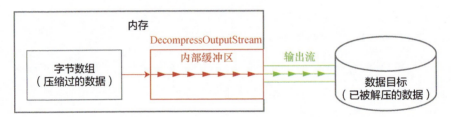

图 2-53 DecompressOutputStream 的工作原理

DecompressInputStream 类和 DecompressOutputStream 类的共同点是二者都是读取已被压缩的数据并将数据解压。区别在于 DecompressInputStream 类是从输入流中读取压缩数据，将解压过的数据写入指定的字节数组，而 DecompressOutputStream 类是从指定的字节数组中读取压缩数据，将解压过的数据写入输出流。这 2 个类分别实现了接口 InputStream 和 OutputStream，它们的定义如下：

```
public class DecompressInputStream<T> <: InputStream where T <: InputStream {
    /*
     * 构造函数
     * 参数 inputStream 表示绑定的输入流
     * 参数 wrap 表示压缩数据格式，默认为 DeflateFormat
     * 参数 bufLen 表示内部缓冲区的大小，默认为 512 字节
     */
    public init(
        inputStream: InputStream,
        wrap!: WrapType = DeflateFormat,
```

```
            bufLen!: Int64 = 512
    )

    /*
     * 从绑定的输入流读取数据并解压到指定的字节数组 outBuf 中
     * 如果解压成功，则返回值为解压后的字节数
     * 如果绑定的输入流中的数据已经全部解压完成，或者该解压输入流被关闭，则返回 0
     * 如果 outBuf 为空或者解压失败，抛出异常 ZlibException
     */
    public func read(outBuf: Array<Byte>): Int64

    // 其他成员略
}

public class DecompressOutputStream<T> <: OutputStream where T <: OutputStream {
    /*
     * 构造函数
     * 参数 outputStream 表示绑定的输出流
     * 参数 wrap 表示压缩数据格式，默认为 DeflateFormat
     * 参数 bufLen 表示内部缓冲区的大小，默认为 512 字节
     */
    public init(
        outputStream: OutputStream,
        wrap!: WrapType = DeflateFormat,
        bufLen!: Int64 = 512
    )

    // 解压指定的字节数组 inBuf 中的数据，写入输出流
    public func write(inBuf: Array<Byte>): Unit

    // 将内部缓冲区中已解压的数据刷出并写入绑定的输出流，刷新绑定的输出流
    public func flush(): Unit

    // 其他成员略
}
```

另外，DecompressInputStream 类和 DecompressOutputStream 类还分别通过扩展实现了 Resource 接口。

为了演示解压的过程，下面的示例代码通过 CompressInputStream 从输入流中读取并压缩数据然后写入字节数组中，接着通过 DecompressOutputStream 将字节数组中的数据解压并写入输出流。其中使用的文件 src_file.txt 位于项目文件夹下的 src/test_dir 中，其中存储了一段用于测试的文本。代码如下：

```
from std import fs.{File, OpenOption}
from compress import zlib.{CompressInputStream, DecompressOutputStream}

main() {
    try (
        srcFile = File.openRead("./src/test_dir/src_file.txt"),
        compInStream = CompressInputStream(srcFile),
```

```
                // 以只写模式打开目标文件
                targetFile = File("./src/test_dir/target_file.txt", CreateOrTruncate(false)),
                // 创建 DecompressOutputStream 实例
                decompOutStream = DecompressOutputStream(targetFile)
        ) {
            let byteArray = Array<Byte>(1024, item: 0)   // 临时存储数据的字节数组
            var len: Int64   // 每次读取的字节数

            while (true) {
                // 从 srcFile 中读取数据并压缩到 byteArray
                len = compInStream.read(byteArray)

                // 全部读取完毕之后退出循环
                if (len == 0) {
                    break
                }

                // 读取并解压 byteArray 中的数据，写入 targetFile
                decompOutStream.write(byteArray)
            }
        }
    }
```

编译并执行以上代码之后，就得到了 src_file.txt 的一个副本 target_file.txt。当然，上面这个示例读取文件之后在内存中完成了压缩、解压数据的过程再写入另一个文件，并没有实际意义。但如果换一个应用场景，这样的操作就会变成一个实用的操作。例如，在网络编程中，从网络上的一台设备向另一台设备发送数据时，可以先将数据压缩到字节数组中再发送；在网络上的另一台设备接收到存储了压缩数据的字节数组后，就可以解压数据并进行进一步操作。通过这种方式，可以减少文件传输所需的时间和带宽，提高传输效率。

下面再看一个示例。示例程序中使用到的 CompressOutputStream 和 DecompressInputStream 的工作原理如图 2-54 所示。

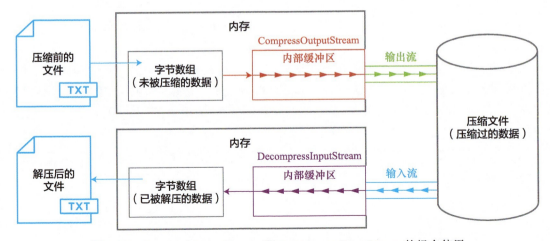

图 2-54　CompressOutputStream 和 DecompressInputStream 的组合使用

程序代码如代码清单 2-11 所示。

代码清单 2-11 deflate_compress_and_decompress_demo.cj

```
01  from compress import zlib.{CompressOutputStream, DecompressInputStream}
02  from std import fs.{File, OpenOption}
03
04  main() {
05      let srcFilePath = "./src/test_dir/src_file.txt"
06      let compressedFilePath = "./src/test_dir/compressed_file.zlib"
07      let decompressedFilePath = "./src/test_dir/decompressed_file.txt"
08
09      // 调用函数compressFile对src_file.txt进行压缩
10      compressFile(srcFilePath, compressedFilePath)
11
12      // 调用函数decompressFile将compressed_file.zlib解压
13      decompressFile(compressedFilePath, decompressedFilePath)
14
15      // 比较src_file.txt和解压的文件decompressed_file.txt是否相同
16      println(compareFile(srcFilePath, decompressedFilePath))
17  }
18
19  // 将srcFilePath指定的文件压缩为targetFilePath指定的文件
20  func compressFile(srcFilePath: String, targetFilePath: String) {
21      try (
22          // 以只读模式打开srcFile
23          srcFile = File.openRead(srcFilePath),
24
25          // 以只写模式打开targetFile
26          targetFile = File(targetFilePath, CreateOrTruncate(false)),
27          // 创建CompressOutputStream实例，绑定targetFile
28          compOutStream = CompressOutputStream(targetFile)
29      ) {
30          let byteArray = Array<Byte>(1024, item: 0)  // 临时存储数据的字节数组
31          var len: Int64  // 每次读取的字节数
32
33          while (true) {
34              len = srcFile.read(byteArray)  // 从srcFile中读取数据到byteArray
35
36              // 全部读取完毕之后退出循环
37              if (len == 0) {
38                  break
39              }
40
41              // 通过compOutStream压缩读取的数据并写入targetFile
42              compOutStream.write(byteArray.slice(0, len))
43          }
44      }
45      println("文件压缩完成！")
46  }
47
48  // 将srcFilePath指定的文件解压为targetFilePath指定的文件
```

```
49  func decompressFile(srcFilePath: String, targetFilePath: String) {
50      try (
51          // 以只读模式打开srcFile
52          srcFile = File.openRead(srcFilePath),
53          // 创建DecompressInputStream实例，绑定srcFile
54          decompInStream = DecompressInputStream(srcFile),
55
56          // 以只写模式打开targetFile
57          targetFile = File(targetFilePath, CreateOrTruncate(false))
58      ) {
59          let byteArray = Array<Byte>(1024, item: 0)    // 临时存储数据的字节数组
60          var len: Int64    // 每次读取的字节数
61
62          while (true) {
63              len = decompInStream.read(byteArray)  // 从srcFile中读取并解压数据到byteArray
64
65              // 全部数据处理完毕之后退出循环
66              if (len == 0) {
67                  break
68              }
69
70              // 将解压的数据写入targetFile
71              targetFile.write(byteArray.slice(0, len))
72          }
73      }
74      println("文件解压完成！")
75  }
76
77  // 比较filePath1和filePath2指定的文件内容是否相同
78  func compareFile(filePath1: String, filePath2: String) {
79      File.readFrom(filePath1) == File.readFrom(filePath2)
80  }
```

编译并执行以上程序，输出结果如下：

```
文件压缩完成！
文件解压完成！
true
```

这时在项目文件夹下的 src/test_dir 中，会出现一个压缩文件 compressed_file.zlib 和一个解压之后的文本文件 decompressed_file.txt。

在上面的示例程序中，定义了 2 个函数 compressFile（第 19 ～ 46 行）和 decompressFile（第 48 ～ 75 行），分别用于压缩和解压文件。另外，还定义了 1 个函数 compareFile（第 77 ～ 80 行）用于比较文件。程序首先声明了源文件的路径 srcFilePath、压缩文件的路径 compressedFilePath 以及解压后的文件路径 decompressedFilePath（第 5 ～ 7 行）。

接着调用函数 compressFile 将源文件 src_file.txt 压缩为 compressed_file.zlib（deflate raw 格式和 gzip 格式的压缩文件的扩展名均为 zlib）。在函数 compressFile 中，通过 CompressOutputStream 将读取的数据压缩并写入 compressed_file.zlib。然后调用函数 decompressFile 将 compressed_file.zlib 解压为 decompressed_file.txt。在函数 decompressFile 中，通过 DecompressInputStream 从

compressed_file.zlib 中读取数据并解压到字节数组 byteArray，然后将 byteArray 中解压的数据写入 decompressed_file.txt。

最后，程序调用了函数 compareFile，对源文件 src_file.txt 和解压后的文件 decompressed_file.txt 进行了比较，比较的结果为 true。

在这个示例中，对数据的压缩和解压使用了 CompressOutputStream 和 DecompressInputStream，压缩数据格式为 DeflateFormat。当然，使用 CompressInputStream 和 DecompressOutputStream 也是可以的。我们可以修改一下程序代码，将源文件压缩为 GzipFormat 格式。示例程序中使用到的 CompressInputStream 和 DecompressOutputStream 的工作原理如图 2-55 所示。

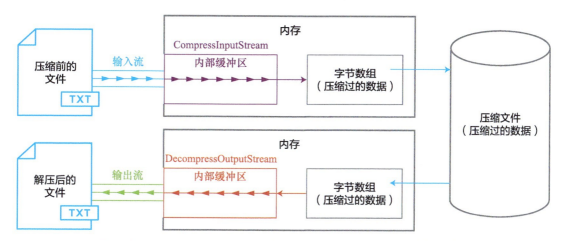

图 2-55 CompressOutputStream 和 DecompressInputStream 的组合使用

修改过后的程序代码如代码清单 2-12 所示（省略了与代码清单 2-11 中相同的代码）。

代码清单 2-12 gzip_compress_and_decompress_demo.cj

```
01  from compress import zlib.{CompressInputStream, DecompressOutputStream, WrapType}
02  from std import fs.{File, OpenOption}
03
04  main() {
05      // 代码略
06  }
07
08  func compressFile(srcFilePath: String, targetFilePath: String) {
09      try (
10          // 以只读模式打开srcFile
11          srcFile = File.openRead(srcFilePath),
12          // 创建CompressInputStream实例，绑定srcFile，压缩格式为GzipFormat
13          compInStream = CompressInputStream(srcFile, wrap: GzipFormat),
14
15          // 以只写模式打开targetFile
16          targetFile = File(targetFilePath, CreateOrTruncate(false))
17      ) {
18          let byteArray = Array<Byte>(1024, item: 0)   // 临时存储数据的字节数组
19          var len: Int64   // 每次读取的字节数
20
```

```
21          while (true) {
22              // 通过 compInStream 从 srcFile 中读取并压缩数据到 byteArray
23              len = compInStream.read(byteArray)
24
25              // 全部读取完毕之后退出循环
26              if (len == 0) {
27                  break
28              }
29
30              // 将 byteArray 中压缩的数据写入 targetFile
31              targetFile.write(byteArray.slice(0, len))
32          }
33      }
34      println("文件压缩完成！")
35  }
36
37  func decompressFile(srcFilePath: String, targetFilePath: String) {
38      try (
39          // 以只读模式打开 srcFile
40          srcFile = File.openRead(srcFilePath),
41
42          // 以只写模式打开 targetFile
43          targetFile = File(targetFilePath, CreateOrTruncate(false)),
44          // 创建 DecompressOutputStream 实例，绑定 targetFile，压缩格式为 GzipFormat
45          decompOutStream = DecompressOutputStream(targetFile, wrap: GzipFormat)
46      ) {
47          let byteArray = Array<Byte>(1024, item: 0)    // 临时存储数据的字节数组
48          var len: Int64    // 每次读取的字节数
49
50          while (true) {
51              len = srcFile.read(byteArray)    // 从 srcFile 中读取数据到 byteArray
52
53              // 全部数据处理完毕之后退出循环
54              if (len == 0) {
55                  break
56              }
57
58              // 将 byteArray 中的数据解压并写入 targetFile
59              decompOutStream.write(byteArray.slice(0, len))
60          }
61      }
62      println("文件解压完成！")
63  }
64
65  func compareFile(filePath1: String, filePath2: String) {
66      File.readFrom(filePath1) == File.readFrom(filePath2)
67  }
```

编译并执行以上程序，效果和代码清单 2-11 是一样的，只不过这次得到的压缩文件是 GzipFormat 格式的。

2.5 小结

本章介绍了输入与输出的相关知识，主要包括两方面的内容：目录与文件操作；仓颉中的各种流。

1. 目录与文件操作

目录与文件操作主要通过标准库的 io 包提供的 Directory 类和 File 类实现（见图 2-56）。

目录与文件操作	Directory类	File类
创建	create函数 createSubDirectory函数 createFile函数 构造函数	create函数 openRead函数 构造函数（注意OpenOption）
删除	delete函数	delete函数
移动	move函数	move函数
复制	copy函数	copy函数

图 2-56 目录与文件操作小结

在调用构造函数创建或打开文件对象时，要注意选择合适的文件打开选项（OpenOption 类型）。另外，io 包提供了 Path 和 FileInfo 类型。这 2 个类型在进行目录与文件操作或获取目录与文件信息时也是十分有用的。最后，io 包还提供了一个异常类 FSException。

2. 流

仓颉的流主要依赖于 io 包提供的接口 InputStream 和 OutputStream。另外，接口 Resource 使得我们可以通过 try-with-resources 简化流资源的管理。接口 Seekable 提供了在流对象中移动当前位置的功能，这使得我们可以在流中随机访问数据。这 4 个接口的成员如图 2-57 所示。

接　口	成　员
InputStream	func read(buffer: Array<Byte>): Int64 prop length: Int64
OutputStream	func write(buffer: Array<Byte>): Unit func flush(): Unit
Resource	func isClosed(): Bool func close(): Unit
Seekable	prop length: Int64 prop remainLength: Int64 prop position: Int64 func seek(sp: SeekPosition): Int64

图 2-57 接口 InputStream、OutputStream、Resource 和 Seekable 的成员

本章介绍的基本 I/O 流包括用于文件读写的 File、用于控制台读写的 ConsoleReader 和 ConsoleWriter 以及用于字节数组读写的 ByteArrayStream；除了以上的基本 I/O 流，本章还介绍了一些其他用于提高 I/O 操作效率的流，如图 2-58 所示。

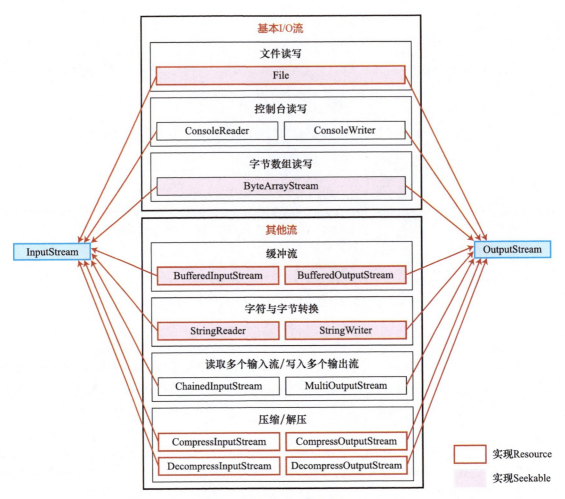

图 2-58　输入流与输出流小结

第 3 章
元编程

1　概述

2　一个简单的示例

3　Token、Tokens类型及quote表达式

4　AST节点

5　非属性宏和属性宏

6　嵌套宏

7　内置宏

8　宏的应用示例

9　小结

3.1　概述

元编程（metaprogramming）是一种强大的编程技术，它将程序（代码）作为数据来看待，目的是编写可以操作程序的程序。仓颉提供的元编程主要包括两种形式：**编译期元编程**和**运行期元编程**。

1. 编译期元编程

编译期元编程是在程序编译期间执行的元编程，在仓颉中通过宏（macro）来实现。通过宏来实现元编程，使得我们能够在程序编译期间生成或修改代码。例如，抽象语法树的操作、编译期求值、记忆优化、代码复用、领域特定语言（DSL）的实现等。

2. 运行期元编程

运行期元编程是在运行期间执行的元编程，在仓颉中通过反射（reflection）来实现。通过反射来实现元编程，使得我们能够在程序运行过程中改变程序的结构和行为。

这两者的主要特点如表 3-1 所示。

表 3-1　编译期元编程和运行期元编程的主要特点

编译期元编程		运行期元编程
执行时机	编译阶段	运行阶段
性能	由于代码在编译时已经被优化，编译期元编程通常能产生性能更优的代码	由于需要在程序运行时查询和操作对象的类型信息，运行期元编程可能会带来一定的运行时性能开销并降低程序运行速度
主要用途	性能优化、代码生成等	实现动态行为、插件系统等
优势	提供更好的类型安全性，因为类型错误会在编译时被检测到	提供更加灵活的、具有自适应性的代码

本章主要介绍宏的相关知识。

3.2　一个简单的示例

在介绍宏的相关知识之前，我们需要先了解一些前导知识：源代码的编译过程。

源代码的编译过程指的是编译器将源代码转化为目标代码的过程。在编译结束之后，人类可读的源代码最终被转换为计算机能够理解和执行的目标代码。编译过程包括若干个连续的阶段，每个阶段都有其特定的任务和作用。这些阶段可能会因编译器的不同而有所变化，但通常会包括以下 7 个典型阶段，整个编译过程如图 3-1 所示。

1. 词法分析

将源代码划分为一系列词法单元（Token）的序列（Tokens）。这些 Token 是编程语言的基本构造单元（最小语法单元），例如关键字、标识符、操作符等。

2. 语法分析

将词法分析生成的 Tokens 组织成抽象语法树（Abstract Syntax Tree，AST）。抽象语法树是源代码结构的一种表现形式，它将源代码中的各种构造（如声明、表达式、函数等）表示为树形结构。

3. 语义分析

对抽象语法树进行进一步检查和处理，以确保源代码符合编程语言的语义规范，换言之，确保源代码在逻辑上是合理的。编译器会检查诸如变量在使用前是否声明、类型是否匹配、函数调用是否合法等问题。如果发现任何违反语义规则的情况，编译器会报告错误，并阻止程序的编译。

4. 中间代码生成

将抽象语法树转换为中间代码。中间代码是一种介于源代码和目标代码之间的中间表示，它更接近于目标机器的指令集。中间代码生成的主要目的是为后续的代码优化和目标代码生成阶段提供一个更方便的表示形式。

5. 中间代码优化

对中间代码进行各种优化操作，以提高生成的目标代码的性能和执行效率。中间代码优化的主要目的是减少程序的执行时间和内存使用。

6. 目标代码生成

将经过优化的中间代码转换为可以在目标硬件平台上运行的代码。这一阶段需要考虑目标平台的硬件特性、指令集、寻址模式等因素，以生成高效且适合目标平台的代码。同时，编译器还需要处理一些底层细节，如函数调用约定、寄存器分配和内存管理等。

7. 链接

将生成的目标代码与其他库、模块等组合在一起，生成可执行文件。链接的主要任务是解决各个目标代码文件之间以及目标代码文件与外部库的引用关系，将这些代码和库正确地连接到一起。这样，生成的可执行文件就包含了程序运行所需的所有代码和信息，可以在目标平台上顺利执行。

在源代码的编译过程中，**宏调用**主要发生在词法分析和语法分析这两个阶段。在词法分析和语法分析的阶段，编译器的主要任务是将源代码划分为词法单元的序列，生成抽象语法树。例如，对于以下源代码：

```
var num = 2 * 3
```

在词法分析阶段，它将被划分为以下 Token，如图 3-2 所示。

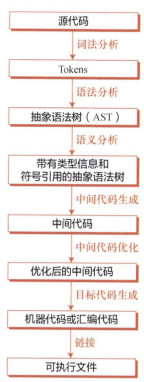

图 3-1　源代码的编译过程

图 3-2　词法分析

之后，在语法分析阶段，将词法分析生成的 Tokens 组织成抽象语法树。抽象语法树是由多个 AST 节点组成的树形结构，每个节点代表程序中的一个构造，例如一个表达式、一个声明等。以上源代码对应的是一个变量声明，对应的 AST 节点类型为 VarDecl（见 3.4.2 节），其结构如图 3-3 所示。

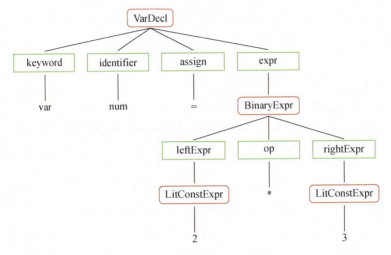

图 3-3　示例声明对应的 AST 节点

在了解了 Token、Tokens 和 AST 的基本概念之后，我们来看一个简单的示例。通过这个示例可以对仓颉宏的工作原理和过程有一个初步的认识。示例程序的工程目录结构如图 3-4 所示，程序代码如代码清单 3-1 和代码清单 3-2 所示。

图 3-4　示例程序的工程目录结构

代码清单 3-1　macro_definition.cj

```
01   macro package my_macros
02
03   from std import ast.*
04
05   // 宏定义
06   public macro Square(input: Tokens): Tokens {
07       return input + Token(MUL) + input   // 关键字return可以省略
08   }
```

代码清单 3-2　main.cj

```
01   import my_macros.Square
02
03   main() {
04       var square = 9
```

```
05          println(square)   // 输出：9
06
07          // 宏调用
08          square = @Square(3)
09          println(square)   // 输出：9
10
11          square = @Square(1 + 2)
12          println(square)   // 输出：5
13
14          square = @Square((1 + 2))
15          println(square)   // 输出：9
16      }
```

下面以 Windows 操作系统为例，介绍如何编译并执行以上示例程序。首先在代码编辑器中打开终端窗口，使用以下命令将宏定义文件 macro_definition.cj 编译为动态链接库文件（*.dll）：

```
cjc --compile-macro src/my_macros/macro_definition.cj
```

执行完以上命令之后，在当前目录下会生成一个 dll 文件，该文件的命名格式如下：

```
lib-macro_包名.dll
```

对于本例来说，将生成一个名为 lib-macro_my_macros.dll 的文件。

接着使用以下命令将宏调用文件 main.cj 编译为可执行文件 main.exe：

```
cjc src/main.cj -o main.exe
```

最后使用以下命令执行生成的可执行文件：

```
main
```

编译并执行以上示例程序，输出结果如下：

```
9
9
5
9
```

接下来解释一下这个示例程序。

3.2.1 宏定义

仓颉宏的用法和函数有一些相似，都是**先定义后调用**。

在宏定义所在包的声明中，关键字 package 之前必须使用 macro 来修饰。例如，在代码清单 3-1 中，在包 my_macros 中定义了一个名为 Square 的宏，该包的声明如下：

```
macro package my_macros   // 关键字package之前使用macro修饰
```

宏 Square 的定义如下：

```
public macro Square(input: Tokens): Tokens {
```

```
        return input + Token(MUL) + input   // 关键字return可以省略
    }
```

仓颉宏使用关键字 macro 定义，并且 macro 之前**必须使用 public 修饰**（宏定义必须是包外可见的）。宏定义的输入和输出类型**必须**是 Tokens 类型。

仓颉标准库的 ast 包提供了本章涉及的一系列类型、接口和函数等，例如 Token 类型、Tokens 类型，为了方便起见，在示例程序中我们使用以下代码将 ast 包中的所有 public 顶层声明一次性导入：

```
from std import ast.*
```

另外，对于以 macro package 声明的包，还有以下 2 个注意事项。

- 在以 macro package 声明的包中，**只允许宏定义是包外可见的**，其他声明必须是包内可见的。
- 在以 macro package 声明的包中，既允许重导出以 macro package 声明的包，也允许重导出仅以 package 声明的包；在仅以 package 声明的包中，只允许重导出仅以 package 声明的包，不允许重导出以 macro package 声明的包。

3.2.2　宏调用和宏展开

宏调用是指在代码中使用已定义的宏。在编译阶段，编译器会识别出宏调用，并使用相应的宏定义和输入的代码序列输出新的代码序列，这个映射过程被称作宏展开。宏调用使用符号"@"。

需要注意的是，宏的定义和调用不允许在同一个包中，即宏只能在宏定义之外的包中被调用。由于宏定义需要被宏调用所在的包导入才能使用，因此宏定义必须使用 public 修饰。在上面的示例程序中，宏定义在包 my_macros 中，宏调用在包 default 中。

在代码清单 3-2 中，对宏 Square 进行了 3 次调用（第 8、11、14 行）。宏展开的过程会实际执行宏的定义体，所以**宏在编译期就完成了求值，展开后的结果立即作用于抽象语法树**，然后继续后面的编译和执行流程。以上对宏 Square 的 3 次调用中，宏展开的过程如图 3-5 所示。

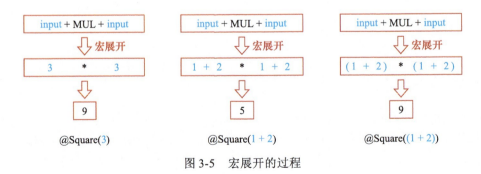

图 3-5　宏展开的过程

相对应地，第 8 行代码被展开为如下代码：

```
square = 3 * 3
```

第 11 行被展开为如下代码：

```
square = 1 + 2 * 1 + 2
```

第 14 行被展开为如下代码：

```
square = (1 + 2) * (1 + 2)
```

3.3 Token、Tokens 类型及 quote 表达式

在上面的示例中出现了一些与宏相关的类型，包括 Token、TokenKind 和 Tokens 类型。Token 是表示单个词法单元的类型；TokenKind 是表示 Token 对应的源代码类型的枚举类型，示例程序中的 MUL 是 TokenKind 类型的构造器，表示操作符 "*"；Tokens 是由多个 Token 组成的序列对应的类型，通过 Tokens 类型的构造函数或 quote 表达式可以构造 Tokens 实例。Token、TokenKind 和 Tokens 类型都定义在标准库的 ast 包中。下面对这几种类型以及 quote 表达式进行介绍。

3.3.1 Token 类型

Token 类型表示元编程中可操作的词法单元，其定义如下：

```
public struct Token {
    // Token 对应的源代码的类型
    public let kind: TokenKind

    // Token 值
    public let value: String

    // 创建一个默认的 Token 实例，kind 为 ILLEGAL，value 为空字符串
    public init()

    // 创建一个 kind 为指定 TokenKind 的 Token 实例
    public init(kind: TokenKind)

    // 创建一个 kind 为指定 TokenKind，value 为指定字符串的 Token 实例
    public init(kind: TokenKind, value: String)

    // 使用当前 Token 实例添加另一个 Token 实例，获得一个 Tokens 实例
    public operator func +(token: Token): Tokens

    // 使用当前 Token 实例添加另一个 Tokens 实例，获得一个 Tokens 实例
    public operator func +(tokens: Tokens): Tokens

    // 输出当前 Token 实例的信息
    public func dump(): Unit
```

```
    // 其他成员略
}
```

对于 Token 类型，需要重点关注其 kind 和 value。

Token 的成员变量 kind 的类型是 TokenKind，TokenKind 是一个枚举类型，其部分定义如下：

```
public enum TokenKind <: ToString {
    | MUL    // 表示操作符 "*"
    | NOT    // 表示操作符 "!"
    | LET    // 表示关键字 "let"
    | FUNC   // 表示关键字 "func"
    | INT64  // 表示 Int64 类型

    // 其他成员略
}
```

TokenKind 类型实现了操作符 "==" 和 "!=" 的重载，可以直接进行判（不）等操作。另外，TokenKind 类型实现了 ToString 接口。ast 包还提供了一个 getTokenKind 函数，使用该函数可以通过 TokenKind 的序号找到对应的 TokenKind 枚举值，该函数的定义如下：

```
public func getTokenKind(no: UInt16): TokenKind
```

举例如下：

```
from std import ast.getTokenKind

main() {
    println(getTokenKind(16))  // 输出：AND
    println(getTokenKind(65))  // 输出：INT64
    println(getTokenKind(92))  // 输出：LET
}
```

下面这段代码通过 Token 类型的构造函数构造了几个 Token 实例，并调用成员函数 dump 输出了实例的信息：

```
from std import ast.*

main() {
    // 调用构造函数 init()
    var token = Token()
    token.dump()

    // 调用构造函数 init(kind: TokenKind)
    token = Token(ADD)  // ADD 即为 TokenKind.ADD，表示操作符 "+"
    token.dump()

    // 调用构造函数 init(kind: TokenKind, value: String)
    token = Token(CHAR_LITERAL, "'x'")  // CHAR_LITERAL 表示字符字面量
```

```
        token.dump()
    }
```

编译并执行以上程序，输出结果如下：

```
description: illegal, token_id: 156, token_literal_value: , fileID: 0, line: 0, column: 0
description: add, token_id: 12, token_literal_value: +, fileID: 1, line: 9, column: 13
description: char_literal, token_id: 146, token_literal_value: 'x', fileID: 1, line: 13,
column: 13
```

如果只需要查看 Token 实例的 kind 或 value，可以直接使用 println 表达式。举例如下：

```
from std import ast.*

main() {
    let token = Token(INTEGER_LITERAL, "100")  // INTEGER_LITERAL表示整数字面量
    println(token.kind)  // 输出：INTEGER_LITERAL
    println(token.value)  // 输出：100
}
```

3.3.2　Tokens 类型

宏定义的输入和输出类型都是 Tokens 类型。Tokens 类型是对 Token 序列进行封装的类，其定义如下：

```
public open class Tokens <: ToString & Iterable<Token> {
    // 创建一个空的Tokens对象
    public init()

    // 从一个Token类型的数组创建一个Tokens对象
    public init(tokArr: Array<Token>)

    // 从一个Token类型的动态数组创建一个Tokens对象
    public init(tokArrList: ArrayList<Token>)

    // 获取Tokens对象所包含的Token实例的个数
    public prop size: Int64

    // 获取Tokens对象中索引为index的Token实例
    public open func get(index: Int64): Token

    // 获取Tokens对象中索引为index的Token实例
    public operator func [](index: Int64): Token

    // 使用当前Tokens对象添加另一个Tokens对象，获得一个Tokens对象
    public func concat(tokens: Tokens): Tokens

    // 使用当前Tokens对象添加另一个Tokens对象，获得一个Tokens对象
    public operator func +(tokens: Tokens): Tokens
```

```
        // 使用当前 Tokens 对象添加另一个 Token 实例，获得一个 Tokens 对象
        public operator func +(token: Token): Tokens

        // 将传入的 Tokens 对象追加到当前 Tokens 对象
        public func append(tokens: Tokens): Tokens

        // 将传入的 Token 对象追加到当前 Tokens 对象
        public func append(token: Token): Tokens

        // 输出当前 Tokens 对象的信息
        public func dump(): Unit

        // 将当前 Tokens 对象转换为 String 类型
        public func toString(): String

        // 其他成员略
}
```

通过 Tokens 类的多个重载的构造函数可以创建 Tokens 对象，举例如下：

```
from std import ast.*
from std import collection.ArrayList

main() {
    // 调用构造函数 init()
    var tokens = Tokens()
    println(tokens)   // 因为 Tokens 对象是空的，所以输出是空的

    // 调用构造函数 init(tokArr: Array<Token>)，使用了变长参数语法糖
    tokens = Tokens(Token(ADD), Token(SUB))
    println(tokens)   // 输出：+ -

    let arrList = ArrayList(Token(INTEGER_LITERAL, "2"), Token(ADD),
        Token(INTEGER_LITERAL, "3"))
    // 调用构造函数 init(tokArrList: ArrayList<Token>)
    tokens = Tokens(arrList)
    println(tokens)   // 输出：2 + 3
}
```

通过 Tokens 类的 **size 属性** 可以获取 Tokens 对象所包含的 Token 个数。通过**下标语法**或 **get 函数**可以获取 Tokens 对象中对应索引的 Token，在使用时注意索引不能越界，否则会抛出异常 IndexOutOfBoundsException。举例如下：

```
from std import ast.*

main() {
    let tokens = Tokens(Token(INTEGER_LITERAL, "2"), Token(ADD),
        Token(INTEGER_LITERAL, "3"))

    // 通过 size 属性获取 tokens 包含的 Token 实例的个数
    println("Token 实例的个数：${tokens.size}")

    // 通过下标语法获取 tokens 中的 Token 实例，注意索引不能越界
```

```
    tokens[2].dump()

    // 通过 get 函数获取 tokens 中的 Token 实例，注意索引不能越界
    tokens.get(1).dump()
}
```

编译并执行以上程序，输出结果如下：

```
Token 实例的个数：3
 description: integer_literal, token_id: 139, token_literal_value: 3, fileID: 1, line: 5,
column: 9
 description: add, token_id: 12, token_literal_value: +, fileID: 1, line: 4, column: 54
```

注意，由于 Token 类型并没有实现 ToString 接口，因此在输出 Token 实例时只能调用 dump 函数，而不能像 Tokens 类型那样直接调用 println 函数输出 Tokens 实例。

在通过 Tokens 实例调用 dump 函数时，相当于对 Tokens 实例所包含的 Token 实例依次调用 dump 函数。举例如下：

```
from std import ast.*

main() {
    let tokens = Tokens(Token(INTEGER_LITERAL, "2"), Token(ADD),
        Token(INTEGER_LITERAL, "3"))

    // 通过成员函数 dump 输出 tokens 的信息
    tokens.dump()
}
```

编译并执行以上代码，输出结果如下：

```
 description: integer_literal, token_id: 139, token_literal_value: 2, fileID: 1, line: 4,
column: 25
 description: add, token_id: 12, token_literal_value: +, fileID: 1, line: 4, column: 54
 description: integer_literal, token_id: 139, token_literal_value: 3, fileID: 1, line: 5,
column: 9
```

以上示例代码中的 tokens.dump() 相当于以下代码：

```
for (token in tokens) {
    token.dump()
}
```

Token 和 Tokens 类型都实现了操作符 "+" 的重载，使用 "+" 可以随意拼接 Token 和 Tokens 类型的实例，最后得到的都是 Tokens 实例。回顾一下代码清单 3-1 中的宏定义，其定义体中的代码如下：

```
return input + Token(MUL) + input
```

其中，input 是 Tokens 类型，Token(MUL) 是 Token 类型，经过 2 次拼接之后，得到的是一个 Tokens 实例。

另外，Tokens 类提供了 append 函数，用于将 Token 或 Tokens 对象追加到当前 Tokens 对象。相比其他拼接方式，append 函数是原地操作，其性能要更好。以操作符 "+" 为例，当使

用 "+" 拼接 2 个 Tokens 实例时，它会返回一个新的 Tokens 实例，而不是修改原来的 Tokens 实例，但 append 函数会直接修改原来的 Tokens 实例。举例如下：

```
from std import ast.*

main() {
    var tokens1 = Tokens()   // 使用var声明tokens1

    // 使用 "+" 拼接，通过赋值来完成对 tokens1 的修改
    tokens1 = tokens1 + Token(INTEGER_LITERAL, "2")   // 拼接Token实例
    tokens1 += Tokens(Token(ADD), Token(INTEGER_LITERAL, "3"))   // 拼接Tokens实例
    println(tokens1)   // 输出：2 + 3

    let tokens2 = Tokens()   // 使用let声明tokens2

    // 使用 append 函数拼接，直接修改 tokens2
    tokens2.append(Token(INTEGER_LITERAL, "2"))   // 拼接Token实例
    tokens2.append(Tokens(Token(ADD), Token(INTEGER_LITERAL, "3")))   // 拼接Tokens实例
    println(tokens2)   // 输出：2 + 3
}
```

3.3.3　quote 表达式

前面介绍了可以通过 Tokens 类的构造函数或操作符 "+" 来创建 Tokens 对象。除了这两种方式，使用 quote 表达式也可以创建 Tokens 对象。使用 quote 表达式可以快速将仓颉源代码转换为 Tokens 对象。quote 表达式以关键字 quote 定义，之后是一对圆括号，圆括号之内是需要转换为 Tokens 对象的源代码。举例如下：

```
from std import ast.*

main() {
    let tokens1 = Tokens(Token(INTEGER_LITERAL, "2"), Token(ADD),
        Token(INTEGER_LITERAL, "3"))
    println(tokens1)   // 输出：2 + 3

    let tokens2 = quote(2 + 3)
    println(tokens2)   // 输出：2 + 3
}
```

通过对比可知，使用 quote 表达式创建 Tokens 对象，可以直接使用高级语法（源代码）来表示需要生成的代码，而非手动创建 Token 序列，这使我们能够以一种比较轻松的方式来编写更易读的代码。

在 ast 包中，提供了一个 compareTokens 函数用于比较 2 个 Tokens 对象是否相同，该函数的定义如下：

```
public func compareTokens(tokens1: Tokens, tokens2: Tokens): Bool
```

在以上示例代码中比较 tokens1 和 tokens2 是否相同时，也可以使用 compareTokens 函数。

例如，可以将代码修改如下：

```
from std import ast.*

main() {
    let tokens1 = Tokens(Token(INTEGER_LITERAL, "2"), Token(ADD),
        Token(INTEGER_LITERAL, "3"))
    let tokens2 = quote(2 + 3)

    println(compareTokens(tokens1, tokens2))  // 输出：true
}
```

在 quote 表达式中，可以使用插值操作符 "$" 来进行代码插值操作。quote 表达式中的插值表达式格式如下：

```
$(表达式)
```

其中，被 "$" 修饰的表达式必须实现 ast 包中的 ToTokens 接口。ToTokens 接口的定义如下：

```
public interface ToTokens {
    func toTokens(): Tokens
}
```

在 quote 表达式中的插值表达式最终会被替换成该表达式的值，即调用 toTokens 函数之后的返回值。表 3-2 列出的类型均已通过扩展实现了 ToTokens 接口，其中，Node、Decl、TypeNode 等类型将在 3.4 节进行介绍。

表 3-2　通过扩展实现 ToTokens 接口的类型

类　　型	说　　明
Int64/Int32/Int16/Int8	内置类型
UInt64/UInt32/UInt16/UInt8	内置类型
Float64/Float32/Float16	内置类型
Bool	内置类型
Rune	内置类型
String	定义在 core 包中
Array<T>	定义在 core 包中，T 可以是数值、Bool、Rune 或 String 等类型
ArrayList<T>	定义在 collection 包中，T 可以是 Node、Decl、TypeNode 等类型
Token	定义在 ast 包中
Tokens	定义在 ast 包中

下面的示例代码通过 quote 表达式创建了 Tokens 对象。

```
from std import ast.*

main() {
    var leftExpr = 2
    var rightExpr = 3
    var tokens = quote($(leftExpr) + $rightExpr)
    println(tokens)  // 输出：2 + 3
}
```

113

```
    leftExpr = 4
    rightExpr = 6
    tokens = quote($leftExpr * $rightExpr)
    println(tokens)   // 输出：4 * 6
}
```

一般情况下，"$"之后的表达式需要使用"()"括起来，如示例代码中的"$(leftExpr)"。但是**当"()"内是单个标识符时，圆括号可以省略**，例如，示例代码中的"$leftExpr"和"$rightExpr"。实际上，"quote($expr)"即是"expr.toTokens()"的语法糖。

需要注意的是，在省略圆括号的情况下，"$"只作用于紧跟它的第一个标识符。具体示例如代码清单 3-3 所示。

代码清单 3-3　quote_expression.cj

```
01  from std import ast.*
02
03  struct TestBinaryExpr <: ToTokens {
04      var leftExpr: Int64
05      var rightExpr: Int64
06      var binaryOperator: TokenKind
07
08      init(leftExpr: Int64, rightExpr: Int64, binaryOperator: TokenKind) {
09          this.leftExpr = leftExpr
10          this.rightExpr = rightExpr
11          this.binaryOperator = binaryOperator
12      }
13
14      public func toTokens() {
15          // 亦可写作 leftExpr.toTokens() + Token(binaryOperator) + rightExpr.toTokens()
16          quote($leftExpr) + Token(binaryOperator) + quote($rightExpr)
17      }
18  }
19
20  main() {
21      let testBinaryExpr = TestBinaryExpr(2, 3, ADD)
22
23      let tokens1 = quote($testBinaryExpr)
24      println(tokens1)
25
26      let tokens2 = quote($(testBinaryExpr))
27      println(tokens2)
28
29      let tokens3 = quote($testBinaryExpr.leftExpr)
30      println(tokens3)
31
32      let tokens4 = quote($(testBinaryExpr.leftExpr))
33      println(tokens4)
34  }
```

编译并执行以上程序，输出结果如下：

```
2 + 3
2 + 3
2 + 3 . leftExpr
2
```

在 main 中，使用了 4 个 quote 表达式（第 23、26、29、32 行）。其中，以下 2 个表达式得到的 Tokens 对象是相同的：

```
quote($testBinaryExpr)
quote($(testBinaryExpr))
```

而以下 2 个表达式得到的 Tokens 对象是不同的：

```
quote($testBinaryExpr.leftExpr)
quote($(testBinaryExpr.leftExpr))
```

tokens3 和 tokens4 对应的 Tokens 对象如图 3-6 所示。

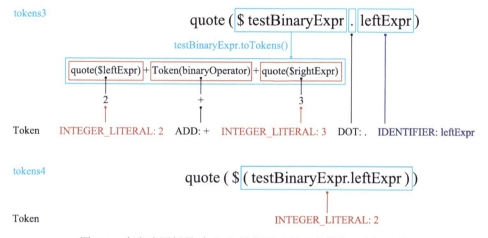

图 3-6　在省略圆括号时"$"只作用于紧跟它的第一个标识符

在表达式 quote($testBinaryExpr.leftExpr) 中，"$"只作用于紧跟它的 testBinaryExpr，在 testBinaryExpr 之后的"."和"leftExpr"均被解释为 Token。

3.4　AST 节点

前面介绍了 Tokens 类型以及创建 Tokens 对象的方法，仓颉宏定义的本质就是 Tokens 到 Tokens 的转换规则（或者说源代码到源代码的转换规则）。

虽然并非所有宏都涉及对抽象语法树（以下简称 AST）的操作，但通过宏操作 AST 是一个常规操作。在宏定义中，宏输入是 Tokens 对象，它本质上是源代码的一个语法表示；将宏输入的 Tokens 对象解析为 AST 节点对象，然后对这个对象进行各种操作；在操作完成之后，将修改过后的 AST 节点对象再转换为 Tokens 对象，得到宏输出。

在 ast 包中，定义了当前仓颉编译器所使用的 AST 节点类型，图 3-7 展示了一些 AST 节点类型（如需了解更多内容请参考仓颉库文档）。

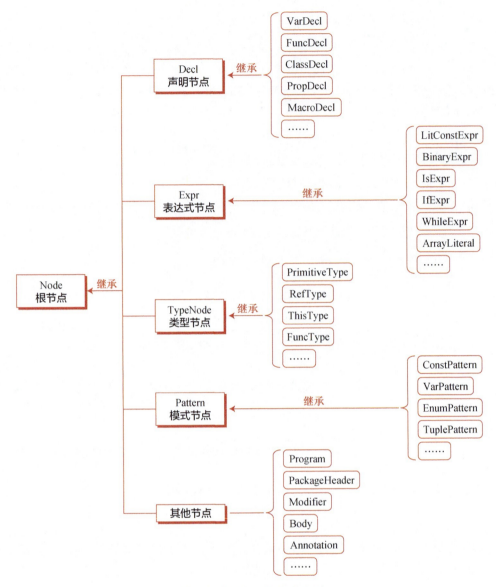

图 3-7　部分 AST 节点类型

Node 类型是所有 AST 节点的根节点，是所有其他 AST 节点类型的直接或间接父类。该类型的定义如下：

```
sealed abstract class Node <: ToTokens {
    public func toTokens(): Tokens
    public func traverse(v: Visitor): Unit
    public func dump(): Unit

    // 其他成员略
}
```

由于 Node 类型实现了 ToTokens 接口，并且提供了 dump 函数，因此所有 AST 节点类型都可以调用 toTokens 函数和 dump 函数。

在 Node 类型的子类型中，Decl 类型是所有声明节点的根节点，它提供了所有声明节点的通用接口。变量定义（VarDecl）、函数定义（FuncDecl）、类定义（ClassDecl）、扩展定义（ExtendDecl）、宏定义（MacroDecl）等都是 Decl 类型的子类型。Expr 类型是所有表达式节点的根节点。例如，BinaryExpr 表示二元表达式的语法结构对应的 AST 节点类型，ForInExpr 表示 for-in 表达式的语法结构对应的 AST 节点类型，这些节点类型都是 Expr 类型的子类型。TypeNode 类型是所有类型节点的根节点，例如，PrimitiveType 表示基本类型节点，RefType 表示自定义类型节点。Pattern 类型表示所有模式匹配节点的根节点。

3.4.1 Tokens 与 AST 节点类型的互相转换

如前所述，所有 AST 节点类型都已直接或间接实现了 ToTokens 接口，因此可以通过调用 toTokens 函数将 AST 节点对象转换为 Tokens 对象。另外，因为 quote($expr) 是 expr.toTokens() 的语法糖，所以以上转换也可以通过 quote 表达式实现。

如需将 Tokens 对象转换为 AST 节点对象，可以使用定义在 ast 包中的一系列以 parse 作为开头命名的函数（以下简称"parse"函数）。下面给出两个"parse"函数的定义作为示例：

```
// 返回一个Decl类型的AST节点对象
public func parseDecl(input: Tokens, astKind !: String = ""): Decl

// 返回一个Expr类型的AST节点对象
public func parseExpr(input: Tokens): Expr
```

在调用"parse"函数时，如果传入的 Tokens 对象无法被转换为 AST 节点对象，那么程序将会报错。

下面的示例代码演示了如何通过 toTokens 函数和 parseDecl 函数对 Tokens 与 AST 节点类型进行互相转换：

```
from std import ast.*

main() {
    // 创建Tokens对象tokens
    let tokens = quote(var num = 2 + 3)

    try {
        // 调用parseDecl函数将tokens转换为Decl对象
        let decl = parseDecl(tokens)

        // 使用is操作符判断decl的类型
        println(decl is Decl)

        // 调用toTokens函数将decl转换为Tokens对象并输出
        println(decl.toTokens())
    } catch (e: ParseASTException | IllegalArgumentException) {
        println("输入的Tokens无法被构造为Decl节点")
    }
}
```

编译并执行以上示例代码，输出结果如下：

```
true
var num = 2 + 3
```

另外，也可以通过某些 AST 节点类型的构造函数将 Tokens 构造为 AST 节点。例如，可以直接通过 VarDecl 类型的构造函数构造 VarDecl 节点（见 3.4.2 节）。修改上面的示例，修改过后的代码如下：

```
from std import ast.*

main() {
    // 创建Tokens对象tokens
    let tokens = quote(var num = 2 + 3)

    try {
        // 通过构造函数构造VarDecl节点对象
        let varDecl = VarDecl(tokens)

        // 使用is操作符判断varDecl的类型
        println(varDecl is Decl)
        println(varDecl is VarDecl)

        // 调用toTokens函数将varDecl转换为Tokens对象并输出
        println(varDecl.toTokens())
    } catch (e: ASTException | IllegalArgumentException) {
        println("输入的Tokens无法被构造为VarDecl节点")
    }
}
```

编译并执行以上示例代码，输出结果如下：

```
true
true
var num = 2 + 3
```

Tokens 与 AST 节点类型互相转换的方式如图 3-8 所示。

图 3-8　Tokens 和 AST 类型的互相转换

3.4.2　AST 节点操作

接下来介绍如何对 AST 节点对象进行各种访问操作。下面以 BinaryExpr、Decl、VarDecl、FuncDecl 和 ClassDecl 为例，来说明如何访问 AST 节点。

1. BinaryExpr

BinaryExpr 表示二元表达式节点，该类继承了 Expr 类。相关类型的定义如下：

```
public open class Expr <: Node {}

public class BinaryExpr <: Expr {
    // 构造函数
    public init()
    public init(input: Tokens)

    public mut prop leftExpr: Expr   // 操作符左侧的表达式节点
    public mut prop op: Token   // 二元操作符
    public mut prop rightExpr: Expr   // 操作符右侧的表达式节点
}
```

先看一个简单的二元表达式的例子。代码如下：

```
from std import ast.*

main() {
    let tokens = quote(1 + 2)
    let expr = parseExpr(tokens)   // 调用 parseExpr 函数将 tokens 转换为 Expr 对象

    // 通过 is 操作符判断 expr 的类型
    if (expr is BinaryExpr) {
        // 通过 as 操作符将 expr 向下转型为 BinaryExpr
        let binExpr = (expr as BinaryExpr).getOrThrow()

        // 二元操作符
        binExpr.op.dump()

        // 操作符两侧的表达式节点
        binExpr.leftExpr.dump()
        binExpr.rightExpr.dump()
    }
}
```

上面的示例代码先调用 parseExpr 函数将 tokens 转换为 Expr 对象，然后再结合 is 和 as 操作符得到 BinaryExpr 对象，这也是一种获得 AST 节点的方式。

编译并执行以上代码，输出结果如下：

```
description: add, token_id: 12, token_literal_value: +, fileID: 1, line: 4, column: 26
LitConstExpr {
  -literal: Token {
    value: "1"
    kind: INTEGER_LITERAL
    pos: 4: 24
  }
}
LitConstExpr {
  -literal: Token {
    value: "2"
    kind: INTEGER_LITERAL
    pos: 4: 28
  }
}
```

以上示例代码中的 BinaryExpr 节点的各个组成部分如图 3-9 所示。

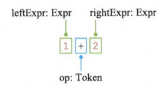

图 3-9　BinaryExpr 节点的各个组成部分

这个 BinaryExpr 节点的 leftExpr 和 rightExpr 均为 LitConstExpr。LitConstExpr 表示字面量表达式节点，例如，源代码中的数值字面量 123、字符串字面量 "abc" 均会被解析为 LitConstExpr 节点。LitConstExpr 类的定义如下：

```
public class LitConstExpr <: Expr {
    // 构造函数
    public init()
    public init(input: Tokens)

    public mut prop literal: Token  // 节点中的字面量
}
```

在了解了 BinaryExpr 节点的构成之后，我们可以尝试对其进行修改操作。例如，将上面示例中的操作符 "+" 改为 "-"，将左操作数 1 改为 10。修改过后的示例代码如下：

```
from std import ast.*

main() {
    let tokens = quote(1 + 2)
    let expr = parseExpr(tokens)  // 调用 parseExpr 函数将 tokens 转换为 Expr 对象

    // 通过 is 操作符判断 expr 的类型
    if (expr is BinaryExpr) {
        // 通过 as 操作符将 expr 向下转型为 BinaryExpr
        let binExpr = (expr as BinaryExpr).getOrThrow()

        // 修改二元操作符
        binExpr.op = Token(SUB)

        // 修改操作符左侧的表达式节点
        binExpr.leftExpr = parseExpr(quote(10))

        // 输出修改过后的二元表达式
        println(binExpr.toTokens())  // 输出：10 - 2
    }
}
```

下面看一个复杂一点的表达式：

```
1 + 2 + 3
```

对于以上表达式，编译器在将其解析为 AST 节点时，大致分为词法分析和语法分析两个步骤。

在词法分析阶段，示例表达式将被分解为一系列 Token：数字字面量 1、操作符 "+"、数字字面量 2、操作符 "+" 和数字字面量 3，如图 3-10 所示。

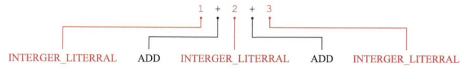

图 3-10　示例表达式的词法分析

在语法分析阶段，词法分析阶段得到的 Token 序列被组织成 AST。对于没有圆括号的表达式，其 AST 会根据操作符的优先级和结合性来构建。因为操作符 "+" 是左结合的，所以当有多个加法操作连续出现时，按照从左到右的顺序进行运算。

首先，语法分析器（编译器的一个组件）识别出 "1 + 2" 是最左侧的操作，并将其作为一个独立单元处理。这个单元构成了 AST 的一个节点，其中 "+" 是父节点，"1" 和 "2" 是 2 个子节点。接下来，分析器识别到另一个加法操作 "+ 3"，将上一个步骤的结果（"1 + 2"）作为新的二元表达式的左侧，"3" 作为右侧，构造出整个表达式的 AST。最终的 AST 如图 3-11 所示。

图 3-11　示例表达式的 AST

我们可以通过编写代码来查看示例表达式的 AST 构成。示例代码如下：

```
from std import ast.*

main() {
    let tokens = quote(1 + 2 + 3)
    let binExpr0 = BinaryExpr(tokens)

    binExpr0.leftExpr.dump()
    binExpr0.rightExpr.dump()
}
```

编译并执行以上代码，输出结果如下：

```
BinaryExpr {
  -leftExpr: LitConstExpr {
   -literal: Token {
     value: "1"
     kind: INTEGER_LITERAL
     pos: 4: 24
   }
```

```
      }
    -op: Token {
      value: "+"
      kind: ADD
      pos: 4: 26
    }
    -rightExpr: LitConstExpr {
      -literal: Token {
        value: "2"
        kind: INTEGER_LITERAL
        pos: 4: 28
      }
    }
  }
}
LitConstExpr {
  -literal: Token {
    value: "3"
    kind: INTEGER_LITERAL
    pos: 4: 32
  }
}
```

如需进一步查看上面示例中 binExpr0 的 leftExpr 对应的二元表达式，需要注意进行类型转换。因为 BinaryExpr 的 leftExpr 属性是 Expr 类型，所以必须要先将 binExpr0.leftExpr 向下转换为 BinaryExpr 类型，才可以进一步查看其属性。修改上面的示例，修改过后的示例代码如下：

```
from std import ast.*

main() {
    let tokens = quote(1 + 2 + 3)
    let binExpr0 = BinaryExpr(tokens)

    // 查看binExpr0.leftExpr对应的BinaryExpr节点
    if (let Some(binExpr1) <- binExpr0.leftExpr as BinaryExpr) {
        binExpr1.leftExpr.dump()
        binExpr1.rightExpr.dump()
    }
}
```

编译并执行以上代码，输出结果如下：

```
LitConstExpr {
  -literal: Token {
    value: "1"
    kind: INTEGER_LITERAL
    pos: 4: 24
  }
}
LitConstExpr {
  -literal: Token {
```

```
        value: "2"
        kind: INTEGER_LITERAL
        pos: 4: 28
    }
}
```

通过以上示例我们了解了如何访问 BinaryExpr 节点，对于其他类型的表达式节点，它们的访问操作也是类似的。

2. Decl 节点

Decl 类的定义如下：

```
public open class Decl <: Node {
    public mut prop modifiers: ArrayList<Modifier>  // 修饰符
    public mut prop keyword: Token   // 定义关键字
    public open mut prop identifier: Token   // 标识符
    public func hasAttr(attr: String): Bool  // 判断节点是否具有某个属性
    public func getAttrs(): Tokens  // 获取节点属性

    // 其他成员略
}
```

注：函数 getAttrs 和 hasAttr 的用法见 3.7 节内置宏的相关内容。

下面的示例代码通过 quote 表达式创建了一个 Tokens 对象，并通过 parseDecl 函数将 Tokens 对象转换为一个 Decl 对象，然后获取了该 Decl 对象的一些属性。代码如下：

```
from std import ast.*

main() {
    let tokens = quote(
        public static func testDecl() {
            println("这是一个函数声明")
        }
    )
    let decl = parseDecl(tokens)

    // 获取修饰符
    for (modifier in decl.modifiers) {
        modifier.dump()
    }

    // 获取定义关键字
    decl.keyword.dump()

    // 获取标识符
    decl.identifier.dump()
}
```

编译并执行以上代码，输出结果如下：

```
Modifier {
  -keyword: Token {
    value: "public"
    kind: PUBLIC
    pos: 5: 9
  }
}
Modifier {
  -keyword: Token {
    value: "static"
    kind: STATIC
    pos: 5: 16
  }
}
description: func, token_id: 88, token_literal_value: func, fileID: 1, line: 5, column: 23
description: identifier, token_id: 138, token_literal_value: testDecl, fileID: 1, line: 5,
column: 28
```

Decl 类型的属性 keyword 和 identifier 都是 Token 类型，而属性 modifiers 是一个 Modifier 类型的动态数组。Modifier 类型是表示修饰符的 AST 节点类型，其定义如下：

```
public class Modifier <: Node {
    // 构造函数
    public init()
    public init(keyword: Token)

    // 节点中的修饰符
    public mut prop keyword: Token

    // 其他成员略
}
```

对于上面的示例代码，如果要统一输出的形式，可以将 for-in 表达式中的代码修改为：

```
modifier.keyword.dump()
```

这样，最终的输出结果将为：

```
description: public, token_id: 121, token_literal_value: public, fileID: 1, line: 5,
column: 9
description: static, token_id: 120, token_literal_value: static, fileID: 1, line: 5,
column: 16
description: func, token_id: 88, token_literal_value: func, fileID: 1, line: 5, column: 23
description: identifier, token_id: 138, token_literal_value: testDecl, fileID: 1, line: 5,
column: 28
```

对于 Decl 对象的 modifiers 属性，可以像对普通动态数组一样进行各种增删改查操作。例如，我们可以修改上面的示例代码，去掉 decl 中指定的修饰符 static，并将修改过后的 decl 转换为 Tokens 输出。修改过后的示例代码如下：

```
from std import ast.*

main() {
```

```
    let tokens = quote(
        public static func testDecl() {
            println("这是一个函数声明")
        }
    )
    let decl = parseDecl(tokens)

    // 调用ArrayList的removeIf函数删除符合条件的修饰符
    decl.modifiers.removeIf {modifier => modifier.keyword.value == "static"}

    println(decl.toTokens())
}
```

编译并执行以上代码，输出结果如下：

```
public func testDecl() {
    println("这是一个函数声明")
}
```

3. VarDecl 节点

VarDecl 类表示变量声明对应的 AST 节点，该类继承了 Decl 类，其定义如下：

```
public class VarDecl <: Decl {
    // 构造函数
    public init()
    public init(inputs: Tokens)

    public mut prop colon: Token    // 冒号，对于未声明类型的变量为空的 Token
    public mut prop declType: TypeNode  // 变量类型
    public mut prop assign: Token   // 赋值操作符，对于未赋初始值的变量为空的 Token
    public mut prop expr: Expr      // 变量的初始化表达式

    // 其他成员略
}
```

以下示例演示了如何获取一个 VarDecl 对象的各个组成部分。代码如下：

```
from std import ast.*

main() {
    let tokens = quote(public static var num: Int8 = 10)
    let varDecl = VarDecl(tokens)

    // 获取修饰符
    println("修饰符：")
    for (modifier in varDecl.modifiers) {
        println("\t${modifier.keyword.value}")
    }

    // 获取定义关键字
    println("\n定义关键字：${varDecl.keyword.value}")

    // 获取变量名
```

```
    println("\n变量名：${varDecl.identifier.value}")

    // 获取类型
    println("\n变量类型：")
    varDecl.declType.dump()

    // 获取初始值
    println("\n初始值：")
    varDecl.expr.dump()
}
```

编译并执行以上代码，输出结果如下：

```
修饰符：
        public
        static

定义关键字：var

变量名：num

变量类型：
PrimitiveType {
  -keyword: Token {
    value: "Int8"
    kind: INT8
    pos: 4: 47
  }
}

初始值：
LitConstExpr {
  -literal: Token {
    value: "10"
    kind: INTEGER_LITERAL
    pos: 4: 54
  }
}
```

以上示例代码中的 VarDecl 对象的各个组成部分如图 3-12 所示。

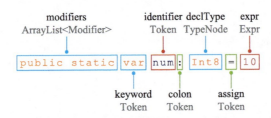

图 3-12 VarDecl 对象的各个组成部分

在获取 VarDecl 对象的属性 declType 和 expr 时，可能会抛出异常 ASTException。

如果 VarDecl 对象未声明变量类型，那么该对象的 colon 属性值为空的 Token（kind 为 TokenKind.ILLEGAL），试图获取 declType 属性时会抛出异常 ASTException。如果 VarDecl 对象未赋初始值，那么该对象的 assign 属性值为空的 Token，试图获取 expr 属性时会抛出异常 ASTException。举例如下：

```
from std import ast.*

main() {
    let tokens = quote(public static var num: Int8)   // 未赋初始值
    let varDecl = VarDecl(tokens)

    try {
        varDecl.expr.dump()   // 尝试获取expr属性
    } catch (e: ASTException) {
        e.printStackTrace()
    }
}
```

编译并执行以上代码，输出的异常信息如下：

```
An exception has occurred:
ASTException: Current VarDecl has not be initialized
```

下面的示例代码利用已有的变量声明构造了另一个变量声明。新的变量声明的修饰符和变量类型同原声明保持一致，但新的变量声明使用关键字 let 定义，并指定了新的标识符和初始值。代码如下：

```
from std import ast.*

main() {
    let tokens = quote(public var num1: Int8)
    let varDecl1 = VarDecl(tokens)
    println(varDecl1.toTokens())

    let varDecl2 = VarDecl()   // 构造一个空的VarDecl节点

    // varDecl2的修饰符和类型同varDecl1保持一致
    varDecl2.modifiers = varDecl1.modifiers

    if (varDecl1.colon.kind != ILLEGAL) {
        // 确认varDecl1有声明类型之后对varDecl2的colon和declType属性赋值，避免抛出异常
        varDecl2.colon = Token(COLON)
        varDecl2.declType = varDecl1.declType
    }

    // varDecl2使用关键字let定义
    varDecl2.keyword = Token(LET)

    // 为varDecl2指定标识符
```

```
        varDecl2.identifier = Token(IDENTIFIER, "num2")

        // 为varDecl2指定赋值号和初始值
        varDecl2.assign = Token(ASSIGN)
        varDecl2.expr = parseExpr(10.toTokens())

        println(varDecl2.toTokens())
}
```

编译并执行以上代码，输出结果如下：

```
 public var num1 : Int8

 public let num2 : Int8 = 10
```

注意，因为 varDecl2 开始时是一个空的 VarDecl 对象，所以必须要为 varDecl2 的属性 colon 和 assign 指定相应的 Token 值，否则这 2 个属性值将为空的 Token。如果删除上面示例中的以下两行代码：

```
 varDecl2.colon = Token(COLON)    // 为varDecl2的colon属性赋值

 varDecl2.assign = Token(ASSIGN)   // 为varDecl2的assign属性赋值
```

那么 varDecl2.toTokens() 的结果将为：

```
 public let num2 Int8 10
```

4. FuncDecl 节点

FuncDecl 类表示函数声明对应的 AST 节点，该类继承了 Decl 类，其定义如下：

```
public class FuncDecl <: Decl {
    // 构造函数
    public init()
    public init(inputs: Tokens)

    public mut prop overloadOp: Tokens   // 重载操作符
    public mut prop lParen: Token   // 左圆括号
    public mut prop funcParams: ArrayList<FuncParam>   // 参数列表
    public mut prop rParen: Token   // 右圆括号
    public mut prop colon: Token   // 冒号，可能为空的Token
    public mut prop declType: TypeNode   // 函数返回值类型
    public mut prop block: Block   // 函数体

    // 其他成员略
}
```

对于以下函数声明：

```
public func test(a: Int64, b: Int64): Unit {
    println("这是一个测试函数")
}
```

其对应的 FuncDecl 节点的各个组成部分如图 3-13 所示。

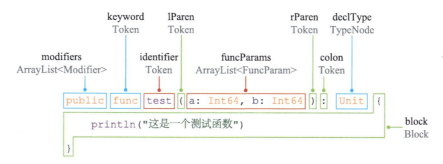

图 3-13　FuncDecl 节点的各个组成部分

FuncDecl 的成员属性 colon 和 declType 与 VarDecl 相似，如果函数声明时未显式声明函数返回值类型，则 colon 属性为空的 Token，尝试获取 declType 属性时会抛出异常 ASTException。

关于 FuncDecl，我们主要介绍一下参数列表和函数体。

- **参数列表**。FuncDecl 的 funcParams 属性表示函数的参数列表，其类型为 ArrayList< FuncParam>。FuncParam 类是表示函数参数的 AST 节点类型，该类继承了 Decl 类，其定义如下：

```
public class FuncParam <: Decl {
    // 构造函数
    public init()
    public init(inputs: Tokens)

    public mut prop not: Token        // 命名形参中的 "!"，可能为空的Token
    public mut prop colon: Token      // 冒号
    public mut prop paramType: TypeNode  // 参数类型
    public mut prop assign: Token     // 赋值操作符，可能为空的Token
    public mut prop expr: Expr        // 参数默认值，可能为空的Token
    public func isMemberParam: Bool   // 判断是否是主构造函数中的成员变量参数

    // 其他成员略
}
```

下面的示例代码演示了如何查看一个函数参数声明的各个组成部分。代码如下：

```
from std import ast.*

main() {
    let tokens = quote(
        func test(param!: Int64 = 10) {
            println("这是一个函数声明")
        }
    )
    let funcDecl = FuncDecl(tokens)
    let funcParam = funcDecl.funcParams[0]   // 获取函数唯一的参数

    // 获取参数名
    println("参数名:${funcParam.identifier.value}")
```

```
// 获取参数类型
println("参数类型：${funcParam.paramType.toTokens()}")

// 是否是命名参数，记录在变量 isNamedParam 中，以便获取默认值时使用
let isNamedParam = (funcParam.not.value == "!")
print("命名参数：")
if (isNamedParam) {
    println("是")
} else {
    println("否")
}

// 如果是命名参数，尝试获取默认值
if (isNamedParam) {
    // 是否有默认值
    if (funcParam.colon.value == ":") {
        // 获取默认值
        println("默认值：${funcParam.expr.toTokens()}")
    }
}
}
```

编译并执行以上代码，输出结果如下：

```
参数名：param
参数类型：Int64
命名参数：是
默认值：10
```

以上示例中 FuncParam 的各个组成部分如图 3-14 所示。

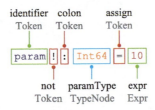

图 3-14　FuncParam 的各个组成部分

再看一个遍历函数参数列表的例子。代码如下：

```
from std import ast.*

main() {
    let tokens = quote(
        func test(a: Int64, b!: String, c!: String = "ok") {
            println("这是一个函数声明")
        }
    )
    let funcDecl = FuncDecl(tokens)
```

```
    // 遍历参数列表中的参数
    for (funcParam in funcDecl.funcParams) {
        println(funcParam.toTokens())
    }
}
```

编译并执行以上代码，输出结果如下：

```
a: Int64,
b!: String,
c!: String = "ok"
```

通过 funcDecl.funcParams 获得的是函数参数（FuncParam 对象）组成的动态数组，因此可以直接使用 for-in 表达式遍历该动态数组。下面继续修改上面的示例代码，尝试修改一个函数的参数列表，将参数 b 改为非命名参数，类型修改为 Int64。代码如下：

```
from std import ast.*

main() {
    let tokens = quote(
        func test(a: Int64, b!: String, c!: String = "ok") {
            println("这是一个函数声明")
        }
    )
    let funcDecl = FuncDecl(tokens)

    // 修改参数b
    for (index in 0..funcDecl.funcParams.size) {
        if (funcDecl.funcParams[index].identifier.value == "b") {
            funcDecl.funcParams[index].not = Token(ILLEGAL)
            funcDecl.funcParams[index].paramType = PrimitiveType(quote(Int64))
        }
    }

    println(funcDecl.toTokens())
}
```

编译并执行以上代码，输出结果如下：

```
func test(a: Int64, b: Int64, c!: String = "ok") {
    println("这是一个函数声明")
}
```

以上示例代码中使用到的 PrimitiveType 类型，表示基本类型节点。相关类型的定义如下：

```
public open class TypeNode <: Node {
    // 成员略
}

public class PrimitiveType <: TypeNode {
    // 构造函数
    public init()
```

```
    public init(input: Tokens)

    // 基本类型关键字对应的Token
    public mut prop keyword: Token
}
```

- **函数体**。FuncDecl 的 block 属性表示函数体，其类型为 Block。Block 类是表示"块"的 AST 节点类型，块是由一对匹配的花括号及其中可选的声明和表达式序列组成的结构。Block 类继承了 Expr 类，其定义如下：

```
public class Block <: Expr {
    // 构造函数
    public init()

    public mut prop lBrace: Token   // 左花括号
    public mut prop nodes: ArrayList<Node>   // 可选的声明或表达式序列
    public mut prop rBrace: Token   // 右花括号
}
```

对于 FuncDecl 来说，Block 节点的 nodes 属性即是函数体中的声明或表达式（Node 对象）组成的动态数组。

以下示例代码演示了如何获取并遍历函数体中的 Node 对象：

```
from std import ast.*

// 获取函数体并遍历其中的Node对象
func getFuncBody(funcDecl: FuncDecl) {
    let funcBody = funcDecl.block.nodes

    // 使用for-in表达式遍历ArrayList<Node>类型的funcBody
    for (node in funcBody) {
        println(node.toTokens())
    }
}

main() {
    let tokens = quote(
        public func calc(a: Int64, b: Int64) {
            let sum = a + b
            println("和: ${sum}")

            let difference = a - b
            println("差: ${difference}")

            let product = a * b
            println("积: ${product}")

            if (b != 0) {
                let quotient = a / b
                println("商: ${quotient}")
            }
```

```
        }
    )
    let funcDecl = FuncDecl(tokens)

    // 调用函数 getFuncBody 获取 funcDecl 的函数体
    getFuncBody(funcDecl)
}
```

编译并执行以上代码，输出结果如下：

```
let sum = a + b

println("和: ${sum}")
let difference = a - b

println("差: ${difference}")
let product = a * b

println("积: ${product}")
if(b != 0) {
    let quotient = a / b
    println("商: ${quotient}")
}
```

如需对 Node 对象进行其他操作，可以结合使用 is 和 as 操作符对 Node 对象进行类型判断和转换，然后再进行进一步操作。例如，我们可以将以上示例代码中的函数 getFuncBody 修改一下，使其遍历 Node 对象时只输出变量声明。因为在这个例子中只需要进行类型判断，所以只需要使用 is 操作符即可。修改过后的函数 getFuncBody 的代码如下：

```
func getFuncBody(funcDecl: FuncDecl) {
    let funcBody = funcDecl.block.nodes

    for (node in funcBody) {
        // 使用 is 操作符进行类型判断
        if (node is VarDecl) {
            println(node.toTokens())
        }
    }
}
```

再次编译并执行示例代码，输出结果如下：

```
let sum = a + b

let difference = a - b

let product = a * b
```

5. ClassDecl 节点

ClassDecl 类表示类声明对应的 AST 节点，该类继承了 Decl 类，相关类型的定义如下：

```
public class ClassDecl <: Decl {
    // 构造函数
    public init()
    public init(inputs: Tokens)

    public mut prop upperBound: Token    // 操作符 "<:"
    public mut prop superTypes: ArrayList<TypeNode>    // 父类或父接口
    public mut prop body: Body    // 类的定义体

    // 其他成员略
}

// Body类表示class类型、struct类型、interface类型以及扩展的定义体
public class Body <: Node {
    public init()    // 构造函数
    public mut prop lBrace: Token    // 左花括号
    public mut prop decls: ArrayList<Decl>    // 定义体内的声明节点集合
    public mut prop rBrace: Token    // 右花括号

    // 其他成员略
}
```

由于 ClassDecl 类继承了 Decl 类，因此可以通过 ClassDecl 类的属性 modifiers、keyword、identifier 等去获取 ClassDecl 节点的相应信息。关于 ClassDecl 我们主要介绍一下类的定义体。

ClassDecl 的 body 属性表示类的定义体，其类型为 Body。Body 类继承了 Node 类，表示自定义类型（除了 enum 类型）及扩展的定义体。通过 Body 类的 decls 属性，可以得到定义体中的各种成员声明节点的动态数组。举例如下：

```
from std import ast.*

main() {
    let tokens = quote(
        class Poem {
            var title: String
            var author: String

            init(title: String, author: String) {
                this.title = title
                this.author = author
            }

            func displayInfo() {
                println("作品名：${title} 作者：${author}")
            }
        }
    )
    let classDecl = ClassDecl(tokens)

    // 遍历类的定义体中的所有声明节点
```

```
    for (node in classDecl.body.decls) {
        if (node is VarDecl) {
            println("变量声明:\n${node.toTokens()}")
        }

        if (node is FuncDecl) {
            println("函数声明:\n${node.toTokens()}")
        }
    }
}
```

编译并执行以上代码，输出结果如下：

```
变量声明:
var title: String

变量声明:
var author: String

函数声明:
init(title: String, author: String) {
    this.title = title
    this.author = author
}

函数声明:
func displayInfo() {
    println("作品名:${title} 作者:${author}")
}
```

通过以上示例可知，函数名为 init 的构造函数也是 FuncDecl 节点。但是，FuncDecl 表示的函数声明中，包括普通构造函数，却不包括主构造函数。主构造函数对应的 AST 节点类型为 PrimaryCtorDecl，该类型的定义如下：

```
public class PrimaryCtorDecl <: Decl {
    // 构造函数
    public init()
    public init(inputs: Tokens)

    public mut prop lParen: Token    // 左圆括号
    public mut prop funcParams: ArrayList<FuncParam>    // 参数列表
    public mut prop rParen: Token    // 右圆括号
    public mut prop block: Block    // 函数体

    // 其他成员略
}
```

修改上面的示例代码，为 quote 表达式中的 Poem 类的定义添加一个主构造函数。继续修改 for-in 表达式，在遍历定义体的过程中，获取主构造函数和普通构造函数的相关信息。修改过后的示例代码如下：

135

```
from std import ast.*

main() {
    let tokens = quote(
        class Poem {
            Poem(var title: String, var author: String) {
                println("主构造函数")
            }

            init(title: String) {
                this.title = title
                this.author = "佚名"
            }

            func displayInfo() {
                println("作品名：${title} 作者：${author}")
            }
        }
    )
    let classDecl = ClassDecl(tokens)

    // 遍历类的定义体中的所有声明节点
    for (node in classDecl.body.decls) {
        // 主构造函数
        if (node is PrimaryCtorDecl) {
            let primaryCtorDecl = (node as PrimaryCtorDecl).getOrThrow()
            println("主构造函数：")
            println("\t函数名 \t${primaryCtorDecl.identifier.value}")
            println("\t参数列表 \n\t\t${primaryCtorDecl.funcParams.toTokens()}")

            // 参数列表中的成员变量参数
            println("\t参数列表中的成员变量参数")
            let params = primaryCtorDecl.funcParams
            for (param in params) {
                if (param.isMemberParam()) {
                    println("\t\t${param.identifier.value}")
                }
            }
        }

        if (node is FuncDecl) {
            let funcDecl = (node as FuncDecl).getOrThrow()
            // 普通构造函数
            if (funcDecl.identifier.value == "init") {
                println("普通构造函数：")
                println("\t函数名 \t${funcDecl.identifier.value}")
                println("\t参数列表 \n\t\t${funcDecl.funcParams.toTokens()}")
            }
        }
    }
}
```

编译并执行以上代码，输出结果如下：

```
主构造函数：
        函数名   Poem
        参数列表
                var title: String, var author: String
        参数列表中的成员变量参数
                title
                author
普通构造函数：
        函数名   init
        参数列表
                title: String
```

对于 Poem 类的主构造函数，其对应的 PrimaryCtorDecl 对象的主要组成部分如图 3-15 所示。

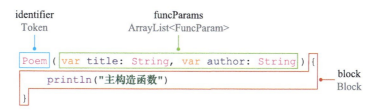

图 3-15　PrimaryCtorDecl 的组成部分

相对应地，其中的普通构造函数的主要组成部分如图 3-16 所示。

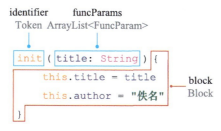

图 3-16　普通构造函数的组成部分

从构成来看，PrimaryCtorDecl 和 FuncDecl 的成员是很相似的，主要区别在于 PrimaryCtorDecl 没有 declType。

本节以 5 种 AST 节点为例介绍了如何对 AST 节点进行各种访问操作。以 ClassDecl 为例，一个 ClassDecl 对象的成员中，除了基本的修饰符、标识符等，最重要的部分是类的定义体。类的定义体中定义了类的各种成员，包括成员变量、构造函数、成员属性和成员函数，这些成员对应着各种 Decl 类型的节点，例如 VarDecl、FuncDecl 等。VarDecl 节点的 2 个重要属性 declType 和 expr 分别对应 TypeNode 节点和 Expr 节点。FuncDecl 节点的属性 declType、funcParams 和 block 的操作最终归于对 TypeNode、FuncParam 和 Block 类型的操作，而 FuncParam 和 Block 又分别继承自 Decl 和 Expr 类型。所有这些节点类型的根节点是 Node 类型。本节介绍的相关 AST 节点类型的关系示意图如图 3-17 所示。

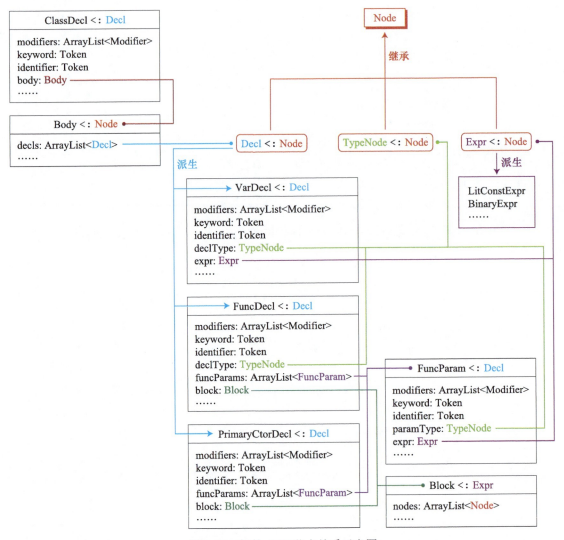

图 3-17　相关 AST 节点关系示意图

　　尽管本节只介绍了几种 AST 节点，但是所有 AST 节点的操作都是大同小异。只要了解了 AST 节点的构成，就可以轻而易举地拆解并访问节点的各个组成部分。

3.4.3　遍历 AST 节点

　　遍历 AST 在许多编程和软件开发的场景中都是很有用的操作，例如源代码的结构和语义的分析、自动化代码的生成和转换、代码优化、自动文档生成和代码格式化等。举一个具体的例子，假设一个团队正在开发一个应用，这个应用有很多 API 接口，随着项目的推进，手动维护 API 文档既困难又耗时，此时如果通过遍历每个 API 函数的 AST 来自动生成 API 文档，可以确保文档的准确性并能减轻开发团队的负担。

　　ast 包提供了一个抽象类 Visitor，在 Visitor 类中定义了以各种 AST 节点类型作为形参类型的一系列重载的 visit 函数。将 visit 函数与 Node 类型的 traverse 函数结合使用，可以实现对节点的访问和修改。相关类型的定义如下：

```
sealed abstract class Node <: ToTokens {
    public func traverse(v: Visitor): Unit

    // 其他成员略
}

public abstract class Visitor {
    public func breakTraverse(): Unit

    // 以各种AST节点类型作为形参类型的一系列重载的visit函数
    protected open func visit(_: Node): Unit
    protected open func visit(_: Expr): Unit
    protected open func visit(_: Decl): Unit
    protected open func visit(_: VarDecl): Unit
    protected open func visit(_: FuncDecl): Unit
    protected open func visit(_: ClassDecl): Unit
    // 其他visit函数略
}
```

这些 visit 函数的默认实现什么也不做。在 Visitor 类的子类中可以重写这些 visit 函数，在调用 traverse 函数遍历相应类型的节点时，对应参数类型的 visit 函数将会被执行。Visitor 的成员函数 breakTraverse 用于重写的 visit 函数中，当 breakTraverse 被调用时，子节点将不会被继续遍历；否则当前节点的子节点将会被继续遍历。

下面的示例程序遍历了一个 ClassDecl 对象，程序代码如代码清单 3-4 所示。

代码清单 3-4　traverse_ast_nodes.cj

```
01  from std import ast.*
02
03  class MyVisitor <: Visitor {
04      protected override func visit(funcDecl: FuncDecl) {
05          println("函数名:${funcDecl.identifier.value}")
06          breakTraverse()
07      }
08
09      protected override func visit(incOrDecExpr: IncOrDecExpr) {
10          println(incOrDecExpr.toTokens())
11      }
12  }
13
14  main() {
15      let tokens = quote(
16          class Test {
17              var a: Int64 = 10
18
19              func increaseA() {
20                  a++
21              }
22          }
```

```
23      )
24      let classDecl = ClassDecl(tokens)
25
26      classDecl.traverse(MyVisitor())    // 遍历 classDecl 对应的 AST 节点
27  }
```

编译并执行以上代码，输出结果如下：

> 函数名：increaseA

在示例程序中自定义了一个 Visitor 的子类 MyVisitor（第 3 ～ 12 行）。在 MyVisitor 类中，重写了函数 visit(funcDecl: FuncDecl) 和 visit(incOrDecExpr: IncOrDecExpr)，其中 IncOrDecExpr 表示自增自减表达式节点。

在 main 中，通过 ClassDecl 对象 classDecl 调用了 traverse 函数遍历了该节点。观察一下 Test 类的代码：

```
// ClassDecl
class Test {
    var a: Int64 = 10   // VarDecl

    // FuncDecl
    func increaseA() {
        a++   // IncOrDecExpr
    }
}
```

Test 类对应的 ClassDecl 节点的子节点有一个 VarDecl 和一个 FuncDecl，而 FuncDecl 有一个子节点 IncOrDecExpr。在遍历到 VarDecl 节点时，由于 MyVisitor 类中没有重写以 VarDecl 为形参类型的 visit 函数，因此程序什么也不做，继续遍历 FuncDecl 节点。在遍历到 FuncDecl 节点时，函数 visit(funcDecl: FuncDecl) 自动执行，输出了函数名，并通过 breakTraverse 函数终止了遍历操作（第 4 ～ 7 行）。最终程序的输出只有一行，就是函数名。

如果将程序调用 breakTraverse 函数的代码删除（第 6 行），那么程序的输出结果将为：

> 函数名：increaseA
> a ++

删除调用 breakTraverse 函数的代码之后，程序在遍历完 FuncDecl 节点之后，会继续遍历该节点的子节点，即 IncOrDecExpr 节点。此时，函数 visit(incOrDecExpr: IncOrDecExpr) 自动执行，输出了该节点对应的 Tokens（第 9 ～ 11 行）。

3.5　非属性宏和属性宏

在详细介绍了各种相关的数据类型和基础操作之后，我们终于可以正式开始学习仓颉宏的相关知识了。仓颉的宏分为两种：*非属性宏*和*属性宏*。非属性宏只有一个参数，表示被宏修饰的源代码；属性宏多了一个参数可以向宏传入额外的信息。无论是哪一种宏，其输入都是一段源代码，其输出也是一段源代码。

3.5.1 非属性宏

非属性宏定义的语法格式如下：

```
public macro 宏名(参数名: Tokens): Tokens {
    // 宏定义体
}
```

非属性宏调用的语法格式如下：

```
@宏名([代码块])
```

宏调用使用符号"@"。宏输入（被宏修饰的代码块）使用"()"括起来，可以是任意合法的源代码，也可以是空。另外，当被宏修饰的代码块属于表 3-3 所示的情况时，"()"可以省略。

表 3-3 被宏修饰时可以省略 "()" 的情形

被宏修饰的代码块类型	举 例
变量声明	@MacroName var num = 10
函数声明	@MacroName func funcName() {}
自定义类型的声明（class/struct/interface/enum）	@MacroName class C {}
属性声明	@MacroName mut prop propA: Int64 {}
扩展	@MacroName extend C <: I {}
宏调用	@Macro1 @Macro2(input)

下面看一个简单的非属性宏的例子。示例程序的工程目录结构如图 3-18 所示，程序代码如代码清单 3-5 和代码清单 3-6 所示。

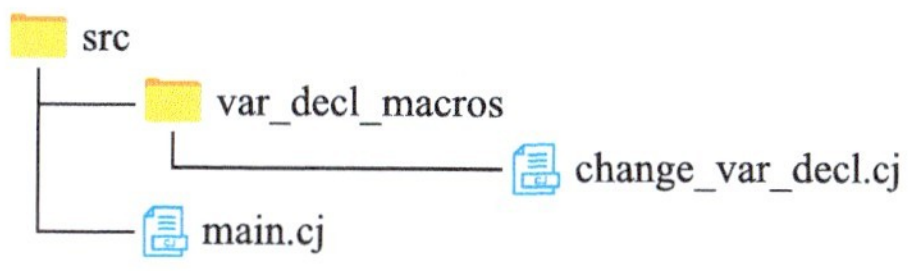

```
src
  └─ var_decl_macros
        └─ change_var_decl.cj
  └─ main.cj
```

图 3-18 示例程序的工程目录结构（一）

代码清单 3-5 change_var_decl.cj

```
01  macro package var_decl_macros
02
03  from std import ast.*
04
05  public macro ChangeVarDecl(input: Tokens) {
06      let varDecl = VarDecl(input)
07
08      // 如果变量是以 let 声明的，则改为以 var 声明
09      if (varDecl.keyword.value == "let") {
10          varDecl.keyword = Token(VAR)
11      }
12
13      varDecl.toTokens()    // 宏输出为 Tokens 类型
14  }
```

代码清单 3-6　main.cj

```
15  import var_decl_macros.ChangeVarDecl
16
17  main() {
18      @ChangeVarDecl let v1: String = "123"
19      v1 = "abc"
20      println(v1)   // 输出: abc
21
22      @ChangeVarDecl let v2 = 10
23      v2 = 20
24      println(v2)   // 输出: 20
25
26      @ChangeVarDecl let v3: Bool = false
27      v3 = true
28      println(v3)   // 输出: true
29  }
```

在示例程序中定义了一个非属性宏 ChangeVarDecl，其作用是将以 let 声明的变量修改为以 var 声明的变量。该宏的输入是一段表示变量声明的源代码（第 18、22、26 行），由于宏修饰的代码是变量声明，因此省略了宏调用时的 "()"。宏调用时的圆括号也可以不省略，例如第 18 行代码与以下代码是等效的：

```
@ChangeVarDecl(let v1: String = "123")
```

在宏 ChangeVarDecl 中，先将 input 转换为 VarDecl 对象 varDecl（第 6 行）。然后对 varDecl 的变量定义关键字进行判断，若该关键字是 let，则将其修改为 var（第 8 ～ 11 行）。最后将 varDecl 转换为 Tokens 类型并返回，结束宏调用（第 13 行）。

在宏被调用之后，宏输出的仍然是一段源代码。以上示例程序中的第 18、22 和 26 行代码被展开之后的代码如下：

```
// @ChangeVarDecl let v1: String = "123" 被展开为
var v1: String = "123"

// @ChangeVarDecl let v2 = 10 被展开为
var v2 = 10

// @ChangeVarDecl let v3: Bool = false 被展开为
var v3: Bool = false
```

通过这个例子可以看出，**宏的本质是源代码到源代码的转换规则**。需要注意的是，宏的输出可以是空的 Tokens 对象，但是如果该宏调用是其他表达式的一部分，编译将会报错，因为空的 Tokens 对象不能构成有效的表达式。

举例如下，在 src/my_macros/macro_definition.cj 中定义了一个宏 MyMacro，代码如下：

```
macro package my_macros

from std import ast.*

public macro MyMacro(input: Tokens) {
```

```
    Tokens()  // 该宏的输出是空的 Tokens 对象
}
```

在 src/main.cj 中调用了宏 MyMacro，代码如下：

```
import my_macros.MyMacro

main() {
    let x = @MyMacro(2 + 3)  // 编译错误
}
```

以上程序会编译报错，因为宏 MyMacro 的输出是空 Tokens 对象，而宏调用的输入是变量声明中表示初始值的表达式，宏输出的空 Tokens 对象并不是有效的表达式。

如前所述，宏的定义和调用不允许在同一个包中，故应遵循如下规则。

■ 宏定义必须使用 public 修饰，以便于宏被其他包调用。由于 Tokens 类型等都定义在标准库的 ast 包中，因此宏定义的文件中必须导入 ast 包中相关的 public 顶层声明。

■ 宏调用的文件中必须导入宏。在导入宏时，只需将宏当作普通的 public 顶层声明导入即可；在调用宏时，支持使用"包名.宏名"的方式。另外，也可以使用 import as 对宏（或宏所在的包）进行重命名，或使用 public import 对导入的宏进行重导出。

在编译并执行程序时，**必须先编译宏定义文件，再编译宏调用文件**。首先需要将宏定义的文件编译为动态链接库文件（*.dll），然后再将宏调用的文件编译为可执行文件（*.exe），最后再执行可执行文件。

示例程序的工程目录结构如图 3-19 所示，程序代码如代码清单 3-7 和代码清单 3-8 所示。

图 3-19　示例程序的工程目录结构（二）

代码清单 3-7　generate_ctor.cj

```
01  macro package class_decl_macros
02
03  from std import ast.*
04
05  public macro GenerateCtor(input: Tokens) {
06      let classDecl = ClassDecl(input)
07
08      // 要添加的构造函数
09      let tokens = quote(
10          public init(title: String) {
11              this.title = title
12              this.author = "佚名"
13          }
14      )
15      let overloadedCtor = FuncDecl(tokens)
16
```

```
17        // 添加构造函数到 classDecl 的定义体
18        classDecl.body.decls.append(overloadedCtor)
19
20        classDecl.toTokens()
21    }
```

代码清单 3-8 main.cj

```
22    import class_decl_macros.GenerateCtor
23
24    @GenerateCtor
25    public class Poem {
26        var title: String
27        var author: String
28
29        public init(title: String, author: String) {
30            this.title = title
31            this.author = author
32        }
33    }
34
35    main() {
36        let poem1 = Poem("梦游天姥吟留别", "李白")
37        println("作品名：${poem1.title} 作者：${poem1.author}")
38
39        let poem2 = Poem("金缕衣")
40        println("作品名：${poem2.title} 作者：${poem2.author}")
41    }
```

编译并执行以上代码，输出结果如下：

> 作品名：梦游天姥吟留别 作者：李白
> 作品名：金缕衣 作者：佚名

在示例程序中，定义了一个非属性宏 GenerateCtor，其作用是为 Poem 类添加一个重载的构造函数。在宏定义中，首先将 input 转换为 ClassDecl 对象 classDecl（第 6 行），接着利用 quote 表达式构造了要添加的构造函数的 Tokens 对象（第 9 ～ 14 行），并将该 Tokens 对象转换为 FuncDecl 对象（第 15 行），再将该 FuncDecl 对象添加到类的定义体中（第 18 行）。最后将修改过后的 ClassDecl 对象转换为 Tokens 类型返回。

该宏的输入是一个类的声明，输出是一个改造过的类的声明。在宏被调用时，宏被展开为输出的代码。在编译时，可以通过 debug 模式来查看宏展开后的代码。接下来以上面的示例程序为例，说明一下在 Windows 操作系统中如何使用 debug 模式查看宏被展开后的代码。

首先在代码编辑器中打开终端窗口，使用以下命令将宏定义文件 generate_ctor.cj 编译为动态链接库文件 lib-macro_class_decl_macros.dll：

```
cjc --compile-macro src/class_decl_macros/generate_ctor.cj
```

接着将宏调用文件 main.cj 编译为可执行文件 main.exe，在这个命令中，添加 "--debug-macro" 选项，即可使用 debug 模式：

```
cjc --debug-macro src/main.cj -o main.exe
```

在这个命令执行之后，除了得到可执行文件（*.exe），还会得到一个扩展名为 .macrocall 的文件（在本例中该文件的全名为 main.cj.macrocall），在代码编辑器中打开该文件即可查看宏被展开之后的代码。

注：如果宏调用的文件中不存在 main，就不能将宏调用文件编译为可执行文件，此时可以将宏调用文件编译为 dll 文件（将上面命令中的 main.exe 替换为 main.dll），这样也可以通过 debug 模式来查看宏被展开后的代码。

文件 main.cj.macrocall 中的代码如代码清单 3-9 所示，其中第 3 ～ 17 行即为 Poem 类展开之后的代码。

代码清单 3-9　main.cj.macrocall

```
01   import class_decl_macros.GenerateCtor
02
03   /* ===== Emitted by MacroCall @GenerateCtor in main.cj:3:1 ===== */
04   /* 3.1 */public class Poem {
05   /* 3.2 */    var title: String
06   /* 3.3 */    var author: String
07   /* 3.4 */    public init(title: String, author: String) {
08   /* 3.5 */        this.title = title
09   /* 3.6 */        this.author = author
10   /* 3.7 */    }
11   /* 3.8 */    public init(title: String) {
12   /* 3.9 */        this.title = title
13   /* 3.10 */        this.author = "佚名"
14   /* 3.11 */    }
15   /* 3.12 */}
16   /* 3.13 */
17   /* ===== End of the Emit ===== */
18
19   main() {
20       let poem1 = Poem("梦游天姥吟留别", "李白")
21       println("作品名：${poem1.title} 作者：${poem1.author}")
22
23       let poem2 = Poem("金缕衣")
24       println("作品名：${poem2.title} 作者：${poem2.author}")
25   }
```

在将 main.cj 编译为可执行文件时宏被展开，Poem 类的代码实际上变为代码清单 3-9 中的样子。在 main 中创建 Poem 类的对象 poem2 时（代码清单 3-8 第 39 行），只为 Poem 类的成员变量 title 传入了实参 "金缕衣"，而没有为 author 传入实参，此时程序自动调用刚刚通过宏 GenerateCtor 添加的重载的构造函数 init(title: String) 创建了对象 poem2，最后输出的 poem2 的作者信息为佚名。

3.5.2　属性宏

与非属性宏相比，属性宏增加了一个 Tokens 类型的参数，这个增加的参数使得我们可以向宏输入额外的信息。属性宏定义的语法格式如下：

```
public macro 宏名(参数1: Tokens, 参数2: Tokens): Tokens {
    // 宏定义体
}
```

其中，参数 1 是额外输入的信息（属性），参数 2 是被宏修饰的源代码。

注：在本章中使用的名词"属性（attribute）"指的是属性宏额外传入的信息，并非自定义类型的"成员属性（property）"。

属性宏调用的语法格式如下：

```
@宏名[参数1](参数2)
```

其中，参数 1 和参数 2 都可以为空。属性宏与非属性宏的调用是类似的，区别是增加的参数通过"[]"传入。注意，在属性宏的调用中，"[]"内只允许对中括号进行转义（\[或 \]），其他字符均不能转义。

下面看一个属性宏的示例。示例程序的工程目录结构如图 3-20 所示，程序代码如代码清单 3-10 和代码清单 3-11 所示。

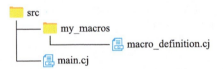

图 3-20　示例程序的工程目录结构（三）

代码清单 3-10　macro_definition.cj

```
01   macro package my_macros
02
03   from std import ast.*
04
05   public macro ChangeBinOp(attrs: Tokens, input: Tokens) {
06       if (attrs.size != 1) {
07           return input
08       }
09
10       let binExpr = BinaryExpr(input)
11       binExpr.op = attrs[0]   // 修改二元操作符
12       return binExpr.toTokens()
13   }
```

代码清单 3-11　main.cj

```
14   import my_macros.ChangeBinOp
15
16   main() {
17       var num: Int64
18
19       num = @ChangeBinOp[](2 + 3)
```

```
20        println(num)  // 输出: 5
21
22        num = @ChangeBinOp[*](2 + 3)
23        println(num)  // 输出: 6
24    }
```

在示例程序中，定义了一个属性宏 ChangeBinOp，其作用是替换输入的二元表达式中的二元操作符。在第 1 次宏调用中（第 19 行），没有传入属性，在第 2 次宏调用中（第 22 行），传入的属性为"*"，这 2 行代码展开之后的代码如下：

```
// num = @ChangeBinOp[](2 + 3) 被展开为
num = 2 + 3

// num = @ChangeBinOp[*](2 + 3) 被展开为
num = 2 * 3
```

再看一个例子。示例程序的工程目录结构如图 3-21 所示，程序代码如代码清单 3-12 和代码清单 3-13 所示。

图 3-21　示例程序的工程目录结构（四）

代码清单 3-12　logging_function_call.cj

```
01  macro package my_macros
02
03  from std import ast.*
04
05  // 调用时需要导入标准库 fs 包的 Path、File 和 OpenOption，以及 time 包的 DateTime
06  public macro LogFunctionCall(attrs: Tokens, input: Tokens) {
07      // 如果属性宏传入的属性为 true，则将函数被调用的时间写入日志文件，否则不写入日志
08      if (attrs.size != 1 || attrs[0].value != "true") {
09          return input
10      }
11
12      let funcDecl = FuncDecl(input)
13      quote(
14          func $(funcDecl.identifier) ($(funcDecl.funcParams)) {
15              let path = Path("./src/my_macros/log.txt")
16              try (file = File(path, CreateOrAppend)) {
17                  file.write("${DateTime.now()}\n".toArray())
18              }
19              $(funcDecl.block.nodes)
20          }
21      )
22  }
```

代码清单 3-13　main.cj

```
23    from std import fs.{Path, File, OpenOption}
24    from std import time.DateTime
25
26    import my_macros.LogFunctionCall
27
28    @LogFunctionCall[true]
29    func test() {
30        println("这是一个测试函数")
31    }
32
33    main() {
34        test()
35    }
```

编译并执行以上代码，输出结果如下：

> 这是一个测试函数

在程序被执行时，在目录 my_macros 下的 log.txt 中写入了函数被调用的时间戳。

在示例程序中，定义了一个属性宏 LogFunctionCall，其作用是当被该宏修饰的函数被调用时，就向日志文件 log.txt 中写入当前时间。在宏定义中，首先检查属性 attrs，如果传入的属性不为 "true"，则不做任何操作，直接返回 input（第 7 ～ 10 行）。

如果传入的属性为 "true"，则将 input 转换为 FuncDecl 对象 funcDecl（第 12 行）。这是为了改造 funcDecl，使其被调用时能够向日志文件中写入当前时间。第 28 ～ 31 行被展开之后的代码如下：

```
func test() {  // func $(funcDecl.identifier) ($(funcDecl.funcParams)) { 展开的代码
    let path = Path("./src/my_macros/log.txt")
    try (file = File(path, CreateOrAppend)) {
        file.write("${DateTime.now()}\n".toArray())
    }
    println("这是一个测试函数")   // $(funcDecl.block.nodes) 展开的代码
}
```

以上示例程序中使用到的 DateTime 类型是定义在标准库 time 包中表示日期时间的 struct 类型，通过 DateTime.now() 可以获取当前时间。

另外，在这个示例中，宏被展开之后使用了 fs 包和 time 包中的一些顶层声明（如 File、DateTime），这需要宏调用文件中导入相应的顶层声明（第 23、24 行）。对于这种调用时需要导入其他顶层声明的情况，在宏的定义中最好明确说明（第 5 行），以避免调用宏时出错。

3.6　嵌套宏

仓颉不允许在宏定义中定义宏，即宏的定义不可以嵌套；但是仓颉支持在宏定义和宏调用中调用宏。无论是在宏定义还是宏调用中进行宏调用，都必须要保证以下两点。

- 宏定义必须先于宏调用编译。
- 宏展开之后必须是合法的代码。

3.6.1　宏定义中的宏调用

下面先看一个简单的宏定义中进行宏调用的例子。示例程序的工程目录结构如图3-22所示。

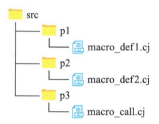

图 3-22　示例程序的工程目录结构（五）

代码如下：

macro_def1.cj

```
macro package p1

from std import ast.*

public macro Macro1(input: Tokens) {
    println("Macro1")

    quote(
        $input.keyword = Token(VAR)
    )
}
```

macro_def2.cj

```
macro package p2

from std import ast.*

import p1.Macro1

public macro Macro2(input: Tokens) {
    let varDecl = VarDecl(input)
    @Macro1(varDecl)  // 调用宏Macro1
    varDecl.expr = parseExpr(quote("图解仓颉编程"))

    println("Macro2")
    varDecl.toTokens()
}
```

macro_call.cj

```
package p3

import p2.Macro2

main() {
    @Macro2 let title = "Cangjie"   // 调用宏Macro2

    println(title)
}
```

在 main 中，调用了宏 Macro2，而在宏 Macro2 的定义中，调用了宏 Macro1。以上示例程序中的 3 个文件的编译顺序必须是：先将 macro_def1.cj 编译为 lib-macro_p1.dll，再将 lib-macro_p1.dll 连同 macro_def2.cj 一起编译为 lib-macro_p2.dll，然后将 lib-macro_p2.dll 连同 main.cj 一起编译为可执行文件 main.exe。整个编译过程及编译过程中产生的输出如图 3-23 所示。

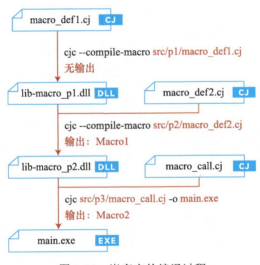

图 3-23　嵌套宏的编译过程

在将 macro_def1.cj 编译为 lib-macro_p1.dll 时，没有输出。在将 lib-macro_p1.dll 和 macro_def2.cj 一起编译为 lib-macro_p2.dll 时，宏 Macro1 被调用，由于宏是在编译期求值的，因此宏 Macro1 的定义体中的代码被立即执行：

```
println("Macro1")

quote(
    $input.keyword = Token(VAR)
)
```

第 1 行代码执行完毕之后，终端窗口立即输出了 "Macro1"，之后的 quote 表达式返回了一个 Tokens 对象。此时宏 Macro1 在宏 Macro2 中被展开了，Macro2 的代码如下：

```
public macro Macro2(input: Tokens) {
    let varDecl = VarDecl(input)
    varDecl.keyword = Token(VAR)    // 展开后的代码
    varDecl.expr = parseExpr(quote("图解仓颉编程"))

    println("Macro2")
    varDecl.toTokens()
}
```

接着将 lib-macro_p2.dll 与 macro_call.cj 一起编译为 main.exe，此时 Macro2 被展开，终端窗口立即输出了 "Macro2"，并将 varDecl 对应的 Tokens 对象返回。main 的最终代码如下：

```
main() {
    var title = "图解仓颉编程"
    println(title)
}
```

最后使用以下命令执行可执行文件 main.exe，以运行程序：

```
main
```

程序运行的最终输出结果如下：

```
图解仓颉编程
```

通过以上示例，我们了解了嵌套宏的编译过程，以及宏的编译期求值的特性。下面来看一个具体的宏定义中的宏调用的例子。示例程序的工程目录结构如图 3-24 所示，程序代码如代码清单 3-14、代码清单 3-15 和代码清单 3-16 所示。

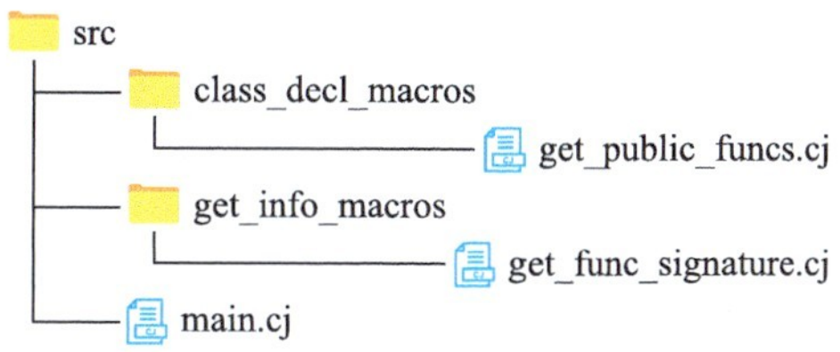

图 3-24　示例程序的工程目录结构（六）

代码清单 3-14　get_func_signature.cj

```
01  macro package get_info_macros
02
03  from std import ast.*
04
05  // 获取函数签名
06  public macro GetFuncSignature(attrs: Tokens, input: Tokens) {
07      quote(
08          var $attrs = $input.modifiers.toTokens()
09          if ($input.identifier.value != "init") {
10              $attrs += Token(FUNC)
11          }
12          $attrs += $input.identifier
```

```
13          $attrs += Token(LPAREN) + $input.funcParams.toTokens() + Token(RPAREN)
14          if ($input.colon.value == ":") {
15              $attrs += Token(COLON) + $input.declType.toTokens()
16          }
17      )
18  }
```

代码清单 3-15　get_public_funcs.cj

```
19  macro package class_decl_macros
20
21  from std import ast.*
22
23  import get_info_macros.GetFuncSignature
24
25  // 获取类中所有 public 函数的签名
26  public macro GetPublicFuncSigs(input: Tokens) {
27      let classDecl = ClassDecl(input)
28      let funcSigs = StringBuilder()
29
30      for (decl in classDecl.body.decls) {
31          if (decl is FuncDecl) {
32              let funcDecl = (decl as FuncDecl).getOrThrow()
33              for (modifier in funcDecl.modifiers) {
34                  if (modifier.keyword.value == "public") {
35                      // 调用宏 GetFuncSignature
36                      @GetFuncSignature[funcSignature](funcDecl)
37                      funcSigs.append("${funcSignature}\n")
38                      break
39                  }
40              }
41          }
42      }
43
44      if (funcSigs.size == 0) {
45          println("类中没有 public 函数")
46      } else {
47          println("类中的 public 函数: \n${funcSigs}")
48      }
49
50      input
51  }
```

代码清单 3-16　main.cj

```
52  import class_decl_macros.GetPublicFuncSigs
53
54  @GetPublicFuncSigs
55  public class Poem {
56      public var title: String
57      public var author: String
```

```
58        var year: Int64
59
60        public init(title: String, author: String, year: Int64) {
61            this.title = title
62            this.author = author
63            this.year = year
64        }
65
66        public func printPoemInfo() {
67            println("作品名：${title} 作者：${author} 创作年份：${year}")
68        }
69
70        public func getUniqueId(): String {
71            generateUniqueId()
72        }
73
74        func generateUniqueId(): String {
75            "${author}-${year}-${title.size}"
76        }
77    }
78
79  main() {}
```

在示例程序中，定义了一个宏 GetPublicFuncSigs，其作用是将输入的类中所有以 public 修饰的函数的签名输出。在该宏的定义中，首先将 input 转换为 ClassDecl 对象 classDecl（第 27行），并定义了变量 funcSigs，该变量用于存储 public 函数的签名信息（第 28 行）。

接着使用 for-in 表达式来遍历宏定义体中的声明（第 30 ～ 42 行）。在遍历的过程中，判断当前的 decl 是否能够转换为 FuncDecl 对象，如果可以，则将其转换为 FuncDecl 对象 funcDecl。对 funcDecl 的修饰符进行判断，如果修饰符中有 public，则获取该函数的签名并跳出遍历 funcDecl.modifiers 的 for-in 表达式（第 33 ～ 40 行）。在这个过程中，调用了一个属性宏 GetFuncSignature（第 36 行）。调用时，传入的属性为标识符 funcSignature，传入的 input 为当前遍历的 FuncDecl 对象 funcDecl。宏 GetFuncSignature 的作用是提取出 funcDecl 的签名信息，并赋给 funcSignature。

第 33 ～ 40 行代码展开的结果如下：

```
for (modifier in funcDecl.modifiers) {
    if (modifier.keyword.value == "public") {
        var funcSignature = funcDecl.modifiers.toTokens()
        if (funcDecl.identifier.value != "init") {
            funcSignature += Token(FUNC)
        }
        funcSignature += funcDecl.identifier
        funcSignature += Token(LPAREN) + funcDecl.funcParams.toTokens() + Token(RPAREN)
        if (funcDecl.colon.value == ":") {
            funcSignature += Token(COLON) + funcDecl.declType.toTokens()
        }
        funcSigs.append("${funcSignature}\n")
```

```
            break
        }
    }
```

最后，在遍历完类定义体中的所有声明之后，根据 funcSigs 的 size 来输出相应的 public 函数的签名信息（第 44 ~ 48 行），并将 input 返回（第 50 行）。

编译以上程序，在终端窗口将输出：

```
类中的public函数:
public init(title: String, author: String, year: Int64)
public func printPoemInfo()
public func getUniqueId(): String
```

以上示例程序中的宏 GetPublicFuncSigs 只是提取并输出了类中的 public 函数的签名信息，并没有对类进行任何修改操作，因此直接将 input 原样返回即可。

3.6.2 宏调用中的宏调用

在宏调用中进行宏调用，也是一个常见的应用场景。

1. 基础知识

在嵌套的宏调用中，宏调用的顺序是：先展开内层的宏，再展开外层的宏。不论有多少层宏调用嵌套，总是由内向外依次展开宏，直到目标代码中不再有宏调用为止。非属性宏和属性宏可以嵌套调用，但是必须保证没有歧义、宏的展开顺序明确。举例如下：

```
// 先展开内层宏Macro1，再展开外层宏Macro2
@Macro2 @Macro1 var num = 10

// 先展开非属性宏Macro3，再展开属性宏Macro4
@Macro4[attrs1] @Macro3(2 + 3)

// 先展开属性宏Macro5，再展开非属性宏Macro6
@Macro6(
    @Macro5[attrs2] let str = "Cangjie"
)
```

以上示例代码中的第 1 行在调用宏时省略了圆括号，这行代码也可以写作：

```
// Macro1是内层宏，Macro2是外层宏
@Macro2(
    @Macro1(var num = 10)
)
```

如果将代码写成上面这种形式，可以更清晰地展示出嵌套宏的内外层关系。下面来看一个具体的例子。示例程序的工程目录结构如图 3-25 所示，示例代码如代码清单 3-7、代码清单 3-14、代码清单 3-15 和代码清单 3-17 所示。其中的宏 GetPublicFuncSigs 和 GetFuncSignature 在 3.6.1 节已经详细介绍过了，作用是获取一个类中的所有 public 函数的信息。而宏 GenerateCtor 用于为类添加一个 public 修饰的重载的构造函数（参见代码清单 3-7）。

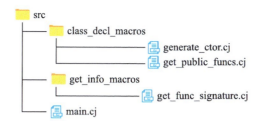

图 3-25 示例程序的工程目录结构（七）

代码清单 3-17　main.cj

```
01  import class_decl_macros.{GetPublicFuncSigs, GenerateCtor}
02
03  @GetPublicFuncSigs
04  @GenerateCtor
05  public class Poem {
06      public var title: String
07      public var author: String
08
09      public init(title: String, author: String) {
10          this.title = title
11          this.author = author
12      }
13
14      public func printPoemInfo() {
15          println("作品名：${title} 作者：${author}")
16      }
17
18      public func getUniqueId(): String {
19          generateUniqueId()
20      }
21
22      func generateUniqueId(): String {
23          "${author}-${title.size}"
24      }
25  }
26
27  main() {
28      let poem = Poem("金缕衣")
29      poem.printPoemInfo()
30  }
```

以上示例在宏 GetPublicFuncSigs 的调用中调用了宏 GenerateCtor（第 3 ～ 25 行）。在编译时，先展开了内层的宏 GenerateCtor，为 Poem 类添加了一个以 public 修饰的构造函数，再展开外层的宏 GetPublicFuncSigs，将 Poem 类中所有 public 函数的信息输出。编译完成后，终端输出的结果如下：

```
类中的public函数：
public init(title: String, author: String)
public func printPoemInfo()
```

```
public func getUniqueId(): String
public init(title: String)
```

如果将宏调用的顺序颠倒一下，改为如下方式：

```
@GenerateCtor
@GetPublicFuncSigs
public class Poem {
    // 代码略
}
```

那么在编译时，将先提取出 Poem 类中的 public 函数，再为 Poem 类添加 public 构造函数。编译完成后，终端输出的结果将变为：

```
类中的public函数：
public init(title: String, author: String)
public func printPoemInfo()
public func getUniqueId(): String
```

注意，由于宏 GetPublicFuncSigs 和 GenerateCtor 的输入均为类的声明，输出也为类的声明，因此这 2 个宏的调用顺序才可以颠倒。对于以下的嵌套宏调用：

```
@Macro2 @Macro1 var num = 10
```

宏 Macro1 调用之后的输出将作为宏 Macro2 的输入，如果宏 Macro1 的输出与宏 Macro2 所需的输入不匹配，可能会导致错误。

另外，在这个示例程序中，宏 GetPublicFuncSigs 和 GenerateCtor 之间不存在调用关系，因此可以将这 2 个宏定义的文件放在同一个包中。在编译时，可以将整个包编译为 dll 文件。具体操作时，首先还是要先编译宏 GetFuncSignature 的定义文件为 lib-macro_get_info_macros.dll。然后使用以下命令将包 class_decl_macros 连同 lib-macro_get_info_macros.dll 一起编译为 lib-macro_class_decl_macros.dll：

```
cjc --compile-macro -p src/class_decl_macros
```

在这个命令中添加了 -p，这个命令选项就是编译整个包的意思。最后，将 lib-macro_class_decl_macros.dll 和 main.cj 一起编译为可执行文件，在此不再赘述。

执行最终编译得到的可执行文件之后，输出结果如下：

```
作品名：金缕衣  作者：佚名
```

2. 信息共享

在嵌套的宏调用中，有时不同宏之间需要共享一些信息。ast 包提供了一些函数，用于获取宏展开过程中的上下文信息或实现宏之间的信息共享。

函数 AssertParentContext 和 InsideParentContext 用于检查内层宏调用是否嵌套在特定的外层宏调用中。这 2 个函数的定义如下：

```
/*
 * 检查当前宏调用是否在特定的宏调用内
 * 参数parentMacroName表示外层宏调用的名称
```

```
 *  若检查不符合预期，则抛出错误
 */
public func AssertParentContext(parentMacroName: String): Unit


/*
 *  检查当前宏调用是否在特定的宏调用内
 *  参数 parentMacroName 表示外层宏调用的名称
 *  若检查符合预期，则返回 true，否则返回 false
 */
public func InsideParentContext(parentMacroName: String): Bool
```

下面来看一个例子，示例程序的工程目录结构如图 3-26 所示。

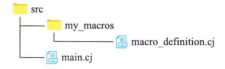

图 3-26　示例程序的工程目录结构（八）

示例代码如下所示：

macro_definition.cj

```
macro package my_macros

from std import ast.*

public macro Inner(input: Tokens) {
    AssertParentContext("Outer")  // 检查宏调用的上下文
    input
}

public macro Outer(input: Tokens) {
    input
}
```

main.cj

```
import my_macros.{Inner, Outer}

main() {
    @Outer
    @Inner
    let msg = "检查宏调用的上下文信息"
    println(msg)  // 输出：检查宏调用的上下文信息
}
```

以上示例程序是可以正常编译执行的，但如果将 main 修改为如下的代码：

```
main() {
    // 直接调用宏 Inner
    @Inner
```

```
        let msg = "检查宏调用的上下文信息"
        println(msg)
    }
```

那么在编译 main.cj 生成可执行文件时，会抛出如下错误：

```
error: undeclared identifier 'Inner'
```

当 Inner 被调用时没有作为 Outer 的调用的内层宏，就会抛出错误。

除了可以检查嵌套宏调用的上下文，内层宏还可以通过发送键值对的方式与外层宏通信。相关函数的定义如下：

```
/*
 * 内层宏发送信息到外层宏
 * 参数key表示键，用于检索信息
 * 参数value表示值，即要发送的信息
 */
public func SetItem(key: String, value: String): Unit
public func SetItem(key: String, value: Int64): Unit
public func SetItem(key: String, value: Bool): Unit
```

相对应地，外层宏通过 GetChildMessages 函数接收内层宏发送的所有信息，该函数的定义如下：

```
/*
 * 外层宏获取内层宏发送的所有键值对
 * 参数children表示内层宏的名称
 * 返回值为MacroMessage类型的数组
 */
public func GetChildMessages(children: String): Array<MacroMessage>
```

GetChildMessages 函数的返回值类型为 Array<MacroMessage>。MacroMessage 类型是 ast 包提供的用于表示宏发送的信息的类型。该类型的定义如下：

```
public class MacroMessage {
    // 检查是否有key值对应的信息，若有则返回true，否则返回false
    public func hasItem(key: String): Bool

    // 获取key值对应的String类型的信息，若信息不存在则抛出异常
    public func getString(key: String): String

    // 获取key值对应的Int64类型的信息，若信息不存在则抛出异常
    public func getInt64(key: String): Int64

    // 获取key值对应的Bool类型的信息，若信息不存在则抛出异常
    public func getBool(key: String): Bool
}
```

下面举一个简单的例子，示例程序的工程目录结构仍然如图 3-26 所示。

macro_definition.cj

```
macro package my_macros
```

```
from std import ast.*

public macro Inner(input: Tokens) {
    // 调用SetItem函数向外层宏发送信息
    SetItem("userId", 1999)
    SetItem("userName", "lucy")
    SetItem("isPaidMember", true)
    input
}

public macro Outer(input: Tokens) {
    // 调用GetChildMessages函数接收内层宏发送的信息
    let msgs = GetChildMessages("Inner")

    for (msg in msgs) {
        // 调用MacroMessage的hasItem函数判断是否有指定的键值对
        if (msg.hasItem("userId")) {
            // 调用MacroMessage的getInt64函数获取指定键对应的Int64值
            println(msg.getInt64("userId"))
        }

        if (msg.hasItem("userName")) {
            println(msg.getString("userName"))
        }

        if (msg.hasItem("isPaidMember")) {
            println(msg.getBool("isPaidMember"))
        }
    }

    input
}
```

main.cj

```
import my_macros.{Inner, Outer}

main() {
    @Outer
    @Inner
    let msg = "信息共享"
    println(msg)
}
```

以上示例代码在编译完成时，终端窗口将输出：

```
1999
lucy
true
```

在执行了可执行程序之后，终端窗口将输出：

信息共享

接下来我们看一个具体的示例程序，示例程序的工程目录结构如图 3-27 所示，示例代码如代码清单 3-18 和代码清单 3-19 所示。

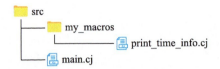

图 3-27　示例程序的工程目录结构（九）

代码清单 3-18　print_time_info.cj

```
01  macro package my_macros
02
03  from std import ast.*
04
05  // 获取函数名
06  public macro GetFuncIdentifier(input: Tokens) {
07      let funcDecl = FuncDecl(input)
08      SetItem("funcName", funcDecl.identifier.value)   // 将函数名发送给外层宏
09
10      input
11  }
12
13  // 调用时需要导入 time 包的 DateTime
14  public macro PrintFuncCallTime(input: Tokens) {
15      // 获取内层宏发送的函数名信息
16      let funcName = GetChildMessages("GetFuncIdentifier")[0].getString("funcName")
17
18      let funcDecl = FuncDecl(input)
19      quote(
20          func $(funcDecl.identifier) ($(funcDecl.funcParams)) {
21              let info = $funcName + "\t" + DateTime.now().toString()
22              println(info)
23              $(funcDecl.block.nodes)
24          }
25      )
26  }
```

代码清单 3-19　main.cj

```
27  from std import time.DateTime
28
29  import my_macros.{GetFuncIdentifier, PrintFuncCallTime}
30
31  @PrintFuncCallTime
32  @GetFuncIdentifier
33  func test() {
34      println("这是一个测试函数")
```

```
35    }
36
37  main() {
38      test()
39  }
```

在示例程序中定义了 2 个宏：宏 GetFuncIdentifier 用于获取宏修饰的函数的标识符（第 5 ~ 11 行），宏 PrintFuncCallTime 用于输出函数名以及函数被调用的时间（第 13 ~ 26 行）。

在宏 GetFuncIdentifier 获取了函数名之后，调用 SetItem 函数将函数名发送给了外层宏（第 7、8 行），接着将 input 原样返回（第 10 行）。在宏 PrintFuncCallTime 中，首先获取了内层宏发送的函数名信息（第 16 行），接着改造传入的函数定义，使其在被调用时立刻输出相应的信息（第 18 ~ 25 行）。第 31 ~ 35 行展开后的代码如下：

```
func test() {
    let info = "test" + "\t" + DateTime.now().toString()
    println(info)
    println("这是一个测试函数")
}
```

编译并执行以上程序，输出结果如下：

```
test    2024-03-16T13:54:11.7362087Z
这是一个测试函数
```

3.7 内置宏

仓颉为我们提供了一些内置的宏。本节主要介绍内置的属性宏 Attribute 的用法。Attribute 的作用是为某个声明设置属性，从而为声明添加标记。调用内置宏 Attribute 时传入的属性可以是标识符或字符串。让我们回顾一下 Decl 类的定义：

```
public open class Decl <: Node {
    public func hasAttr(attr: String): Bool  // 判断节点是否具有某个属性
    public func getAttrs(): Tokens  // 获取节点属性

    // 其他成员略
}
```

Decl 类的成员函数 hasAttr 用于判断节点是否具有某个属性，getAttrs 用于获取节点属性。

下面是一个使用内置宏的例子。示例程序的工程目录结构如图 3-28 所示，程序代码如代码清单 3-20 和代码清单 3-21 所示。

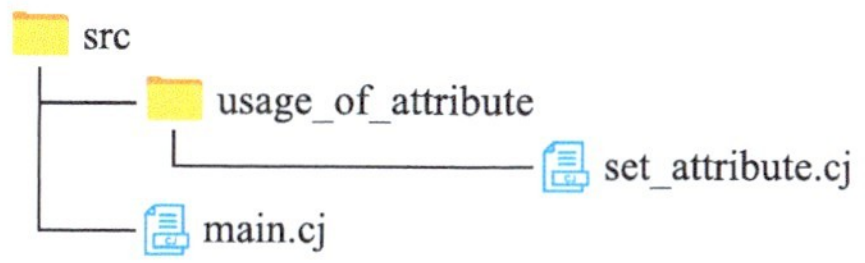

```
📁 src
   ├── 📁 usage_of_attribute
   │       └── 📄 set_attribute.cj
   └── 📄 main.cj
```

图 3-28 示例程序的工程目录结构（十）

代码清单 3-20 set_attribute.cj

```
01  macro package usage_of_attribute
02
03  from std import ast.*
04
05  public macro SetAttribute(newUserName: Tokens, input: Tokens) {
06      let varDecl = VarDecl(input)
07
08      // 调用 hasAttr 函数判断节点是否具有属性 user
09      if (!varDecl.hasAttr("user")) {
10          return input
11      }
12
13      // 调用 getAttrs 函数获取节点属性
14      var attrs = varDecl.getAttrs()
15      quote(
16          $attrs.userName = $newUserName
17          $input
18      )
19  }
```

代码清单 3-21 main.cj

```
20  import usage_of_attribute.SetAttribute
21
22  class User {
23      let userID: String
24      var userName: String
25
26      init(userID: String, userName: String) {
27          this.userID = userID
28          this.userName = userName
29      }
30  }
31
32  main() {
33      let user = User("0001", "albert")
34
35      @SetAttribute["kate"]
36      @Attribute[user]
37      var test = "测试内置宏"
38
39      println(test)    // 输出：测试内置宏
40      println(user.userName)   // 输出：kate
41  }
```

以上示例程序在宏调用中调用了内置宏 Attribute（第 35 ~ 37 行）。在宏被展开时，先展开内置宏 Attribute，为变量声明添加了一个属性 user，接着展开属性宏 SetAttribute。宏被展开之后 main 的代码如下：

```
main() {
```

```
        let user = User("0001", "albert")

        // 宏被展开后的代码
        user.userName = "kate"
        @Attribute[user]
        var test = "测试内置宏"

        println(test)  // 输出：测试内置宏
        println(user.userName)  // 输出：kate
}
```

在属性宏中，通过 hasAttr 函数判断 varDecl 是否具有属性 user（第 9 行），注意 hasAttr 函数的参数类型为 String。在确认了 varDecl 具有属性 user 之后，通过 getAttrs 函数获取了属性 user，存入变量 attrs（第 14 行）。在最后返回的 Tokens 对象中，通过赋值表达式将 attrs 的成员变量 userName 修改为属性宏传入的属性 newUserName（第 16 行）。这样，在宏被展开后，展开后的代码即为：

```
user.userName = "kate"  // $attrs.userName = $newUserName 展开的结果
```

3.8 宏的应用示例

前面介绍了仓颉宏的相关知识，本节我们来看一些具体的宏的应用示例。

3.8.1 实现记忆化

记忆化（memoization）是一种提高计算机程序执行速度的优化技术，用于确保一个函数对于相同的输入值不会进行重复的计算。记忆化技术会保存先前的计算结果，并在函数再次被相同的输入调用时直接返回保存的结果。记忆化通过创建一个存储结构（通常是哈希表或数组），记录函数的输入值和对应的输出结果。当函数再次被相同的输入值调用时，它首先检查存储结构中是否已经有了结果。

- 如果结果已存在，直接返回存储的结果，避免进一步的调用（通常是递归调用）。
- 如果结果不存在，函数将进行计算，然后将计算结果存储在数据结构中，以便未来使用。

这种技术特别适用于计算成本高、但结果是可预测且确定的"昂贵函数"。哪些函数可以算作"昂贵函数"呢？"昂贵函数"（或称"高代价函数"）是一个相对的概念，通常用来描述执行时间较长、资源消耗较高或可能导致性能瓶颈的函数，例如，计算密集型函数，需要从外部读取大量数据的函数，需要消耗大量内存、磁盘空间或其他系统资源的函数，等待外部操作时产生显著 I/O 延迟的函数，具有深度或广度递归调用（尤其是递归的基线条件不易满足）的函数等。

下面我们来看一个"昂贵函数"：直接使用递归方式计算斐波那契数列。斐波那契数列的通项公式如图 3-29 所示。

$$f(n)\begin{cases} 1 & n=1,2 \\ f(n-1)+f(n-2) & n=3,4,5,\cdots \end{cases}$$

图 3-29　斐波那契数列的通项公式

对应的递归函数的示例代码如下：

```
func fibonacci(n: Int64): Int64 {
    if (n == 1 || n == 2) {
        return 1
    }

    fibonacci(n - 1) + fibonacci(n - 2)
}
```

在通过以上递归函数计算大的斐波那契数时，会进行大量的重复计算。例如，为了计算 fibonacci(5)，需要先计算 fibonacci(4) 和 fibonacci(3)，而计算 fibonacci(4) 又要先计算 fibonacci(3) 和 fibonacci(2)，以此类推。整个计算的过程如图 3-30 所示，这带来了大量的重复调用和计算。

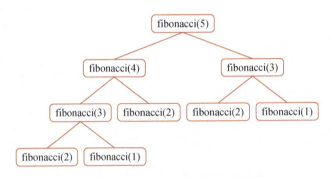

图 3-30　fibonacci(5) 的递归计算过程

表 3-4 展示了计算一些斐波那契数时各项的计算次数。可以看到，计算 fibonacci(20) 需要累计调用函数 13529 次。

表 3-4　使用递归函数计算斐波那契数时各项的计算次数

计算次数 ＼ 计算的项	fibonacci(5)	fibonacci(10)	fibonacci(15)	fibonacci(20)
fibonacci(1)	2	21	233	2584
fibonacci(2)	3	34	377	4181
fibonacci(3)	2	21	233	2584
fibonacci(4)	1	13	144	1597
fibonacci(5)	1	8	89	987
fibonacci(6)		5	55	610
fibonacci(7)		3	34	377
fibonacci(8)		2	21	233
fibonacci(9)		1	13	144

续表

计算的项 计算次数	fibonacci(5)	fibonacci(10)	fibonacci(15)	fibonacci(20)
fibonacci(10)		1	8	89
fibonacci(11)			5	55
fibonacci(12)			3	34
fibonacci(13)			2	21
fibonacci(14)			1	13
fibonacci(15)			1	8
fibonacci(16)				5
fibonacci(17)				3
fibonacci(18)				2
fibonacci(19)				1
fibonacci(20)				1
合计	9	109	1219	13529

计算次数的超线性增长导致这个递归函数的效率是非常低的。为了优化它，我们通常可以考虑以下几种策略。

- 寻找更优的算法。例如使用数学上的封闭形式（如黄金分割公式）来估算斐波那契数。
- 使用迭代的方式。使用循环而不是递归，利用 2 个变量来保存连续的 2 个斐波那契数。
- 使用记忆化技术。存储已经计算过的斐波那契数，在将来需要时通过"查表"的方式返回结果，而不是重复计算。

因为宏允许在编译时进行复杂的代码生成和转换，所以可以用来实现记忆化。宏作用于编译时，因此它们生成的代码已经是优化后的。这意味着记忆化的逻辑可以在编译时内嵌到函数中，减少运行时的开销。通过宏可以抽象出记忆化的模式，并应用于多个函数，无须修改函数本身的代码，这样既可以减少重复代码，也简化了函数的记忆化。而且使用宏可以使得记忆化对于调用者是完全透明的，调用者不需要了解函数背后的记忆化技术。

下面我们使用宏来实现记忆化，以对函数 fibonacci 中的递归算法进行优化。示例程序的工程目录结构如图 3-31 所示，程序代码如代码清单 3-22 和代码清单 3-23 所示。

图 3-31　示例程序的工程目录结构（十一）

代码清单 3-22　memoized.cj

```
01  macro package my_macros
02
03  from std import ast.*
04
```

```
05    // 调用时需要导入collection包的HashMap
06    public macro Memoized(attrs: Tokens, input: Tokens) {
07        if (attrs.size != 1 || attrs[0].value != "true") {
08            return input
09        }
10
11        let funcDecl = FuncDecl(input)
12        let funcName = funcDecl.identifier
13
14        quote(
15            let memoMap = HashMap<Int64, Int64>()
16
17            func $funcName(n: Int64): Int64 {
18                if (memoMap.contains(n)) {
19                    return memoMap.get(n).getOrThrow()
20                }
21
22                if (n == 1 || n == 2) {
23                    return 1
24                }
25
26                let returnValue = $funcName(n - 1) + $funcName(n - 2)
27                memoMap.put(n, returnValue)
28                returnValue
29            }
30        )
31    }
```

代码清单 3-23　main.cj

```
32    from std import collection.HashMap
33    from std import time.*    // 计算运行时间需要使用包time中的相关顶层声明
34
35    import my_macros.Memoized
36
37    @Memoized[true]
38    func fibonacci(n: Int64): Int64 {
39        if (n == 1 || n == 2) {
40            return 1
41        }
42
43        fibonacci(n - 1) + fibonacci(n - 2)
44    }
45
46    // 计算函数fibonacci的运行时间
47    func calculateRunTime(n: Int64) {
48        let startTime = DateTime.now()
49        let fib = fibonacci(n)
50        let endTime = DateTime.now()
51        println("运行时间: ${(endTime - startTime).toMicroseconds()} us")
```

```
52          println("Fib(${n}): ${fib}\n")
53      }
54
55  main() {
56          calculateRunTime(35)
57          calculateRunTime(20)
58          calculateRunTime(40)
59          calculateRunTime(30)
60      }
```

在示例程序中定义了一个属性宏 Memoized，用于对函数 fibonacci 进行优化。在调用宏时，若传入的属性为 true，则进行优化，否则不进行优化（第 7 ~ 9 行）。之所以将这个宏定义为属性宏，是为了对优化前和优化后的性能进行对比。

在优化后的代码中，创建了一个空的 HashMap 对象 memoMap（第 15 行），其作用是存储已经计算的斐波那契数的项数和对应的值。然后修改了函数 fibonacci 的定义（第 17 ~ 29 行）。这里之所以单独将函数名提取出来（第 11、12 行），是为了保证重新定义过后的函数和原来的名称一致，因为计算斐波那契数的函数一般可以叫作 fibonacci 或 fib。

在新的函数定义中，首先检查需要计算的项数 n 是否已经计算过，如果已经计算过，那么将 memoMap 中相应项数的值直接返回，不需要进行额外的计算（第 18 ~ 20 行）。如果计算的项数为 1 或 2，直接返回 1（第 22 ~ 24 行）。否则，进行计算，并将计算结果存入 memoMap（第 26、27 行），最后将计算结果返回（第 28 行）。

在宏调用时，第 37 ~ 44 行代码展开的结果如下：

```
let memoMap = HashMap<Int64, Int64>()

func fibonacci(n: Int64): Int64 {
    if (memoMap.contains(n)) {
        return memoMap.get(n).getOrThrow()
    }

    if (n == 1 || n == 2) {
        return 1
    }

    let returnValue = fibonacci(n - 1) + fibonacci(n - 2)
    memoMap.put(n, returnValue)
    returnValue
}
```

在 main.cj 中，导入了标准库 time 包中所有的 public 顶层声明（第 33 行），这是为了计算每一次函数调用的运行时间（实际上可以只导入 DateTime 和 Duration）。为了计算函数调用的运行时间，我们定义了一个函数 calculateRunTime，下面看一下这个函数的函数体（第 48 ~ 52 行）：

```
let startTime = DateTime.now()
let fib = fibonacci(n)
```

```
    let endTime = DateTime.now()
    println("运行时间：${(endTime - startTime).toMicroseconds()} us")
    println("Fib(${n}): ${fib}\n")
```

首先定义了一个变量 startTime（DateTime 类型），其值为 DateTime.now()。DateTime 是定义在 time 包中的 struct 类型，其成员函数 now 用于获取指定时区的当前时间，指定时区默认为本地时区。在函数 fibonacci 被调用之前，将当前时间记录在变量 startTime 中，在函数调用结束后，将当前时间记录在变量 endTime 中。这样，用 endTime 减去 startTime，得到的就是函数运行的持续时间。

两个 DateTime 类型的数据相减之后得到的是 Duration 类型的数据，Duration 是定义在 time 包中的 struct 类型。endTime - startTime 的结果的显示格式取决于实际运行的时间，例如，它可能为：

```
50us600ns
372ms91us200ns
```

为了统一显示的格式，在示例程序中调用了 Duration 类型的成员函数 toMicroseconds 将运行时间转换为以"微秒"表示。

编译并执行以上示例程序，输出结果如下：

```
运行时间：41 us
Fib(35): 9227465

运行时间：0 us
Fib(20): 6765

运行时间：2 us
Fib(40): 102334155

运行时间：0 us
Fib(30): 832040
```

在实现了记忆化之后，第 1 次计算 fibonacci(35) 是最耗时的，使用了 41 微秒。因为在这一次计算 fibonacci(35) 时，程序从 fibonacci(3) 一直计算到了 fibonacci(35)，每计算出一项就存入 memoMap，之后计算下一项时，都是通过查询 memoMap 得到了之前的项的值。

在第 2 次计算 fibonacci(20) 时，只需要查询 memoMap 就可以得到结果，因此使用了 0 微秒。在第 3 次计算 fibonacci(40) 时，程序计算了 fibonacci(36) 到 fibonacci(40) 的值，并存入 memoMap，花费了 2 微秒。最后在计算 fibonacci(30) 时，也是通过查询 memoMap 得到的结果，花费了 0 微秒。

接下来，修改一下代码，将第 37 行的 @Memoized[true] 修改为 @Memoized[false]，对比一下在没有进行优化的情况下程序运行耗费的时间。编译并执行程序，输出结果如下：

```
运行时间：79673 us
Fib(35): 9227465

运行时间：51 us
```

```
Fib(20): 6765

运行时间: 804367 us
Fib(40): 102334155

运行时间: 6386 us
Fib(30): 832040
```

从中可以看出，在没有进行优化、直接递归的情况下，计算的运行时间是随着项数的增大呈超线性增长的，计算越大的斐波那契数越耗时。

使用宏实现记忆化，可以提升性能，避免函数对于重复的输入进行昂贵的计算；并且无须手动编写冗长重复的缓存管理代码。基于以上优点，对于以下的应用场景，都可以考虑是否利用宏来进行优化。

■ 递归计算。例如斐波那契数的计算。

■ 昂贵的数据转换。例如，当一个转换函数（从一种格式到另一种格式的转换）对于相同的输入总是产生相同的输出但转换计算的成本又很高时。

■ 频繁查询的数据库操作。例如，当预先知道某些查询操作将被频繁地重复，并且查询结果不变时。

■ 其他任何计算成本高、结果确定的函数……

需要注意的是，不是所有函数都适合使用记忆化技术。在使用宏实现记忆化时，应该确保函数是纯函数，即对于该函数，相同的输入总是得到相同的输出，并且没有其他副作用。并且，也要注意确保缓存的大小和生命周期得到合理的管理，避免内存使用过多。总之，在某些应用场景，宏是一个很好的优化代码的工具。

3.8.2　面向切面编程

面向切面编程（Aspect Oriented Programming，AOP）是一种编程范式，其目的是解决软件开发中的*横切关注点*问题。

如果将软件系统想象成一本书，其核心功能就是书中每一章的内容，而横切关注点就像是页眉和页脚，它们贯穿整本书。面向切面编程提供了一个工具，只需定义页眉、页脚一次，它就可以自动加到每一页上，而不会影响到章节内容。对于这种应用场景，使用传统的面向对象编程很难优雅地处理好这些关注点。因为面向对象编程只关注"章节内容"的写作，如果需要添加页眉、页脚，就需要手动添加到每一页，这必然会导致代码的重复和难以维护。

面向切面编程的核心概念有以下几个，如图 3-32 所示。

■ **横切关注点**：整个应用中多处出现的功能或关注点，通常与核心业务逻辑无关，但却是软件系统必不可少的部分。例如，日志记录、事务管理、权限控制和性能统计等。

■ **切面**：一个切面代表一个模块化的横切关注点，实现了某个关注点的功能。

■ **切入点**：程序中插入切面的点。

■ **通知**：切面的具体实现，描述了在切面的哪个位置以及如何执行编程逻辑。

■ **织入**：将切面应用到目标对象以创建一个代理对象的过程，可以在编译时或运行时完成。

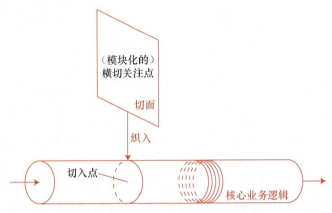

图 3-32　面向切面编程的核心概念

使用面向切面编程的方式，可以将散布在多个模块中的共同关注点（如日志、事务管理等）从主要的业务逻辑中分离出来，通过定义切面来表示这些横切关注点，并将这些切面织入各个功能模块的切入点，使得代码更加模块化和易于维护，如图 3-33 所示。

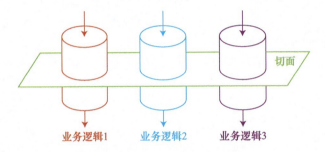

图 3-33　面向切面编程的工作原理

下面看一个使用宏实现面向切面编程的简单示例。示例程序的工程目录结构如图 3-34 所示，程序代码如代码清单 3-24 和代码清单 3-25 所示。

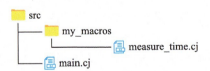

图 3-34　示例程序的工程目录结构（十二）

代码清单 3-24　measure_time.cj

```
01   macro package my_macros
02
03   from std import ast.*
04   from std import collection.ArrayList
05
06   /*
07    * 调用时需要导入time包的DateTime和Duration
08    * input必须是FuncDecl但不能是递归函数
```

```
09    */
10    public macro MeasureTime(input: Tokens) {
11        let funcDecl = FuncDecl(input)
12
13        let funcModifiers = funcDecl.modifiers   // 获取修饰符
14        let funcName = funcDecl.identifier   // 获取函数名，作为外部的函数名
15        let params = funcDecl.funcParams   // 获取参数列表
16
17        // 获取函数返回值类型
18        var returnType = Tokens()
19        if (funcDecl.colon.value == ":") {
20            returnType = quote(: $(funcDecl.declType))
21        }
22
23        // 处理调用函数 nestedFunc 时的实参列表
24        var funcArgs = ArrayList<Token>()   // 存储形参名的动态数组
25        for (param in params) {
26            funcArgs.append(param.identifier)
27        }
28        // 准备实参列表
29        var args = Tokens()
30        if (funcArgs.size == 0) {
31            args = quote(())   // 实参列表形如 ()
32        } else if (funcArgs.size == 1) {
33            args = quote(($(funcArgs[0])))   // 实参列表形如 (a)
34        } else {
35            // 实参列表形如 (a, b, c)
36            args += Token(LPAREN)
37            for (i in 0..(funcArgs.size - 1)) {
38                args += funcArgs[i] + Token(COMMA)   // COMMA表示逗号
39            }
40            args += funcArgs[funcArgs.size - 1] + Token(RPAREN)
41        }
42
43        quote(
44            $funcModifiers func $funcName ($params) $returnType {
45                func nestedFunc ($params) $returnType $(funcDecl.block)
46
47                let startTime = DateTime.now()
48                let returnValue = nestedFunc $args
49                let endTime = DateTime.now()
50                println("运行时间：${(endTime - startTime).toMicroseconds()} us")
51                returnValue
52            }
53        )
54    }
```

代码清单 3-25 main.cj

```
55    from std import time.*
56
57    import my_macros.MeasureTime
```

```
58
59  @MeasureTime
60  func calcSum(a: Int64, b: Int64): Int64 {
61      var sum = 0
62      for (i in a..=b) {
63          sum += i
64      }
65      sum
66  }
67
68  main() {
69      println("calcSum(1, 100): ${calcSum(1, 100)}\n")
70      println("calcSum(10000, 100000): ${calcSum(10000, 100000)}")
71  }
```

编译并执行以上示例程序，输出结果如下：

```
运行时间: 0 us
calcSum(1, 100): 5050

运行时间: 427 us
calcSum(10000, 100000): 4950055000
```

在示例程序中，定义了一个宏 MeasureTime，其作用是度量函数的运行时间。在前面的示例中（见 3.8.1 节），我们已经演示了如何计算函数运行的持续时间，基本流程是这样的：对于一个函数 fn，在调用函数之前记录下当前时间，然后调用函数，在调用结束之后记录下当前时间，将 2 个时间相减，得到的就是函数的运行时间。

现在我们要编写一个宏，在调用宏时，就可以自动计算出函数执行的时间，那么应该怎么做呢？实现思路是这样的，对于以下函数及调用：

```
func fn(a: Int64, b: Int64, c: Int64): Int64 {
    // 函数体略
}

main() {
    // 声明及初始化 x、y、z 的代码略
    println(fn(x, y, z))
}
```

我们可以通过宏改造一下函数 fn，将其改造成如下的目标代码：

```
func fn(a: Int64, b: Int64, c: Int64): Int64 {
    func nestedFunc(a: Int64, b: Int64, c: Int64): Int64 {
        // 原函数 fn 的函数体
    }

    let startTime = DateTime.now()  // 记录调用之前的时间

    // 调用函数 nestedFunc（原函数 fn）并记录返回值
    let returnValue = nestedFunc(a, b, c)
```

```
        let endTime = DateTime.now()    // 记录调用结束的时间
        // 输出函数的运行时间
        println("运行时间:${(endTime - startTime).toMicroseconds()} us")
        returnValue    // 返回函数返回值
    }
```

首先定义一个和需要改造的函数 fn 同名的函数，这个函数的参数列表以及返回值类型也和原函数保持完全一致。接着，将原函数改造为新的函数 fn 中的嵌套函数 nestedFunc，这个 nestedFunc 的定义和原函数 fn 是完全一样的。然后，在新的函数 fn 中，调用嵌套函数 nestedFunc，在调用前和调用后分别记录下当前时间，计算并输出函数的运行时间。

在这个过程中，我们必须要确保外界对宏没有感知，即使用 fn(x, y, z) 去调用函数 fn 时能够正常调用且能够获得正确的返回值。为了达到这一目的，我们将改造过后的函数的函数名、参数列表和返回值类型都保持和原函数一致，这样就不用去修改调用函数的代码。当使用 fn(x, y, z) 调用函数时，3 个实参被传递给函数 fn 的形参，接着在函数 fn 中，使用形参 a、b 和 c 作为实参去调用函数 nestedFunc，并将调用的结果存入变量 returnValue。最后，在将函数的运行时间输出之后，将 returnValue 作为函数 fn 的返回值返回，这样调用结果的类型和值就与原函数是完全一致的，不会导致错误或数据丢失。

以上就是宏 MeasureTime 的基本实现思路。为了简便起见，在这个示例程序中没有考虑使用命名参数的函数，感兴趣的读者可以自行修改完善示例代码，以实现对命名参数的判断和使用。

在这个宏中，获取函数声明的各个组成部分的代码在前面已经见了很多，在此不再赘述（第 13 ~ 21 行）。比较复杂的是处理调用函数 nestedFunc 时的实参列表的代码（第 23 ~ 41 行）。对于任意函数 fn，其调用形式可能是以下几种中的某一种：

```
fn()    // 当函数 fn 没有参数时
fn(a)    // 当函数 fn 只有 1 个参数时
fn(a, b, c)    // 当函数 fn 有 1 个以上参数时
```

不同情况对应的实参列表的形式是不一样的。在程序中，首先获取了参数列表 params（第 15 行），然后遍历 params，将所有的形参名存入动态数组 funcArgs（第 24 ~ 27 行）。接着根据 funcArgs 的元素个数准备实参列表 args：如果 funcArgs 不包含任何元素，那么实参列表的形式为“()”（第 30、31 行）；如果 funcArgs 只包含 1 个元素，那么实参列表的形式为“(a)”（第 32、33 行）；否则，实参列表中的实参就需要以逗号进行分隔，且整个列表需要使用一对圆括号括起来（第 34 ~ 41 行）。

准备好实参列表之后，将改造过后的函数以 quote 表达式的形式返回（第 43 ~ 53 行）。在宏被调用之后，函数 calcSum（第 60 ~ 66 行）将被展开为如下代码：

```
func calcSum(a: Int64, b: Int64): Int64 {
    func nestedFunc(a: Int64, b: Int64): Int64 {
        var sum = 0
        for(i in a ..= b) {
            sum += i
        }
        sum
    }
```

```
        let startTime = DateTime.now()
        let returnValue = nestedFunc(a, b)
        let endTime = DateTime.now()
        println("运行时间：${(endTime - startTime).toMicroseconds()} us")
        returnValue
    }
```

在这个例子中，**横切关注点**是函数运行的时间度量。这是一个典型的横切关注点，因为在实际应用中，可能需要在多个函数中度量执行时间。而宏 MeasureTime 就是一个**切面**，它封装了度量时间这一横切关注点的逻辑。宏 MeasureTime 包括**前置通知**（在原始函数执行前获取时间戳）和**后置通知**（在原始函数执行后获取时间戳并计算和输出耗时）。而宏 MeasureTime 被调用的位置，就是**切入点**。当宏 MeasureTime 被调用时，编译器在编译期执行宏，将度量时间的逻辑**织入**目标函数，创建了一个新的函数。

通过这个宏，我们能够在不修改函数内部逻辑的情况下，插入用于度量时间的额外代码。这种方式的优点在于，我们能够将关注点（在这里是性能度量）与业务逻辑分离，以增强代码的模块化，这就是面向切面编程的核心理念。

3.8.3　自动代码生成

使用宏可以自动生成代码，例如自动生成序列化 / 反序列化代码或派生出自定义特性等。利用宏自动生成代码有许多优点。

- **减少代码重复**：使得代码库更小、更易维护。
- **性能优化**：生成专门为特定任务优化的代码可以在编译时获得性能提升。
- **编译时检查**：由于宏在编译时生成代码，这意味着所有生成的代码都会在编译时进行类型检查等，提高了代码的正确性。
- **灵活性**：宏可以根据输入生成适应不同开发场景的代码。
- **提升开发效率**：通过宏自动实现一些常见任务，如序列化 / 反序列化、数据库 ORM 等，可以节省开发时间。
- **没有额外的运行时开销**：与某些运行时生成代码的技术相比，宏生成的代码通常没有额外的运行时开销。
- **更好的抽象**：宏可以提供更高级的抽象，允许开发者在更高的层次上思考问题，而不是关注细节。

下面看一个示例。在下面的示例程序中，定义了一个宏 GenerateProps，其作用是为类中每一个显式声明了类型的成员变量生成对应的成员属性。示例程序的工程目录结构如图 3-35 所示，程序代码如代码清单 3-26 和代码清单 3-27 所示。

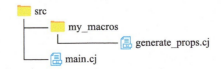

图 3-35　示例程序的工程目录结构（十三）

代码清单 3-26 generate_props.cj

```
01  macro package my_macros
02
03  from std import ast.*
04  from std import collection.ArrayList
05  from std import unicode.UnicodeExtension   // 为了调用toUpperCase函数将字符转换为大写
06
07  // 为类中所有显式声明了类型的成员变量生成相应的成员属性
08  public macro GenerateProps(input: Tokens) {
09      let classDecl = ClassDecl(input)
10      let decls = classDecl.body.decls
11      let propDecls = ArrayList<Decl>()   // 存储生成的成员属性
12
13      for (decl in decls) {
14          // 只处理变量声明
15          if (!(decl is VarDecl)) {
16              continue
17          }
18          let varDecl = (decl as VarDecl).getOrThrow()
19
20          // 只处理显式声明了类型的变量声明
21          if (varDecl.colon.value == ":") {
22              var propDecl: Decl
23              if (varDecl.keyword.value == "let") {
24                  propDecl = generateNotMutProp(varDecl)
25              } else {
26                  propDecl = generateMutProp(varDecl)
27              }
28              println(propDecl.toTokens())
29              propDecls.append(propDecl)
30          }
31      }
32
33      decls.appendAll(propDecls)   // 将生成的成员属性添加到类的定义体
34      classDecl.toTokens()
35  }
36
37  // 为varDecl创建mut成员属性
38  func generateMutProp(varDecl: VarDecl): Decl {
39      let propName = generatePropName(varDecl)
40
41      let tokens = quote(
42          mut prop $propName: $(varDecl.declType) {
43              get() {
44                  $(varDecl.identifier)
45              }
46              set(value) {
47                  $(varDecl.identifier) = value
48              }
49          }
50      )
```

```
51        PropDecl(tokens)
52    }
53
54    // 为varDecl创建非mut成员属性
55    func generateNotMutProp(varDecl: VarDecl): Decl {
56        let propName = generatePropName(varDecl)
57
58        let tokens = quote(
59            prop $propName: $(varDecl.declType) {
60                get() {
61                    $(varDecl.identifier)
62                }
63            }
64        )
65        PropDecl(tokens)
66    }
67
68    // 生成属性名，若变量名形如variable，则对应的属性名为propVariable
69    func generatePropName(varDecl: VarDecl): Token {
70        let varName = varDecl.identifier.value
71        let runeArr = varName.toRuneArray()
72        let propName = "prop${runeArr[0].toUpperCase()}${runeArr[1..runeArr.size]}"
73        Token(IDENTIFIER, propName)
74    }
```

代码清单 3-27　main.cj

```
75    import my_macros.GenerateProps
76
77    @GenerateProps
78    class User {
79        let userId: UInt64
80        var userName: String
81
82        init(userId: UInt64, userName: String) {
83            this.userId = userId
84            this.userName = userName
85        }
86    }
87
88    main() {}
```

在宏 GenerateProps 中，依次遍历类的定义体中的声明节点（第 13 ～ 31 行）。对于显式声明了类型的变量声明，进一步判断其定义关键字，如果是 let，则调用函数 generateNotMutProp 创建没有 setter 的成员属性，否则调用函数 generateMutProp 创建同时包含 getter 和 setter 的成员属性（第 20 ～ 30 行）。为了获取成员属性的名称，另外定义了一个函数 generatePropName（第 68 ～ 74 行）。函数 generatePropName 可以根据传入的 VarDecl 对象的标识符生成以 prop 为前缀的属性名，其返回类型为 Token。

在宏被展开之后 User 类的代码如下：

```
class User {
    let userId: UInt64
    var userName: String
    init(userId: UInt64, userName: String) {
        this.userId = userId
        this.userName = userName
    }
    prop propUserId: UInt64 {
        get() {
            userId
        }
    }
    mut prop propUserName: String {
        get() {
            userName
        }
        set(value) {
            userName = value
        }
    }
}
```

通过以上示例可以看出，在需要的时候利用宏自动生成代码可以提高开发效率、减少错误以及优化性能。

3.8.4 自动文档生成

使用宏可以为代码自动生成文档，通过宏可以检测 AST 节点的各个组成部分，然后基于这些信息生成相应的文档。自动生成文档可以减少手动生成文档的工作量，并且可以生成标准一致的文档；另外，自动化过程可以避免遗漏，确保在所有需要的地方都有文档。下面看一个简单的示例。示例程序的工程目录结构如图 3-36 所示，程序代码如代码清单 3-28 和代码清单 3-29 所示。

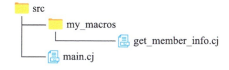

图 3-36　示例程序的工程目录结构（十四）

代码清单 3-28　get_member_info.cj

```
01  macro package my_macros
02
03  from std import ast.*
04
05  // 获取类的成员变量和成员函数信息
06  public macro GetMemberInfo(input: Tokens) {
07      let classDecl = ClassDecl(input)
```

```
08        let info = StringBuilder()
09        var tokens = Tokens()        // 存储Tokens实例的临时变量
10
11        // 处理类的信息
12        tokens = quote($(classDecl.modifiers) class $(classDecl.identifier))
13        info.append("${tokens} {\n")
14
15        let decls = classDecl.body.decls   // 获取类的定义体
16        for (decl in decls) {
17            // 如果decl具有属性"Skip"，则不输出相关信息
18            if (decl.hasAttr("Skip")) {
19                continue
20            }
21
22            // 处理成员变量信息
23            if (decl is VarDecl) {
24                let varDecl = (decl as VarDecl).getOrThrow()
25
26                tokens = quote($(varDecl.modifiers))   // 修饰符
27                tokens += quote($(varDecl.keyword))    // 定义关键字
28                tokens += quote($(varDecl.identifier))   // 变量名
29
30                // 变量类型
31                if (varDecl.colon.value == ":") {
32                    tokens += quote(: $(varDecl.declType))
33                }
34
35                // 初始值
36                if (varDecl.assign.value == "=") {
37                    tokens += quote( = $(varDecl.expr))
38                }
39
40                info.append("    ${tokens}\n")
41            }
42
43            // 处理成员函数信息
44            if (decl is FuncDecl) {
45                let funcDecl = (decl as FuncDecl).getOrThrow()
46
47                tokens = quote($(funcDecl.modifiers))    // 修饰符
48
49                // 定义关键字
50                if (funcDecl.identifier.value != "init") {
51                    tokens += quote( func )
52                }
53
54                tokens += quote($(funcDecl.identifier))    // 函数名
55                tokens += quote(($(funcDecl.funcParams)))   // 参数列表
56
57                // 返回值类型
58                if (funcDecl.colon.value == ":") {
```

```
59                    tokens += quote(: $(funcDecl.declType))
60                }
61
62            info.append("        ${tokens}\n")
63        }
64    }
65    info.append("}")
66
67    println(info)    // 输出类的成员变量和成员函数的信息
68
69    input    // 该宏没有修改传入的类，将原代码返回
70 }
```

代码清单 3-29   main.cj

```
71  from std import format.Formatter
72
73  import my_macros.GetMemberInfo
74
75  @GetMemberInfo
76  public class BankAccount {
77      var currentBalance: Float64    // 活期余额
78      var fixedBalance: Float64      // 定期余额
79      @Attribute["Skip"] var interestRate: Float64 = 0.002    // 年利率
80
81      init(currentBalance: Float64, fixedBalance: Float64) {
82          this.currentBalance = currentBalance
83          this.fixedBalance = fixedBalance
84      }
85
86      // 存款到活期余额
87      func deposit(amount: Float64): Bool {
88          if (amount > 0.0) {
89              currentBalance += amount
90              println("存款：${amount.format(".2")}元")
91              true
92          } else {
93              println("存款失败，错误的金额！")
94              false
95          }
96      }
97
98      // 从活期余额取款
99      func withdraw(amount: Float64): Bool {
100         if (amount > 0.0 && amount <= currentBalance) {
101             currentBalance -= amount
102             println("取款：${amount.format(".2")}元")
103             true
104         } else {
105             println("取款失败，错误的金额或余额不足！")
106             false
```

```
107                  }
108              }
109
110          // 设置年利率
111          @Attribute["Skip"]
112          func setInterestRate(newRate: Float64) {
113              if (newRate >= 0.0 && newRate <= 1.0) {
114                  interestRate = newRate
115              } else {
116                  println("数据错误！")
117              }
118          }
119      }
120
121      main() {
122          let bankAccount = BankAccount(2100.0, 30000.0)
123          bankAccount.deposit(1500.0)     // 存款到活期余额
124          bankAccount.withdraw(2000.0)    // 从活期余额取款
125          bankAccount.setInterestRate(0.0021)   // 设置年利率
126          println("年利率：${bankAccount.interestRate.format(".4")}")
127      }
```

在示例程序中，定义了一个宏 GetMemberInfo，用于提取类的成员变量和成员函数的信息。在宏定义中，将所有提取的成员信息存入 StringBuilder 对象 info（第 8 行）。首先处理类的信息，主要是获取类的修饰符和类名（第 12 行）。接着获取类的定义体，遍历定义体中的 Decl 对象（第 15 ～ 64 行）。在遍历时，分别提取出成员变量（第 22 ～ 41 行）和成员函数（第 43 ～ 63 行）的相关信息。

需要注意的是，在遍历 decls 时先调用函数 hasAttr 判断了该声明节点是否具有属性 "Skip"，如果该声明被内置宏 @Attribute["Skip"] 修饰，就不输出相关成员的信息（第 17 ～ 20 行）。这样做是为了在提取成员信息时跳过被保护或需要隐藏的成员。

在全部信息提取完毕之后，使用 println 函数将信息输出（第 67 行）。当然，也可以将这些信息写入用户手册、API 参考、设计文档等。最后，将 input 原样返回，这个宏对类没有作任何修改（第 69 行）。通过调用宏 GetMemberInfo，可以快速浏览类的主要成员。

在 main.cj 中，定义了一个表示银行账户的 BankAccount 类（第 76 ～ 119 行）。对于这个类，我们可能不希望与年利率相关的成员能够直接被查看，因此我们使用内置宏 Attribute 为每一个与年利率有关的成员都添加了标记 "Skip"（第 79、111 行），这样在调用宏 GetMemberInfo 提取类的成员信息时，这些被标记的成员都将被跳过。

编译以上示例程序，终端将输出：

```
public class BankAccount {
    var currentBalance: Float64
    var fixedBalance: Float64
    init(currentBalance: Float64, fixedBalance: Float64)
    func deposit(amount: Float64): Bool
    func withdraw(amount: Float64): Bool
}
```

注意，与年利率相关的 2 个成员 interestRate 和 setInterestRate 的相关信息没有被输出。
执行得到的可执行文件，输出结果如下：

```
存款：1500.00元
取款：2000.00元
年利率：0.0021
```

3.9 小结

本章主要学习了仓颉宏的相关知识。

1. 宏的工作原理

仓颉宏的工作原理如图 3-37 所示。宏的输入是一段源代码，在宏被调用时，被宏修饰的源代码被转换为 Tokens 对象输入宏，经过解析可以将 Tokens 对象转换为 AST 节点对象，接着可以对 AST 节点对象进行各种访问和修改操作，操作完成之后，将 AST 节点对象再转换为 Tokens 对象，得到宏的输出，仍是一段源代码。

图 3-37　宏的工作原理

在这个过程中涉及的相关类型如图 3-38 所示。

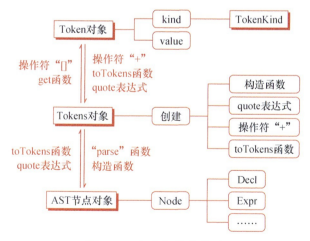

图 3-38　与宏相关的类型

2. 宏的使用

宏必须先定义后调用，相关注意事项如图 3-39 所示。在编译时也必须先编译宏定义文件，再编译宏调用文件。

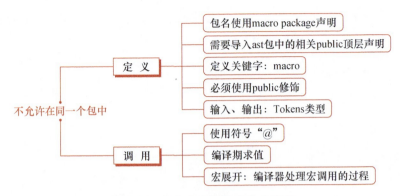

图 3-39　宏定义和调用的注意事项

宏定义中不可以定义宏，但是宏定义和宏调用中可以调用宏。在嵌套的宏调用中，可以通过 ast 包提供的相关函数获取宏调用的上下文信息和实现信息共享，如图 3-40 所示。

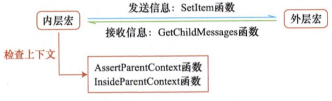

图 3-40　嵌套宏调用的相关函数

3. 宏的分类

仓颉宏包括非属性宏和属性宏 2 种，另外，仓颉提供了一些内置的宏。相关知识点如图 3-41 所示。

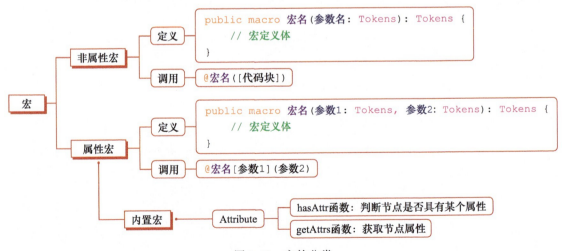

图 3-41　宏的分类

第 4 章

多线程

1　概述

2　线程管理

3　线程安全

4　线程通信

5　多线程协调

6　小结

4.1　概述

多线程编程允许同时执行多个线程，以提高应用程序的效率和性能。在学习多线程的相关知识之前，需要先了解一些基本的概念。

1. 线程和进程

程序是静态的代码集合，当程序运行时，对应的程序实例就是进程（process）。进程是操作系统分配资源的基本单位。一个进程通常包含了运行程序所需的代码、数据、资源和上下文等。每个进程都拥有独立的地址空间和其他系统资源（如文件句柄、设备等）。

线程（thread）是操作系统能够进行运算调度的最小单位。它被包含在进程之中，是进程中的实际执行单元。一个进程可以包含一个或多个线程。线程共享其父进程的地址空间和资源，但拥有自己的调用栈、程序计数器和局部变量。程序、进程和线程三者之间的关系如图 4-1 所示。

图 4-1　程序、进程和线程的关系

以 Windows 操作系统中的常用办公软件 Word 为例，当我们在计算机上安装了该应用时，这个应用的相关代码即为程序。当启动 Word 时，操作系统会在计算机的内存中创建一个进程。这个进程是 Word 程序的活动实例，它包含了程序代码以及程序所需的数据和资源。在这个进程内部，可能会有多个线程同时运行，每个线程负责处理不同的任务。比如，一个线程可能负责文档的自动保存，另一个线程可能负责拼写检查，还有一个线程可能负责处理用户的输入。

2. 并发和并行

在多线程编程中，线程可以是并发（concurrent）的，也可以是并行（parallel）的，这取决于执行它们的硬件环境和线程调度策略。简单地说，并发指的是多个任务交替执行，而并行指的是多个任务同时执行。

单核处理器可以通过时间片轮转的方式来实现并发。在任意时刻，单核处理器只能执行一个任务，即只能有一个线程在处理器上运行，其他线程均处于等待运行的状态。并发并不意味着多个线程在事实上是同时执行的。它是通过线程切换，使得每个任务都执行一个很短的时间段，但是在不同的任务之间快速切换，从而给用户一种"多个任务同时执行"的错觉。如图 4-2 所示，多线程并发时可以"同时"聊天、听音乐、浏览网页和打游戏。

当多个线程在多核处理器上运行时，它们可以是并行的。这意味着两个或更多的线程可以同时在不同的处理器核心上运行。如图 4-3 所示，一个四核处理器可以在同一时刻同时执行 4 个不同的任务，多线程并行时可以真正地同时聊天、听音乐、浏览网页和打游戏。

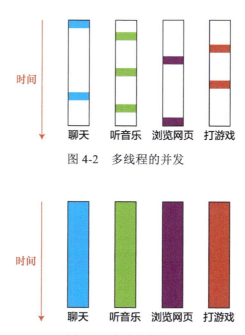

图 4-2 多线程的并发

图 4-3 多线程的并行

多线程编程中多个线程是并发还是并行,取决于多个线程是否真正同时执行。在单核处理器上,线程是并发执行的;在多核处理器上,则可以实现并行执行。不过,多个线程运行时是并发还是并行,主要是由硬件环境(处理器是单核还是多核)和操作系统(操作系统的线程调度策略)决定的,这通常不是应用程序本身需要直接考虑的问题。应用程序负责创建和管理线程,主要需要关注的是如何有效地设计多线程逻辑,例如线程间的同步、确保线程安全等。尽管应用程序通常不需要管理线程的并发或并行执行,但在设计时也应考虑性能影响。例如,在多核处理器上,合理地利用线程可以显著提高性能。

正因为多线程编程可以使得应用程序更有效地利用多核处理器的计算能力,提高性能和改善用户体验,所以多线程编程广泛应用于许多领域。以下是一些常见的应用场景。

- **Web 服务器和应用服务器**:在处理大量用户的请求时,服务器通常会为每个请求分配一个单独的线程,这样可以同时处理多个请求,提高服务器的吞吐量和响应速度。
- **图形用户界面(GUI)应用程序**:在 GUI 应用程序中,一个线程可以用于维护用户界面的响应性和交互性,而其他线程可以在后台处理耗时的计算任务,防止界面因长时间运算而冻结。
- **游戏开发**:在游戏中,多线程用于同时处理渲染、物理计算、音效处理等任务,以保证游戏的流畅性和响应速度。
- **科学计算和数据分析**:在进行大规模的数值计算或数据处理时,多线程可以用来处理多个任务,显著减少计算时间。

3. 同步

在多线程编程中,同步(synchronization)是一个核心概念。同步指的是协调多个并发执行的线程,以确保它们在访问共享资源或执行相关任务时能够以有序和安全的方式进行。同步的目标是避免竞态条件、数据不一致以及其他由于线程间不恰当的交互造成的问题。简而言之，同步的作用是确保当多个线程需要交互或共享数据时，程序的行为是可预测和正确的。

注意，以上这段话在"多个并发执行的线程"中所使用的名词"并发"是一种广义上的描述，它包括了前文介绍的并发和并行的概念。目的是强调在多任务环境中，无论是交错执行（并发）还是真正的同时执行（并行），任务之间都需要某种形式的协调和同步，以确保对共享资源的访问是有序和安全的。

注：后文中使用类似"多个并发执行的线程"的表述时，其中的"并发"均属于这种情况，是一个宽泛的术语。

同步的主要目标包括以下几点。

- **保证数据的一致性和完整性**：当多个线程尝试同时读写共享数据时，同步机制确保每次只有一个线程能够修改数据，从而防止数据损坏。
- **控制执行顺序**：在某些情况下，多个线程之间的执行需要按照特定的顺序进行。通过同步，可以确保线程按照预定的顺序执行，满足特定的程序逻辑需求。
- **避免死锁和活锁**：同步机制通过管理线程对资源的访问，帮助避免因资源争用导致的死锁（两个或多个线程永久等待对方释放资源）和活锁（线程不断重试但无法推进）情况的发生。
- **提高程序的稳定性和可靠性**：通过确保并发执行的线程不会因为资源竞争或不当交互而导致程序崩溃或产生不可预期的结果，同步提高了软件的稳定性和可靠性。

实现线程同步的方法包括使用互斥锁、条件变量、信号量等同步机制，这些在本章都会介绍。选择合适的同步机制对于设计高效、可靠的多线程应用至关重要。

4.2　线程管理

仓颉线程是一种用户态的轻量级线程，并且支持抢占，它带来了一种非常灵活且高效的线程实现机制。仓颉线程的主要特点有以下三点。

- **用户态**：线程的创建、调度和管理都在用户空间完成，不需要内核（操作系统内核）的介入。这样可以显著降低上下文切换的成本，提高系统性能。
- **轻量级**：与传统的内核线程相比更加轻便、占用的资源少，创建和销毁的开销也小，因此可以在应用程序中创建大量的线程，实现更细粒度的并发控制、提高并发性能，这对于 I/O 密集型或高并发应用特别有利。
- **抢占式调度**：线程调度器可以在任何时刻中断线程的执行，将 CPU 资源分配给其他线程。这有助于提高响应性和资源利用率，同时防止某个线程长时间占用 CPU 导致其他线程饥饿。

首先我们来学习**单个线程的创建和管理**。当一个仓颉程序运行时，会创建一个进程，并在该进程内创建一个主线程。这个主线程主要负责从 main 开始执行程序的代码。如果我们需要同时处理多个任务，则可以自己创建线程。相较于主线程而言，这些自己创建的线程被称为子线程。在子线程内也可以再创建子线程。

4.2.1　线程的创建

在仓颉中，使用 spawn 表达式创建线程，其语法格式如下：

> **spawn** 不带参数的 lambda 表达式

其中，spawn 是关键字，lambda 表达式不允许有形参且 lambda 表达式中的 "=>" 可以省略。lambda 表达式的表达式体即为创建的子线程中需要执行的代码。spawn 表达式的返回值类型为 Future<T>，其中 T 的类型为 lambda 表达式的返回值类型（见 4.2.3 节）。

举例如下：

```
main() {
    // 创建一个子线程
    spawn {
        for (i in 0..3) {
            println("子线程:i = ${i}")
        }
    }

    for (j in 0..5) {
        println("主线程:j = ${j}")
    }
}
```

编译并执行以上代码，输出结果可能如下：

```
主线程:j = 0
子线程:i = 0
主线程:j = 1
主线程:j = 2
子线程:i = 1
主线程:j = 3
子线程:i = 2
主线程:j = 4
```

以上示例代码使用 spawn 表达式创建了一个子线程。在该子线程中，执行一个循环 3 次的 for-in 表达式。同时，在主线程中执行一个循环 5 次的 for-in 表达式。

由运行结果可以看出，主线程和子线程是交替执行的，如图 4-4 所示。

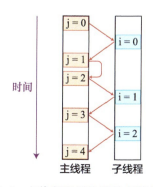

图 4-4　主线程和子线程的交替执行

以上示例代码的输出顺序是不确定的。在多线程环境中，线程调度器决定哪个线程获得 CPU 的时间片以执行其任务。主线程和子线程会根据线程调度器的决策交替执行。

4.2.2　线程的生命周期

线程的生命周期如图 4-5 所示。

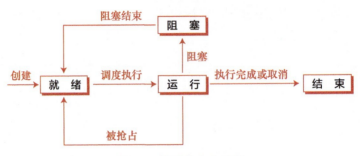

图 4-5　线程的生命周期

1. "就绪"状态

当一个线程被创建后，该线程首先进入"就绪"状态。这意味着该线程已经准备好运行并等待 CPU 时间片。

2. "运行"状态

线程调度器决定哪个线程会获得 CPU 时间片并真正开始执行，即从"就绪"状态变为"运行"状态。因此，即使我们创建了一个线程，也不能保证它会立即获得 CPU 时间片并开始执行。这就是为什么在上面的输出结果中，尽管我们首先创建了子线程然后执行一个循环 3 次的 for-in 表达式，但是可能会首先输出"主线程：j = 0"而不是"子线程：i = 0"。当一个处于"运行"状态的线程因时间片用完而被抢占时，线程调度器会中断该线程的执行，将其变为"就绪"状态。

3. "阻塞"状态

当一个处于"运行"状态的线程因某种原因（如等待资源）而被阻塞时，线程调度器会中断该线程的执行，将其变为"阻塞"状态。同时，线程调度器会从所有处于"就绪"状态的线程中选择一个线程并分配 CPU 时间片。处于"阻塞"状态的线程在阻塞结束后，首先变为"就绪"状态，在调度执行之后才会变为"运行"状态。

4. "结束"状态

处于"运行"状态的线程在执行完成或取消后，变为"结束"状态。

在进行多线程编程时，除了需要考虑线程的生命周期，还需要考虑**主线程对子线程生命周期的影响**。

主线程是多线程应用程序的核心，它不仅负责程序的启动和结束，还在资源管理、用户界面处理和子线程管理等方面发挥着重要作用。在多线程应用程序中，主线程的生命周期通常决定了整个应用程序的生命周期。在许多情况下，当主线程结束时，应用程序也随之结束。

在主线程执行结束后，即便子线程还没有执行完 lambda 表达式体，子线程也会随之提前结束。为了验证这一点，我们修改以上示例代码，在子线程中调用 sleep 函数让它阻塞并睡眠一段时间，从而使得主线程比子线程先执行结束。修改过后的示例代码如下。

```
from std import sync.sleep
from std import time.Duration

main() {
    // 创建一个子线程
    spawn {
        sleep(Duration.second * 2)   // 阻塞子线程，使其睡眠2秒

        for (i in 0..3) {
            println("子线程：i = ${i}")
        }
    }

    for (j in 0..5) {
        println("主线程：j = ${j}")
    }
}
```

编译并执行以上代码，输出结果如下：

```
主线程：j = 0
主线程：j = 1
主线程：j = 2
主线程：j = 3
主线程：j = 4
```

在仓颉标准库的 sync 包中，定义了一个全局函数 sleep，该函数的定义如下：

```
// 使得当前线程进入睡眠，参数dur表示线程睡眠的时长
public func sleep(dur: Duration): Unit
```

以上示例代码在子线程中的 for-in 表达式之前调用了 sleep 函数。这样，在执行该函数后子线程被阻塞并睡眠 2 秒。在此期间，主线程执行结束，因此子线程也随之提前结束，子线程没有输出任何内容。

如果子线程在执行关键资源管理或写操作时被强制终止，可能会导致数据损坏或资源泄露。因此，合理管理线程生命周期和资源是很重要的。比如，前面我们已经介绍了如何使用 try-with-resources 表达式来自动管理资源。再如，通过一些方式确保主线程等待所有子线程结束后才结束。

继续修改示例代码，调用 sleep 函数阻塞主线程，使得主线程在子线程执行结束之后才执行。修改过后的示例代码如下。

```
from std import sync.sleep
from std import time.Duration

main() {
    // 创建一个子线程
    spawn {
```

```
        for (i in 0..3) {
            println("子线程：i = ${i}")
        }
    }

    sleep(Duration.second * 2)   // 阻塞主线程，使其睡眠 2 秒

    for (j in 0..5) {
        println("主线程：j = ${j}")
    }
}
```

编译并执行以上代码，程序首先输出：

```
子线程：i = 0
子线程：i = 1
子线程：i = 2
```

在停顿了很短的时间之后，程序继续输出：

```
主线程：j = 0
主线程：j = 1
主线程：j = 2
主线程：j = 3
主线程：j = 4
```

在以上示例代码中，主线程在执行 sleep 函数之后会被阻塞并睡眠 2 秒。在此期间，子线程执行结束。程序有了前 3 行输出。主线程睡眠 2 秒后，由"阻塞"状态变为"就绪"状态，一旦获得 CPU 时间片，它就变为"运行"状态，并开始执行循环 5 次的 for-in 表达式。程序有了后 5 行输出。

子线程与子线程之间是并列的关系，它们同时存在并独立执行，彼此不会产生直接的控制或依赖。多个子线程是在相同的执行上下文中运行，它们之间不构成层次结构。即便一个子线程创建了另一个子线程，也不意味着它包含或拥有这个新创建的线程；这两个线程在创建时是独立的实例，它们的生命周期不会受到对方的直接影响。举例如下：

```
from std import sync.sleep
from std import time.Duration

main() {
    // 创建一个子线程 1
    spawn {
        // 在子线程 1 中创建一个子线程 2
        spawn {
            sleep(Duration.second * 2)   // 阻塞子线程 2，使其睡眠 2 秒
            println("子线程 2 执行 ...")
        }

        println("子线程 1 执行完毕")
    }
```

```
        sleep(Duration.second * 3)    // 阻塞主线程，使其睡眠 3 秒
        println("主线程执行完毕")
    }
```

编译并执行以上示例代码，程序首先输出：

子线程 1 执行完毕

在停顿了很短的时间之后，程序继续输出：

子线程 2 执行 ...

最后程序输出：

主线程执行完毕

以上示例在主线程中创建了子线程 1，然后在子线程 1 中创建了子线程 2。通过运行结果可知，子线程 2 在子线程 1 执行完毕之后才被执行。尽管子线程 2 是在子线程 1 中被创建的，子线程 1 的生命周期却没有影响子线程 2 的生命周期。

虽然子线程之间在执行时是并列的，但它们可能会共享某些资源，或存在一些间接的依赖关系。通过使用特定的工具（如 Monitor），它们的生命周期也能够相互影响。

4.2.3 Future 类型

Future 类型是定义在仓颉标准库 core 包中的一个泛型类，spawn 表达式的返回值类型就是 Future<T>，其中 T 为 spawn 表达式中的 lambda 表达式的返回值类型。Future 类的定义如下：

```
public class Future<T> {
    // 获得当前线程的 Thread 实例
    public prop thread: Thread

    /*
     * 阻塞当前线程，直到当前 Future 实例对应的线程执行结束
     * 返回值为当前 Future 实例对应线程的返回值
     */
    public func get(): T

    /*
     * 阻塞当前线程，等待当前 Future 实例对应线程的返回值
     * 参数 ns 表示等待时间，单位为纳秒
     * 如果 ns <= 0，等同于函数 get()；如果 ns > 0，则阻塞当前线程 ns 纳秒
     * 若当前 Future 实例对应的线程在 ns 纳秒后没有执行结束，则返回 None
     * 否则，返回当前 Future 实例对应的线程返回值的 Option 值
     */
    public func get(ns: Int64): Option<T>

    /*
     * 不阻塞当前线程，尝试获取当前 Future 实例对应线程的返回值
     * 若当前 Future 实例对应的线程没有执行结束，则返回 None
     * 否则，返回当前 Future 实例对应的线程返回值的 Option 值
```

```
        */
    public func tryGet(): Option<T>

    // 其他成员略
}
```

1. get 函数

在 4.2.2 节的示例程序中，我们通过调用 sleep 函数阻塞了主线程，使得主线程在子线程执行结束后才开始执行。尽管通过 sleep 函数可以使主线程在等待子线程执行结束之后才开始执行，但是这样的做法是有明显缺点的，因为我们无法预测子线程的执行时间。如果为 sleep 函数传入的参数过大，可能会导致主线程等待的时间过长，这会带来一定的资源浪费；如果传入的参数过小，可能会导致主线程在子线程执行结束之前就开始执行。

在很多情况下，在当前线程中创建另一个线程时，都需要让当前线程等待新线程执行结束后再开始执行。通过 Future 类型的 get 函数可以达到这一目的。

继续修改上面的示例代码，使用 Future 类的 get 函数来阻塞主线程使主线程在子线程执行完毕之后才开始执行。修改过后的示例代码如下：

```
main() {
    // 创建一个子线程
    let future: Future<Unit> = spawn {
        for (i in 0..3) {
            println("子线程：i = ${i}")
        }
        println("子线程执行完毕")
    }

    // 调用 get 函数阻塞主线程，直到 future 对应的子线程执行结束
    future.get()

    for (j in 0..5) {
        println("主线程：j = ${j}")
    }
}
```

编译并执行以上代码，输出结果如下：

```
子线程：i = 0
子线程：i = 1
子线程：i = 2
子线程执行完毕
主线程：j = 0
主线程：j = 1
主线程：j = 2
主线程：j = 3
主线程：j = 4
```

在使用 get 函数阻塞线程时，还可以同时获得线程的返回值。举例如下：

```
main() {
    // 创建一个子线程，future 的类型为 Future<Int64>
```

```
let future = spawn {
    var sum = 0
    for (i in 1..=100) {
        sum += i
    }
    sum
}

// 调用get函数阻塞主线程，直到future对应的子线程执行结束并获取返回值
let result = future.get()
println("子线程返回：${result}")
}
```

编译并执行以上代码，输出结果如下：

```
子线程返回：5050
```

在以上示例代码中，首先创建了一个子线程，用于计算 1 到 100 的和，并且将 spawn 表达式的值赋给变量 future。因为子线程的返回值类型为 Int64，所以 future 的类型为 Future<Int64>。然后通过 future 调用函数 get，这样，主线程会被阻塞，直到 future 对应的子线程执行结束，主线程才开始执行。函数 get 的返回值为子线程的返回值。在调用函数 get 时，如果 future 对应的子线程已经执行结束，则直接返回子线程的返回值。

接下来我们尝试使用一下函数 get(ns: Int64)，将以上示例代码中的 get() 修改为 get(1)。修改过后的示例代码如下。

```
main() {
    // 创建一个子线程，future的类型为Future<Int64>
    let future = spawn {
        var sum = 0
        for (i in 1..=100) {
            sum += i
        }
        sum
    }

    // 阻塞主线程1纳秒
    let optResult = future.get(1)

    if (optResult.isNone()) {
        println("get函数被调用时子线程尚未执行完毕")
    } else if (let Some(result) <- optResult) {
        println("子线程返回：${result}")
    }
}
```

在以上示例代码中，通过 future 调用了函数 get(1) 以阻塞主线程 1 纳秒。若 future 对应的子线程在 1 纳秒后没有执行结束，则函数 get(1) 的返回值为 None；否则，返回值为 Some(5050)。

编译并执行以上示例代码，输出结果可能如下：

```
子线程返回：5050
```

2．tryGet 函数

函数 tryGet 与 get 的区别主要有两点：一是 get 会阻塞当前线程，而 tryGet 不会；二是 get（无参数的 get 函数）直接返回线程的返回值，而 tryGet 在获取线程返回值成功后返回的是 Option 值。

下面我们将以上示例代码中的函数 get 改为 tryGet。如果在函数 tryGet 被调用时 future 对应的线程已经执行完毕，那么函数的返回值为 Some(5050)，否则为 None。修改过后的示例代码如下：

```
main() {
    // 创建一个子线程，future的类型为Future<Int64>
    let future = spawn {
        var sum = 0
        for (i in 1..=100) {
            sum += i
        }
        sum
    }

    // 调用 tryGet 函数尝试获取子线程的返回值，不阻塞主线程
    let optResult = future.tryGet()

    if (optResult.isNone()) {
        println("tryGet 函数被调用时子线程尚未执行完毕")
    } else if (let Some(result) <- optResult) {
        println("子线程返回：${result}")
    }
}
```

编译并执行以上示例代码，输出结果可能为：

```
tryGet 函数被调用时子线程尚未执行完毕
```

4.2.4　访问线程的属性

Future 类的每个对象都对应一个线程。为了表示线程，仓颉标准库的 core 包提供了 Thread 类。通过该类可以访问当前线程的属性信息，例如线程 id、名称等。Thread 类的定义如下：

```
public class Thread {
    // 获取当前线程的Thread实例
    public static prop currentThread: Thread

    /*
     * 获取当前线程的标识
     * 所有存活的线程都有不同的标识，但当前线程结束后它的标识可能会被复用
     */
    public prop id: Int64

    // 获取或设置当前线程的名称，获取或设置操作都具有原子性
```

```
        public mut prop name: String

        // 当前线程是否存在取消请求，即是否通过Future实例的cancel函数发送过取消请求
        public prop hasPendingCancellation: Bool

        // 其他成员略
    }
```

Thread 对象无法通过直接构造得到，只能通过以下两种方式获取。

■ 通过 Thread 类的静态成员属性 currentThread 可以获取**当前线程**的 Thread 对象。

■ 通过 Future 对象的属性 thread 可以获取 **Future 对象对应线程**的 Thread 对象。

下面的示例程序演示了如何通过这两种方式获取 Thread 对象。程序代码如代码清单 4-1 所示。

代码清单 4-1　thread_info_demo.cj

```
01  from std import collection.ArrayList
02
03  main() {
04      // 创建一个ArrayList，以存储所有子线程对应的Future实例
05      let futureArrayList = ArrayList<Future<Unit>>()
06
07      // 创建3个子线程
08      for (_ in 0..3) {
09          let future = spawn {
10              // 根据当前线程的id设置当前线程的名称
11              Thread.currentThread.name = "线程${Thread.currentThread.id}"
12              println("${Thread.currentThread.name} 正在执行中")
13          }
14
15          // 将子线程对应的Future实例添加到futureArrayList中
16          futureArrayList.append(future)
17      }
18
19      // 等待所有子线程执行结束
20      for (future in futureArrayList) {
21          future.get()  // 阻塞主线程，直到future对应的子线程执行结束
22          println("${future.thread.name} 执行结束")
23      }
24  }
```

编译并执行以上程序，输出结果可能如下：

```
线程1 正在执行中
线程3 正在执行中
线程1 执行结束
线程2 正在执行中
线程2 执行结束
线程3 执行结束
```

以上示例程序通过 for-in 表达式在主线程中创建了 3 个子线程（第 7～17 行）。在每个子线程中，首先通过 Thread 类的静态成员属性 currentThread 获取了当前线程的 id，并设置了当

前线程的名称，然后获取当前线程的名称并输出该线程正在执行中的提示信息（第 11、12 行）。在主线程中，当每个子线程执行结束并返回后，通过 Future 对象 future 访问成员属性 thread 获取每个子线程对应的 Thread 对象，然后访问 Thread 对象的成员属性 name 获取每个子线程的名称，并输出该线程执行结束的提示信息（第 22 行）。

　　在某些应用场景中，可能需要终止线程的执行。例如，在用户界面中，用户启动了一个耗时的文件下载操作或数据处理操作，如果该操作经过了很长时间还没有执行完毕，用户可能希望取消它。Future 类提供了 cancel 函数向对应的线程发送终止请求，该函数的定义如下：

```
/*
 * 向当前 Future 实例对应的线程发送取消请求
 * 该函数不会立即终止线程执行，仅发送请求（设置线程的终止状态）
 */
public func cancel(): Unit
```

　　通过线程的 Thread 对象的属性 hasPendingCancellation 可以检查线程是否存在取消请求。如果线程存在取消请求，我们可以自行决定到底是终止线程，还是让线程继续执行直到正常结束。举例如下：

```
from std import sync.sleep
from std import time.Duration

main() {
    // 创建一个子线程
    let future = spawn {
        // 循环执行 3 个子操作
        for (i in 1..=3) {
            // 如果当前线程存在取消请求，则输出终止信息并跳出循环
            if (Thread.currentThread.hasPendingCancellation) {
                println("线程被终止")
                break
            }
            sleep(Duration.second * 2)  // 模拟子操作的执行
            println("第 ${i} 个子操作执行完毕")
        }
    }

    sleep(Duration.second * 3)  // 阻塞主线程使主线程睡眠 3 秒
    future.cancel()  // 向子线程发送终止请求
    future.get()  // 阻塞主线程，直到 future 对应的子线程执行结束
}
```

编译并执行以上代码，输出结果如下：

```
第 1 个子操作执行完毕
第 2 个子操作执行完毕
线程被终止
```

　　以上示例程序在主线程中创建了一个子线程。在子线程中，通过 for-in 表达式循环执行 3 个子操作。在 for-in 表达式的循环体中，通过调用 sleep 函数阻塞子线程 2 秒以模拟子操作的执行。在执行每个子操作之前，都通过当前线程的 Thread 对象访问了属性 hasPendingCancellation，

以检查当前线程是否存在取消请求。如果当前线程存在取消请求，就终止当前线程的执行。

对于主线程，首先调用 sleep 函数阻塞了主线程 3 秒，然后通过子线程对应的 future 对象调用 cancel 函数，向子线程发送了取消请求。此时，子线程正在执行第 2 个子操作，执行完该子操作之后，子线程就终止执行了。

通过 Future 对象的 cancel 函数向其对应的线程发送取消请求以设置 Thread 对象的属性 hasPendingCancellation 的过程如图 4-6 所示。

图 4-6　通过 Future 对象的函数 cancel 设置 Thread 对象的属性 hasPendingCancellation

4.3　线程安全

线程安全是多线程编程中的一个重要概念，指的是在多线程环境下，共享的资源可以被多个线程同时访问而不引起任何问题或不一致的行为。当多个线程并发访问某个共享资源时，比如并发访问一个变量、数据结构或代码块，如果在没有适当并发控制措施的情况下，可能导致数据不一致或其他不可预期的结果，则称**对该共享资源的访问是线程不安全的**。反之，如果一个共享资源在并发环境下，不需要任何外部同步或协调机制，仍然能够始终保持数据的一致性并确保预期行为的正确性，则称**对该共享资源的访问是线程安全的**。

下面通过一个例子来说明多个线程并发访问某个变量时导致的线程不安全问题。某网站为了跟踪页面的受欢迎程度而开发了一个常见的功能：统计页面的点击次数。这可以通过一个计数器来实现，每当页面被点击一次，计数器的值就增加 1。现在该网站发布了一篇热门文章，在某一瞬间，同时有 2000 个用户点击了这篇文章的页面。服务器处理完这 2000 个请求后，计数器的值应该增加 2000。模拟该场景的示例代码如下：

```
from std import collection.ArrayList

// 全局变量clickCount存储页面的点击次数，模拟开始时页面已经被点击了6800次
var clickCount = 6800

main() {
    // 创建一个ArrayList，以存储所有子线程对应的Future实例
    let futureArrayList = ArrayList<Future<Unit>>()

    // 创建2000个子线程
    for (_ in 0..2000) {
        let future = spawn {
            clickCount++   // 在每个子线程中增加点击次数
```

```
        }

        // 将子线程对应的Future实例添加到futureArrayList中
        futureArrayList.append(future)
    }

    // 等待所有子线程执行结束
    for (future in futureArrayList) {
        future.get()   // 阻塞主线程，直到future对应的子线程执行结束
    }

    println("最终点击次数：${clickCount}")   // 输出最终点击次数
}
```

以上示例程序首先定义了一个全局变量 clickCount，用于存储页面的点击次数，其初始值为 6800，这意味着在模拟开始时，页面已经被点击了 6800 次。然后，创建了 2000 个子线程来模拟 2000 个用户同时点击页面。这个程序没有对子线程采取任何并发控制措施，直接对 clickCount 执行了自增操作以表示点击次数的增加。当 2000 个子线程全部执行结束后，输出最终的点击次数。

如果不存在线程安全问题，最终点击次数应该是 8800 次。但在本程序中 clickCount++ 这个操作并不是线程安全的，所以如果编译并执行以上代码，输出的点击次数很大概率是小于 8800 的。

现在我们来分析一下整个计数的过程。虽然 clickCount++ 看起来是一个简单的操作，但它包含了三个步骤"读取、增加、写回"，即读取 clickCount 的值、增加值和写回 clickCount。一个子线程的三个步骤之间可能被其他子线程的步骤打断。假设子线程 A 和子线程 B 都增加 clickCount 的值，且增加前 clickCount 的值为 7300，我们期望的操作顺序是，子线程 A 执行"读取、增加、写回"这三个步骤，clickCount 的值增加为 7301，然后子线程 B 执行"读取、增加、写回"这三个步骤，clickCount 的值增加为 7302，如图 4-7 所示。

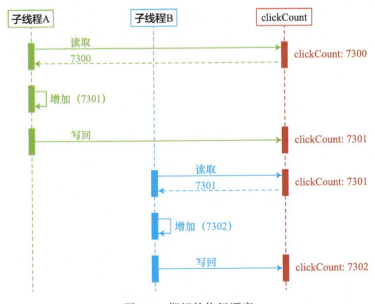

图 4-7　期望的执行顺序

然而，子线程 A 和子线程 B 的操作顺序可能是，首先分别执行"读取"，读取到的 clickCount 值都为 7300，然后分别执行"增加"，增加后的值都为 7301，最后分别执行"写回"，clickCount 的值增加为 7301，导致 clickCount 增加的值比预期少了 1，如图 4-8 所示。

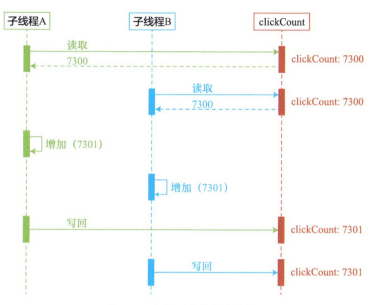

图 4-8　实际可能的操作顺序

对于上面的示例程序，当运行程序后输出的点击次数恰好为 8800 时，这意味着在这次特定的运行中，恰好没有因为子线程间的打断而导致数据更新的丢失，这只是一个偶然的结果，并不能保证在所有情况下都能得到正确的结果。

在多线程环境中，如果代码不是线程安全的，可能会导致多种问题，如数据损坏、不可预测的结果、程序崩溃等。这些问题往往难以复现和调试，因为它们可能只在特定的线程调度和时间条件下发生。因此，确保线程安全是多线程编程中的一个核心挑战，需要加以仔细地设计和实现。正确处理线程安全可以显著提高程序的稳定性和可靠性。

实现线程安全的方法有很多，包括但不限于使用各种同步机制、使用不可变对象、使用线程局部存储等。本节将依次介绍原子操作、可重入互斥锁、可重入读写锁以及线程局部变量的用法。其中，原子操作、可重入互斥锁和可重入读写锁都是很常见的同步机制。

4.3.1　原子操作

假设在一个银行账户转账的应用场景中，用户 A 想从其账户中转出 100 元到用户 B 的账户。这个转账操作包括两个步骤，从 A 的账户中扣除 100 元以及向 B 的账户中增加 100 元。如果这两个步骤中的任何一个因某种原因（如系统崩溃）而失败，那么整个操作都应该回滚，否则就可能导致数据不一致。这就是为什么我们需要原子操作。

原子操作是指在多线程环境中的一个不可分割的操作单元。在一个原子操作中，要么所有的步骤都执行，要么都不执行，没有中间状态，也不能被更高层次的调度机制（如操作系统调度的线程切换）打断。由于原子操作在执行过程中不会被其他线程打断，因此消除了线程交错执行而导致数据不一致的风险。

为了更具体地说明原子操作和非原子操作的区别，让我们考虑一个简单的写操作：一个线程尝试将共享的整数变量的值从 1 增加到 2。对应的原子写操作的过程如图 4-9 所示。

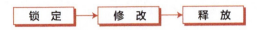

图 4-9　原子写操作的过程

当线程开始写操作时，相关的内存地址被"锁定"，从此刻起，没有其他线程可以同时修改这个变量。接着进行"修改"操作，线程安全地写入变量的新值。在写操作完成后，之前的锁定被"释放"，允许其他线程访问或修改这个变量。整个操作过程是原子的，不可分割也不会中断，不会显示任何中间状态。

在这个原子写操作过程中，任何其他尝试读取或写入该变量的线程都必须等待，直到操作完成。这保证了在任何时刻，所有线程看到的都是一致的、正确的、完整的值。

相对应地，非原子写操作的可能过程如图 4-10 所示。

图 4-10　非原子写操作的可能过程

首先线程"开始写入"，将变量的值从 1 更改为 2。但是，在写操作完成之前，另一个线程可能会打断这个操作导致线程"中断"。例如，当此线程刚读取变量值（此时仍为 1），并准备写回新值（新值为 2）之前，另一个线程可能介入并读取或修改这个变量，就像前面的页面点击次数的示例一样。由于操作不是原子的，第二个线程可能读取到一个不一致或意外的值。如果第一个线程还没有执行写操作，则可能是 1；如果另有其他线程也对该变量执行了写操作，则可能读取到一个完全不同的值。这就是"不一致状态"。

在这个非原子的情境中，写操作可能在任何步骤被打断，这可能会导致数据竞争和不可预测的程序行为。其他线程可能会看到部分更新的数据，或者由于多个线程的并发写入，最终的结果可能不符合任何单个线程的期望。此外，非原子操作导致的问题往往难以重现和调试，因为它们可能只在特定的线程调度情况下发生。

仓颉提供了整数类型、布尔类型和引用类型的原子操作，借助这些原子操作可以简单有效地解决多个线程并发访问这三种类型的实例时导致的线程不安全问题。相关的类型均定义在标准库的 sync 包中，**这些类型的各种操作（读写、交换、算术运算等）都是原子操作。**

1. 整数类型的原子操作

每个整数类型都对应一个原子整数类型，包括 Int8、Int16、Int32、Int64、UInt8、UInt16、UInt32 和 UInt64 类型。在以上整数类型的名称前面添加"Atomic"，就是对应的原子整数类型的名称。例如，整数类型 Int64 对应的原子整数类型为 AtomicInt64，整数类型 UInt8 对应的原子整数类型为 AtomicUInt8。

下面以 AtomicInt64 类型为例来说明原子整数类型的用法。AtomicInt64 类型的定义如下：

```
public class AtomicInt64 {
    // 构造函数，参数 val 表示当前实例的值，即当前实例包装的 Int64 类型的整数值
```

```
        public init(val: Int64)

        // 读取当前实例的值，采用默认的内存排序方式
        public func load(): Int64

        // 将参数val指定的值写入当前实例，采用默认的内存排序方式
        public func store(val: Int64): Unit

        // 将参数val指定的值写入当前实例，并返回写入前的值，采用默认的内存排序方式
        public func swap(val: Int64): Int64

        /*
         * 比较参数old指定的值与当前实例的值是否相等，采用默认的内存排序方式
         * 若相等，则将参数new指定的值写入当前实例，并返回true
         * 否则，不写入值，并返回false
         */
        public func compareAndSwap(old: Int64, new: Int64): Bool

        // 用当前实例的值加上val，将结果写入当前实例并返回加操作前的值，采用默认的内存排序方式
        public func fetchAdd(val: Int64): Int64

        // 用当前实例的值减去val，将结果写入当前实例并返回减操作前的值，采用默认的内存排序方式
        public func fetchSub(val: Int64): Int64

        // 其他成员略
}
```

整数类型的原子操作支持基本的读写、交换以及算术运算操作。需要注意的是，交换操作和算术运算操作对应的函数返回值是修改前的值（修改后的值已经被写入原子整数类型的实例了）。另外，原子操作是非阻塞的，不会导致线程阻塞。

注：内存排序方式是计算机科学中用于描述在多线程环境下，尤其是多核处理器上，如何控制不同线程对共享内存访问操作（如读取、写入）的执行顺序的一系列规则或约定。

接下来，我们使用原子整数类型来解决前面示例中出现的线程不安全问题。修改过后的示例程序如代码清单 4-2 所示。

代码清单 4-2　atomic_integer_operations.cj

```
01  from std import sync.AtomicInt64
02  from std import collection.ArrayList
03
04  // 创建一个AtomicInt64类型的实例，其中包装了页面点击次数
05  let clickCount = AtomicInt64(6800)
06
07  main() {
08      // 创建一个ArrayList来存储所有子线程对应的Future实例
09      let futureArrayList = ArrayList<Future<Int64>>()
10
11      // 创建2000个子线程
```

```
12          for (_ in 0..2000) {
13              let future = spawn {
14                  clickCount.fetchAdd(1)    // 在每个子线程中增加点击次数，这是一个原子操作
15              }
16
17              // 将子线程对应的Future实例添加到futureArrayList中
18              futureArrayList.append(future)
19          }
20
21          // 等待所有子线程执行结束
22          for (future in futureArrayList) {
23              future.get()   // 阻塞主线程，直到future对应的子线程执行结束
24          }
25
26          println("最终点击次数：${clickCount.load()}")   // 输出最终点击次数
27      }
```

编译并执行以上程序，输出结果如下：

最终点击次数：8800

在以上示例程序中，使用了原子整数类型 AtomicInt64 替换了 Int64 类型（第 5 行）。在每个子线程中增加点击次数时，调用了 AtomicInt64 类型的成员函数 fetchAdd 来代替 Int64 类型的自增操作（第 14 行）。由于函数 fetchAdd 执行的是一个原子操作，因此每个子线程都可以完整地执行增加操作，不会受到其他子线程的干扰或打断，如图 4-11 所示。

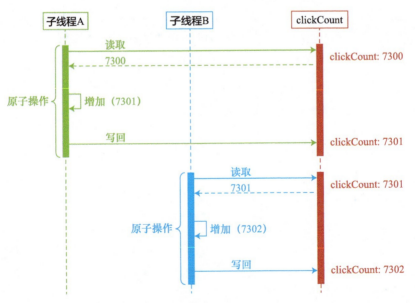

图 4-11　整数类型的原子操作

通过这样的方式，可以保证 2000 个子线程对共享资源 clickCount 的访问是线程安全的。在所有子线程都执行结束后，调用 AtomicInt64 类型的成员函数 load 输出了最终的点击次数。无论运行多少次示例程序，最终的点击次数总是 8800。

2. 布尔类型的原子操作

布尔类型对应的原子布尔类型为 AtomicBool 类型。在该类型的实例中，包装了一个布尔值。AtomicBool 类型的定义如下：

```
public class AtomicBool {
    // 构造函数，参数val表示当前实例的值，即当前实例包装的布尔值
    public init(val: Bool)

    // 读取当前实例的值，采用默认的内存排序方式
    public func load(): Bool

    // 将参数val指定的值写入当前实例，采用默认的内存排序方式
    public func store(val: Bool): Unit

    // 将参数val指定的值写入当前实例，并返回写入前的值，采用默认的内存排序方式
    public func swap(val: Bool): Bool

    /*
     * 比较参数old指定的值与当前实例的值是否相等，采用默认的内存排序方式
     * 若相等，则将参数new指定的值写入当前实例，并返回true
     * 否则，不写入值，并返回false
     */
    public func compareAndSwap(old: Bool, new: Bool): Bool

    // 其他成员略
}
```

布尔类型的原子操作支持基本的读写、交换操作。接下来通过一个示例来说明 AtomicBool 类型在多线程环境中的应用。假设我们有一台打印机，多个线程都需要使用打印机来打印文件，但每次只能有一个线程可以使用打印机，在打印机正在打印时，其他需要打印的线程必须等待。在这种情况下，可以使用一个 AtomicBool 类型的实例来安全地标记打印机的状态。模拟该场景的示例程序如代码清单 4-3 所示。

代码清单 4-3　atomic_bool_operations.cj

```
01  from std import sync.{AtomicBool, sleep}
02  from std import time.Duration
03  from std import random.Random
04  from std import collection.ArrayList
05
06  // 创建一个AtomicBool类型的实例，用于标记打印机是否正在打印，初始时不在打印
07  let isPrinting = AtomicBool(false)
08
09  func printControl() {
10      // 如果打印机正在打印，则输出等待的信息
11      if (isPrinting.load()) {
12          println("线程${Thread.currentThread.id} 正在等待打印")
13      }
14
15      // 当前线程在打印机空闲时开始打印
```

```
16        while (true) {
17            // 在成功设置打印标志为true后开始打印
18            if (isPrinting.compareAndSwap(false, true)) {
19                println("线程${Thread.currentThread.id} 正在打印...")
20                sleep(Duration.millisecond * Random().nextInt64(3000))   // 模拟打印时间
21                println("线程${Thread.currentThread.id} 打印完毕")
22                isPrinting.store(false)   // 设置打印标志为false
23                break
24            }
25        }
26    }
27
28 main() {
29        // 创建一个ArrayList，以存储所有子线程对应的Future实例
30        let futureArrayList = ArrayList<Future<Unit>>()
31
32        // 创建5个打印子线程
33        for (_ in 0..5) {
34            let future = spawn {
35                printControl()
36            }
37
38            // 将子线程对应的Future实例添加到futureArrayList中
39            futureArrayList.append(future)
40        }
41
42        // 等待所有子线程执行结束
43        for (future in futureArrayList) {
44            future.get()   // 阻塞主线程，直到future对应的子线程执行结束
45        }
46        println("所有线程打印完毕")
47    }
```

编译并执行以上程序，输出结果可能如下：

```
线程1 正在打印...
线程2 正在等待打印
线程3 正在等待打印
线程4 正在等待打印
线程5 正在等待打印
线程1 打印完毕
线程4 正在打印...
线程4 打印完毕
线程2 正在打印...
线程2 打印完毕
线程5 正在打印...
线程5 打印完毕
线程3 正在打印...
线程3 打印完毕
所有线程打印完毕
```

在以上示例程序中，创建了一个 AtomicBool 类型的实例 isPrinting，用于标记打印机是否正在打印（第 7 行）。在程序开始执行时，isPrinting 的值为 false（isPrinting 中包装的布尔值为 false）。

在函数 printControl 中，首先通过 isPrinting 调用 load 函数检查打印机的状态，如果 isPrinting 的值为 true，则表明打印机正在打印，输出等待的信息（第 10 ～ 13 行）。然后在 while 循环中，不断检查打印机的状态（第 15 ～ 25 行）。如果 compareAndSwap 函数的返回值为 true（第 18 行），则表明在这次调用开始时 isPrinting 的值为 false，打印机是空闲的，调用结束后 isPrinting 的值被成功设置为 true，开始打印。在打印工作结束后，调用 store 函数将 isPrinting 设置为 false，以表明打印机可用（第 22 行）。

在 main 中，创建了 5 个打印子线程（第 32 ～ 40 行）。由于打印标志的存在，每次只有一个线程能使用打印机，而其他线程必须等待正在使用打印机的线程打印完毕之后才可以继续尝试打印。

以上示例旨在说明 AtomicBool 类型的用法，值得注意的是，这个例子使用了简单的忙等待来轮询打印机的状态，这在实际应用中可能不是最高效的方法。忙等待是指编程中的一种等待方式，其中程序在等待某个条件成立时重复检查这个条件（本例中是通过 while 循环），而不让出 CPU。在忙等待期间，等待的线程将持续运行并占用 CPU 资源（不会进入阻塞状态），由于线程不释放 CPU，一旦等待条件满足，程序就可以立即响应。注意，虽然忙等待不会主动释放 CPU 资源，但忙等待的线程还是受到线程调度器的管理，当 CPU 时间片用完或被抢占时，CPU 还是会切换到其他线程。因此，在等待时间非常短或对于响应时间要求严格（例如高频交易系统等）的情况下，忙等待可以避免线程切换带来的延迟。忙等待的主要缺点是它会浪费 CPU 资源，特别是在等待时间较长的情况下。这不仅会影响当前线程的性能，还可能影响整个系统的性能，因为它减少了其他线程或进程可用的 CPU 时间。如果预期的等待时间较长或者对系统资源的有效利用是关键考虑因素，可以使用其他同步机制来代替忙等待，这些机制在等待时会阻塞线程从而释放 CPU 资源供其他线程或进程使用。这种方式可能会增加一些延迟，但对系统资源的整体使用更加高效。

3. 引用类型的原子操作

仓颉为 Object 的子类型 T 提供了对应的原子引用类型 AtomicReference<T>。在该类型的实例中，包装了一个 T 类型的实例。AtomicReference<T> 类型的定义如下：

```
public class AtomicReference<T> where T <: Object {
    // 构造函数，参数val表示包装的实例
    public init(val: T)

    // 读取当前实例包装的实例，采用默认的内存排序方式
    public func load(): T

    // 将参数val指定的实例写入当前实例，采用默认的内存排序方式
    public func store(val: T): Unit

    // 将参数val指定的实例写入当前实例，并返回写入前包装的实例，采用默认的内存排序方式
    public func swap(val: T): T

    /*
```

```
     * 比较参数 old 指定的实例与包装的实例是否相等，采用默认的内存排序方式
     * 若相等，则将参数 new 指定的实例写入当前实例，并返回 true
     * 否则，不写入并返回 false
     */
    public func compareAndSwap(old: T, new: T): Bool

    // 其他成员略
}
```

　　引用类型的原子操作支持基本的读写、交换操作。接下来举一个例子来说明 AtomicReference<T> 在多线程环境中的应用。假设有一个缓存系统，它存储了某种类型的数据对象。我们希望能够安全地更新这个缓存对象，只有当缓存是预期对象时才进行更新，以避免覆盖由其他线程所做的更新。示例程序如代码清单 4-4 所示。

代码清单 4-4　atomic_reference_operations.cj

```
01  from std import sync.AtomicReference
02  from std import collection.ArrayList
03
04  // 使用 AtomicReference 类型来安全地处理缓存对象
05  let cacheAtomicRef = AtomicReference(CacheObject(""))
06
07  // 模拟缓存对象的类
08  class CacheObject {
09      var data: String
10
11      init(data: String) {
12          this.data = data
13      }
14  }
15
16  // 更新缓存对象
17  func updateCache(data: String) {
18      while (true) {
19          let expectedCache = cacheAtomicRef.load()
20          let newCache = CacheObject(data)
21          if (cacheAtomicRef.compareAndSwap(expectedCache, newCache)) {
22              println("缓存更新为：" + newCache.data)
23              break
24          }
25      }
26  }
27
28  main() {
29      // 创建一个 ArrayList，以存储所有子线程对应的 Future 实例
30      let futureArrayList = ArrayList<Future<Unit>>()
31
32      // 模拟从不同线程更新缓存
33      for (i in 1..=3) {
34          let future = spawn {
```

```
35                updateCache(i.toString())
36          }
37
38          // 将子线程对应的 Future 实例添加到 futureArrayList 中
39          futureArrayList.append(future)
40      }
41
42      // 等待所有子线程执行结束
43      for (future in futureArrayList) {
44          future.get()  // 阻塞主线程，直到 future 对应的子线程执行结束
45      }
46  }
```

编译并执行以上程序，输出结果可能为：

```
缓存更新为: 1
缓存更新为: 3
缓存更新为: 2
```

在示例程序中，定义了一个 CacheObject 类用于模拟缓存对象（第 7 ～ 14 行），一个 AtomicReference 实例 cacheAtomicRef 来安全地处理缓存对象（第 5 行），以及一个函数 updateCache 用于安全地更新缓存对象（第 16 ～ 26 行）。

在函数 updateCache 中只有一个 while 循环（第 18 ～ 25 行），用于实现"重试机制"的逻辑，这一点稍后讨论，先看循环体内的代码。在 while 表达式的循环体中，首先通过 cacheAtomicRef 调用 load 函数获得"当前"的缓存对象，存储在 expectedCache 中（第 19 行）。接着调用 compareAndSwap 函数对"当前"的缓存对象和 expectedCache 进行比较，如果 compareAndSwap 操作时"当前"cacheAtomicRef 中包装的实例和 expectedCache 是一致的，则将 cacheAtomicRef 中包装的实例更新为 newCache。

在多线程环境中，可能需要基于共享资源的当前状态来做出决策或执行更新。首先调用 load 函数获取当前状态，然后基于这个状态进行业务逻辑处理，最后调用 compareAndSwap 函数来原子地更新状态。那么，compareAndSwap 函数中的"比较操作"为什么是必要的呢？因为 load 操作是原子的，compareAndSwap 操作也是原子的，但是以下代码块却不是线程安全的：

```
// load 操作
let expectedCache = cacheAtomicRef.load()

// 其他业务逻辑的代码

// compareAndSwap 操作
if (cacheAtomicRef.compareAndSwap(expectedCache, newCache)) {
    // 代码略
}
```

在 load 操作时"当前"的缓存对象和 compareAndSwap 操作时"当前"的缓存对象可能是不一致的。在 load 操作之后，可能有其他线程修改了 cacheAtomicRef 中包装的实例。例如，对于子线程 A 和子线程 B，它们对 cacheAtomicRef 进行更新的操作顺序可能如图 4-12 所示。

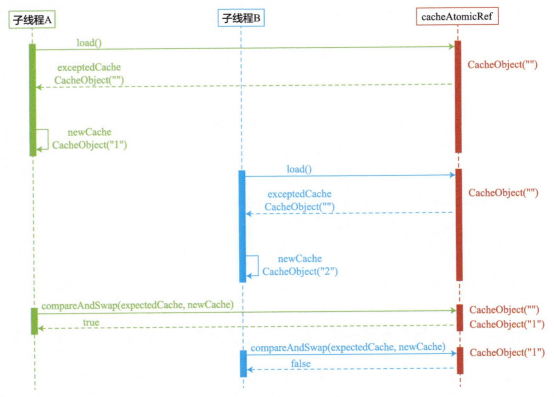

图 4-12 cacheAtomicRef 的更新过程

首先子线程 A 调用 load 获得的 expectedCache 为 CacheObject("")，接着子线程 B 调用 load 获得的 expectedCache 亦为 CacheObject("")；然后子线程 A 调用 compareAndSwap 更新 cacheAtomicRef，因为此时 cacheAtomicRef 中包装的实例 CacheObject("") 与 expectedCache 是一致的，所以更新成功，cacheAtomicRef 中包装的实例变为 CacheObject("1") 并返回 true；接着子线程 B 调用 compareAndSwap 更新 cacheAtomicRef，但是此时 cacheAtomicRef 中包装的实例已经变为 CacheObject("1")，与 expectedCache 不一致，所以更新失败并返回 false。

为了防止多个线程同时修改同一个共享变量时可能出现的数据冲突和不一致，函数 compareAndSwap(old: T, new: T) 在执行时会首先检查 AtomicReference 实例，只有当该实例中包装的实例与期望的实例 old 一致时，更新操作才能成功执行，程序会将该实例中包装的实例更新为 new 并返回 true，否则更新操作失败，不更新并返回 false。

接下来，回到 while 循环本身，我们来解释一下 while 循环在这里起到的作用。为了使演示的结果更明显一些，可以将函数 updateCache 修改为如下代码：

```
func updateCache(data: String) {
    while (true) {
        let expectedCache = cacheAtomicRef.load()
        let newCache = CacheObject(data)

        // 忙等待，模拟延迟以观察并发问题
        var a = 0
        for (_ in 0..1000000) {
```

```
        a++
    }

    if (cacheAtomicRef.compareAndSwap(expectedCache, newCache)) {
        println("缓存更新为: " + newCache.data)
        break
    } else {
        println("更新失败")
    }
    }
}
```

主要的修改有两处：一是为其中的 if 表达式增加了一个 else 分支，在 compareAndSwap 操作失败之后，输出更新失败的信息；二是增加了一个 for-in 循环，该循环的作用是增加延迟以便更容易观察到并发的问题。因为在原程序中，在函数 load 和 compareAndSwap 的调用之间没有其他复杂的业务逻辑的代码，很难观察到更新失败的情况，所以引入一个循环来模拟由于代码执行带来的时间延迟。这里也可以考虑通过 sleep 函数使线程睡眠一个极短的时间来模拟，但是 sleep 会阻塞线程、干扰线程的生命周期，因此我们选择了忙等待的方式。

注：虽然在特定的调试或测试情况下使用忙等待是可行的，但这是一种应当谨慎使用的做法。如果在调试或测试中使用忙等待，在源代码中应该明确标记这些临时代码以确保在调试或测试完成后可以轻松找到并移除这些代码。

编译并执行修改过后的示例程序，输出结果可能如下：

```
缓存更新为: 2
更新失败
更新失败
缓存更新为: 1
更新失败
缓存更新为: 3
```

如前所述，由于多个线程可能同时尝试修改 cacheAtomicRef，因此 compareAndSwap 操作可能会失败。while 循环的作用是确保在这种情况下，当前线程会重新读取最新的变量状态并再次尝试更新。假如没有 while 循环，在第一次 compareAndSwap 操作失败之后，线程就会结束尝试。while 循环确保了每个线程在面对共享资源更新失败时有机会重新尝试，直到成功为止。

这个示例展示了如何在实际应用中使用 AtomicReference 来安全地更新引用类型的实例，这在共享资源管理和无锁编程中非常有用。

前面已经介绍了原子整数类型、原子布尔类型和原子引用类型的用法。需要注意的是，原子操作是一个广义的概念，不仅仅局限于原子类型的相关操作。原子类型的操作是原子操作的特例，这些类型及其操作是专门设计的，用于保证在多线程环境中对共享变量的安全访问。

在更广泛的意义上，原子操作包括任何确保数据在并发环境中安全访问的操作。它不仅限于特定的原子类型，还可以是由底层硬件、操作系统、编程语言或框架提供支持的任何操作。在实际应用中，根据具体的需求和场景，我们可以使用原子类型提供的原子操作，也可以使用锁、事务或其他同步机制来实现操作的原子性。选择哪种方式，取决于性能要求、易用性、可维护性等多种因素。

不过，无论是在广义上还是特指原子类型的操作，原子操作的目的都是为了确保在并发程序中，共享资源的访问和修改是安全的，防止数据竞争和其他并发相关的问题。

4.3.2　可重入互斥锁

在多线程设计中，锁（locks）也是一种用于控制多个线程对共享资源访问的同步机制。想象你在一家服装店，你想使用试衣间。试衣间的门有一个锁，你可以锁上它以确保没有人在你使用的时候打开门。如果有其他客人想使用试衣间就必须等待，直到你打开门锁。这个锁保证了所有客人可以同步地使用试衣间这个共享资源。类似地，当多个线程并发访问某个共享资源时，为了确保对共享资源的访问是线程安全的，可以使用锁来保护临界区（访问共享资源的那部分代码），使得在同一时刻最多只有一个线程能够执行临界区代码。

仓颉标准库的 sync 包提供了 ReentrantMutex 类型表示可重入互斥锁。其定义如下：

```
public open class ReentrantMutex <: IReentrantMutex {
    // 构造函数，创建可重入互斥锁
    public init()

    /*
     * 获取锁
     * 如果要获取的锁已经被其他线程获得，则当前线程被阻塞
     * 否则，获得锁，锁定互斥体
     */
    public func lock(): Unit

    /*
     * 尝试获取锁
     * 如果要获取的锁已经被其他线程获得，则返回false
     * 否则，获得锁，锁定互斥体并返回true
     */
    public func tryLock(): Bool

    /*
     * 释放锁，解锁互斥体
     * 如果一个线程获得了某个锁N次，那么必须释放该锁N次才能完全解锁
     * 一旦互斥体被完全解锁，如果有其他线程阻塞在该锁上，那么唤醒这些线程中的一个
     */
    public func unlock(): Unit
}
```

IReentrantMutex 是定义在 sync 包中的一个接口，开发者可以通过该接口实现自己的可重入互斥锁。其定义如下：

```
public interface IReentrantMutex {
    func lock(): Unit
    func tryLock(): Bool
    func unlock(): Unit
}
```

在多线程编程中，临界区是指那些访问共享资源（如共享内存、文件等）并且这些资源在任何时候只能被一个线程（或进程）所访问的代码块。临界区的代码是互斥执行的，即任何时候只允许一个线程进入临界区以保护共享资源不被并发访问而导致数据损坏。在程序设计中，临界区应尽可能小，仅包含必要的操作，以减少线程等待锁的时间。

一个线程执行临界区代码的步骤如图 4-13 所示。

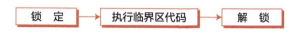

图 4-13　临界区代码的执行步骤

- **锁定**：一个线程在执行临界区的代码之前，必须先获取锁。如果要获取的锁已被其他线程获得，那么该线程被阻塞，直到锁被释放，该线程才有机会获得锁。
- **执行临界区代码**：一旦获得锁，线程执行临界区的代码。
- **解锁**：当持有锁的线程访问完共享资源后，必须释放锁，以便其他线程可以获得锁。

被锁锁定的互斥体（mutex）本身不是临界区，而是用来保护临界区的一种机制。简单来说，互斥体是实现临界区互斥访问的工具；通过对互斥体的锁定和解锁，程序确保在任何时刻只有一个线程可以执行临界区的代码。接下来我们通过几个示例来说明可重入互斥锁的特点和用法。

1. 互斥性

我们可以使用 ReentrantMutex 来解决 4.3 节引例中出现的线程不安全问题。示例程序如代码清单 4-5 所示。

代码清单 4-5　reentrant_mutex_0.cj

```
01  from std import sync.ReentrantMutex
02  from std import collection.ArrayList
03
04  var clickCount = 6800   // 全局变量clickCount存储页面的点击次数
05  let reentrantMutex = ReentrantMutex()   // 创建一个可重入互斥锁
06
07  main() {
08      // 创建一个ArrayList来存储所有子线程对应的Future实例
09      let futureArrayList = ArrayList<Future<Unit>>()
10
11      // 创建2000个子线程
12      for (_ in 0..2000) {
13          let future = spawn {
14              reentrantMutex.lock()   // 获取锁
15              clickCount++   // 在每个子线程中增加点击次数
16              reentrantMutex.unlock()   // 释放锁
17          }
18
19          // 将子线程对应的Future实例添加到futureArrayList中
20          futureArrayList.append(future)
21      }
22
23      // 等待所有子线程执行结束
```

```
24         for (future in futureArrayList) {
25             future.get()   // 阻塞主线程，直到future对应的子线程执行结束
26         }
27
28         println("最终点击次数：${clickCount}")   // 输出最终点击次数
29     }
```

编译并执行以上程序，输出结果为：

最终点击次数：8800

以上示例程序首先创建了一个可重入互斥锁 reentrantMutex 用于保护临界区（第 5 行）。在每个子线程中，只有 clickCount++ 这一行代码访问了共享资源，因此只有这一行代码需要被保护（第 15 行）。在执行 clickCount++ 之前，调用 reentrantMutex 的 lock 函数以获取锁（第 14 行）；在执行 clickCount++ 之后，调用 reentrantMutex 的 unlock 函数以释放锁（第 16 行）。因为在同一时刻最多只有一个线程能够持有锁，并且持有锁的线程只有在执行完临界区的代码之后才会释放锁，所以在同一时刻最多只有一个线程能够执行 clickCount++。任意一个执行 clickCount++ 的线程都不会被其他线程打断，其他想要执行 clickCount++ 的线程只能等待锁的释放，如图 4-14 所示。

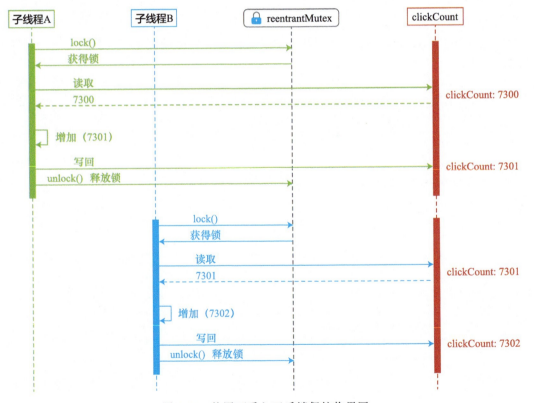

图 4-14 使用可重入互斥锁保护临界区

本例中的临界区只有一行简单的代码：

```
clickCount++
```

如果临界区代码可能抛出异常，那么可以将临界区代码放在普通 try 表达式的 try 块中，将释放锁的代码放在 finally 块中，这样即便临界区代码因为异常而提前退出，锁也一定会被释放。例如，可以将第 14 ～ 16 行代码修改为：

```
reentrantMutex.lock()  // 获取锁
try {
    clickCount++  // 可能会抛出异常的临界区代码
} finally {
    reentrantMutex.unlock()  // 释放锁
}
```

每个 ReentrantMutex 实例都对应一个锁等待队列。当一个线程尝试获取某个 ReentrantMutex 实例的锁时，如果要获取的锁已被其他线程获得，那么该线程会被加入该 ReentrantMutex 实例的锁等待队列中。如图 4-15 所示，线程 B 尝试获取锁，但是锁被线程 A 持有，那么线程 B 将被加入该锁的等待队列中，状态由"运行"变为"阻塞"。

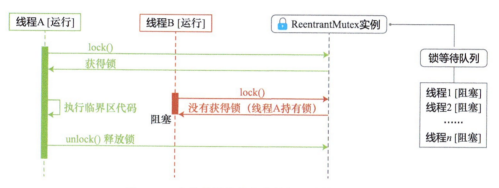

图 4-15　未获得锁的线程将被加入锁等待队列

持有锁的线程释放锁后，锁等待队列中的一个线程会被唤醒。具体唤醒哪一个，取决于线程调度算法。被唤醒的线程由"阻塞"状态变为"就绪"状态。"就绪"状态的线程已经准备好运行并随时等待 CPU 的调度。一旦它获得了 CPU 时间片，它就会变为"运行"状态，并尝试获取锁。如果获取锁成功，则该线程可以开始执行临界区代码，执行完毕后再释放锁。如图 4-16 所示，当线程 A 释放锁之后，锁等待队列中的一个线程被唤醒。这个被唤醒的线程 X 不一定是之前被阻塞的线程 B。线程 X 被唤醒之后进入"就绪"状态，在获得 CPU 时间片之后，进入"运行"状态，开始尝试获取锁，如果获取成功则开始执行临界区的代码。

在锁等待队列中的某个线程被唤醒并依次进入"就绪""运行"状态，然后开始尝试获取锁这个过程中，其他线程可能获得了锁。此时该线程获取锁失败，再次被加入锁等待队列中，其状态由"运行"变为"阻塞"，直到其他持有锁的线程释放锁之后它才有机会被唤醒。如图 4-17 所示，线程 X 被唤醒后，在它尝试获取锁时，已经有一个线程 C 获得了锁，此时线程 X 将再次被加入锁等待队列，变为"阻塞"状态。如果线程 C 在线程 X 获得锁之后才尝试获取锁，那么线程 C 将被加入锁等待队列，变为"阻塞"状态。

在获取锁时，除了调用 lock 函数，还可以调用 tryLock 函数，两者的区别在于：如果要获取的锁已被其他线程获得，lock 会阻塞当前线程，而 tryLock 不会阻塞当前线程且返回值为 false，当前线程可以选择执行其他操作而不是无限期地等待。

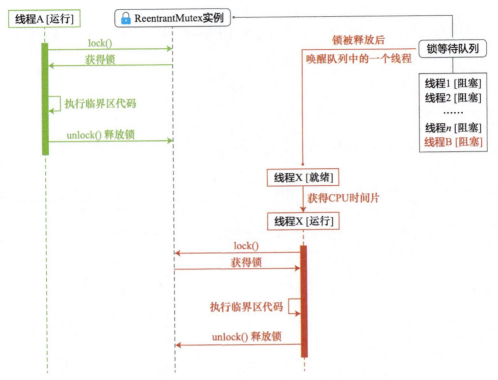

图 4-16　锁被释放后锁等待队列中的一个线程被唤醒

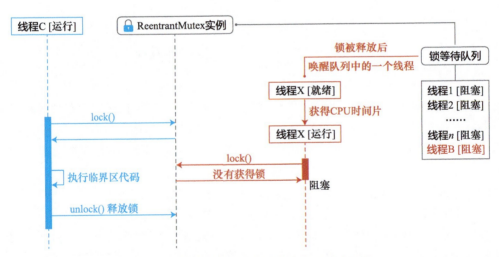

图 4-17　被唤醒的线程获取锁失败被再次阻塞

　　在日常应用中，tryLock 的一个典型场景是在资源竞争激烈的环境下，尝试执行一个操作，如果不能立即获得所需资源的访问权限，则不等待资源变得可用，而是转而执行另一个备选操作。这种模式特别适合那些对响应时间敏感或者有替代任务可以执行的场景。

　　接下来举一个例子说明 tryLock 函数的用法。假设有一个网站，用户可以上传图片并进行处理，处理过程需要获取一个处理资源（比如处理器时间、特定的硬件资源等）。由于资源有限，如果资源正忙，系统会建议用户尝试一个轻量级的图片处理任务，或者提供一些其他的交互选项，而不是让用户等待。模拟该场景的示例程序如代码清单 4-6 所示。

代码清单 4-6　reentrant_mutex_1.cj

```
01  from std import sync.{ReentrantMutex, sleep}
02  from std import time.Duration
03  from std import collection.ArrayList
04
05  let reentrantMutex = ReentrantMutex()   // 创建一个可重入互斥锁
06
07  // 尝试进行高质量的图片处理，如果资源可用则执行高质量处理，否则提供一个备选的轻量级处理
08  func processImage(image: String) {
09      // 调用 tryLock 函数尝试获取锁
10      if (reentrantMutex.tryLock()) {  // 成功获得锁，进行高质量处理
11          try {
12              highQualityProcess(image)
13          } finally {
14              reentrantMutex.unlock()   // 释放锁
15          }
16      } else {  // 获取锁失败，执行备选方案
17          alternativeProcess(image)
18      }
19  }
20
21  func highQualityProcess(image: String) {
22      println("${image} 正在处理中...")
23      sleep(Duration.millisecond * 100)   // 模拟图片处理过程
24      println("${image} 高质量处理完毕")
25  }
26
27  func alternativeProcess(image: String) {
28      println("资源繁忙，执行备选的轻量级处理：${image}")
29      sleep(Duration.millisecond * 50)   // 模拟图片处理过程
30      println("${image} 轻量级处理完毕")
31  }
32
33  main() {
34      // 创建一个ArrayList，以存储所有子线程对应的Future实例
35      let futureArrayList = ArrayList<Future<Unit>>()
36
37      // 创建5个子线程
38      for (i in 1..=5) {
39          let future = spawn {
40              processImage("图片${i}")   // 处理图片
41          }
42
43          // 将子线程对应的Future实例添加到futureArrayList中
44          futureArrayList.append(future)
45      }
46
47      // 等待所有子线程执行结束
48      for (future in futureArrayList) {
```

```
49              future.get()   // 阻塞主线程，直到future对应的子线程执行结束
50          }
51      }
```

编译并执行以上示例程序，输出结果可能为：

```
图片4  正在处理中 ...
资源繁忙，执行备选的轻量级处理：图片1
资源繁忙，执行备选的轻量级处理：图片3
资源繁忙，执行备选的轻量级处理：图片2
资源繁忙，执行备选的轻量级处理：图片5
图片5  轻量级处理完毕
图片2  轻量级处理完毕
图片1  轻量级处理完毕
图片3  轻量级处理完毕
图片4  高质量处理完毕
```

在以上示例程序中，创建了一个 ReentrantMutex 的实例 reentrantMutex，用于确保在同一时刻只有一个线程能够获得进行高质量处理图片的资源（第 5 行）。然后定义了一个函数 processImage（第 7 ～ 19 行），在每个图片处理请求对应的线程中都调用该函数（第 40 行）。在 processImage 的函数体中，首先调用 tryLock 函数尝试获取锁（第 10 行）。如果获取锁成功，则调用函数 highQualityProcess 对图片进行高质量处理（第 11 ～ 15 行）；因为这个函数的业务逻辑有可能会抛出异常，所以使用了普通 try 表达式，尽管这里仅使用 sleep 函数模拟了复杂的业务逻辑。如果获取锁失败，则调用函数 alternativeProcess 对图片进行轻量级处理（第 16 ～ 18 行），如有需要，这里也可以使用普通 try 表达式。

2. 可重入性

ReentrantMutex 除了具有 "互斥" 的特性，还具有 "可重入" 的特性。一个线程在获得可重入互斥锁之后永远可以立即再次获得该锁，而不会导致自己被阻塞。需要注意的是，每次调用 lock 函数都必须调用一次 unlock 函数与之相对应，这意味着调用 unlock 函数的次数必须和调用 lock 函数的次数相同。如果一个线程 N 次获得了同一把锁，它必须 N 次调用 unlock 函数来完全释放该锁。

接下来举例说明 "可重入" 的特性。考虑这样一个场景，在一个家庭中，有一笔公共的家庭基金。这笔家庭基金由爸爸和妈妈这两个家庭成员共同管理。他们都有存款和取款的权利。某一天，妈妈存入了 5000 元，同时，爸爸取出了 1800 元。模拟该场景的示例程序如代码清单 4-7 所示。

代码清单 4-7　reentrant_mutex_2.cj

```
01  from std import sync.ReentrantMutex
02  from std import format.Formatter
03
04  // 表示家庭基金
05  class FamilyFund {
06      private var balance: Float64   // 表示账户余额
07      private let reentrantMutex = ReentrantMutex()   // 创建一个可重入互斥锁
08
09      init(balance: Float64) {
10          this.balance = balance
```

```
11          }
12
13          // 存款
14          func deposit(amount: Float64) {
15              reentrantMutex.lock()   // 获取锁，确保存款操作是原子的
16
17              // 存款并输出存款后的余额
18              balance += amount
19              println("存入：${amount.format(".2")}，余额：${balance.format(".2")}")
20
21              reentrantMutex.unlock()   // 释放锁
22          }
23
24          // 判断余额是否充足
25          func hasSufficientFunds(amount: Float64) {
26              var isSufficient = false   // 标记是否余额充足
27
28              reentrantMutex.lock()   // 获取锁，确保余额检查是原子的
29              if (balance >= amount) {
30                  isSufficient = true   // 如果余额大于等于取款金额则标记为余额充足
31              }
32              reentrantMutex.unlock()   // 释放锁
33
34              return isSufficient
35          }
36
37          // 取款
38          func withdraw(amount: Float64) {
39              reentrantMutex.lock()   // 获取锁，确保取款操作是原子的
40
41              // 在已经获得锁的情况下再次获取锁
42              if (hasSufficientFunds(amount)) {
43                  // 如果余额充足则取款并输出取款后的余额
44                  balance -= amount
45                  println("提取：${amount.format(".2")}，余额：${balance.format(".2")}")
46              } else {
47                  // 如果余额不足则输出提示信息
48                  println("余额不足！余额：${balance.format(".2")}")
49              }
50
51              reentrantMutex.unlock()   // 释放锁
52          }
53  }
54
55  main() {
56      let familyFund = FamilyFund(2000.00)   // 创建一个初始余额为2000元的家庭基金
57
58      // 妈妈在一个线程中存入5000元
59      let futureMom = spawn {
60          familyFund.deposit(5000.00)
61      }
62
```

```
63        // 爸爸在另一个线程中取出 1800 元
64        let futureDad = spawn {
65            familyFund.withdraw(1800.00)
66        }
67
68        // 阻塞主线程，等待存款和取款的线程都结束
69        futureMom.get()
70        futureDad.get()
71    }
```

编译并执行以上示例程序，输出结果可能如下：

存入：5000.00，余额：7000.00
提取：1800.00，余额：5200.00

以上输出结果对应的执行过程如图 4-18 所示。

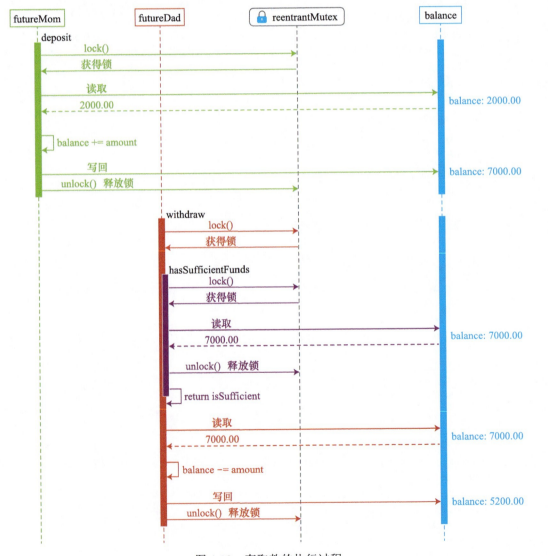

图 4-18　存取款的执行过程

在以上示例程序中，定义了一个表示家庭基金的类 FamilyFund（第 4 ～ 53 行）。在该类中，创建了一个可重入互斥锁 ReentrantMutex 的实例，并将其赋给成员变量 reentrantMutex（第 7 行）。此外，在该类中，定义了 3 个成员函数 deposit、hasSufficientFunds 和 withdraw，分别用于存款、判断余额是否充足和取款。为了确保存款操作和取款操作都是原子的，即这些操作在执行过程中不会被其他操作打断，我们使用 reentrantMutex 进行加锁保护。在函数 deposit 和 withdraw 的开始，调用了 lock 函数来获取锁（第 15、39 行）。这保证了并发操作的线程安全性，一旦一个线程（代表爸爸或妈妈）进入了这些函数，其他线程则会被阻塞，直到当前线程完成其操作并释放锁。

需要特别注意的是，在函数 withdraw 中体现了 reentrantMutex 的"可重入"特性。当一个线程执行到函数 withdraw 时，它首先获取锁，然后在函数 withdraw 内部又调用了函数 hasSufficientFunds，而函数 hasSufficientFunds 也会首先获取锁。由于线程 futureDad 已经持有锁，因此它可以立即再次获得锁，而不会导致自己阻塞。在取款线程中两次获得了同一个锁，必须两次调用 unlock 函数才能完全释放该锁。

还有一个值得注意的点是函数中的局部变量。在函数 hasSufficientFunds 中，首先定义了一个局部变量 isSufficient，表示余额是否充足。接着调用了 lock 函数来获取锁（第 28 行），这是为了保证读取到的 balance 是一致的。在判断完余额之后，为 isSufficient 设置了相应的值，然后就释放了锁（第 32 行）。最后，将 isSufficient 返回。那么这个局部变量 isSufficient 会不会带来线程安全问题呢？答案是不会。

在多线程环境中，当多个线程调用同一个函数时，函数中的局部变量对于每个线程来说都是独立的。这是因为每个线程都有自己独立的栈，局部变量存储在每个线程自己的栈内存中，所以每个线程调用该函数时都会在自己的栈上创建这些局部变量的新实例。

局部变量的这种特性使得它们在多线程编程中天然是线程安全的，因为每个线程访问的都是自己栈上的独立数据，不会发生数据共享和竞争条件。然而，如果局部变量引用了存储在堆上的对象，那么多个线程可以通过这些局部变量来访问和修改同一个堆上的对象，这可能会引起线程安全问题。在这种情况下，需要额外的同步措施来保证线程安全。

3. 使用关键字 synchronized 自动管理锁

当使用 ReentrantMutex 时，我们需要显式地调用 lock 函数来获得锁，并调用 unlock 函数来释放锁。这具有一定的灵活性，但也带来了管理锁的复杂性。下面列举两类典型的相关错误，这些都是编程时需要极力避免的。

■ **操作完成后忘记释放锁**。

如果一个线程持有锁并操作完临界区之后却没有释放锁，将会导致几种严重的后果。第一，其他需要这个锁的线程将会无限期等待，永远无法获得锁，这会导致死锁，其他线程将无法继续执行任何后续操作。第二，等待锁的线程处于阻塞状态、消耗系统资源，同时也浪费了 CPU 时间，因为这些线程在等待一个永远不会被释放的锁。第三，因为锁未被释放，只有少数线程能工作，大多数线程都在等待锁，降低了系统的并发能力和吞吐量。第四，如果后续逻辑依赖于能够获得锁的线程完成的工作，那么这些逻辑将无法执行，可能导致程序部分功能失效或完全无法工作。

另外，由于 ReentrantMutex 可重入的特性，调用 lock 函数和 unlock 函数的次数必须相同，才能完全释放锁。

■　**在线程没有持有锁的情况下操作临界区或释放锁。**

如果线程没有持有锁就操作了临界区，特别是在并发环境下，可能会导致数据不一致和不可预测的行为，这一点在本节开头已经给出了示例。另一种需要注意的情形是，线程没有持有锁但却释放了锁，这会导致异常。举例如下：

```
from std import sync.{ReentrantMutex, IllegalSynchronizationStateException}

main() {
    let reentrantMutex = ReentrantMutex()

    let future = spawn {
        try {
            // 临界区代码
            reentrantMutex.unlock()
        } catch (e: IllegalSynchronizationStateException) {
            e.printStackTrace()
        }
    }
    future.get()
}
```

编译并执行以上代码，输出的异常信息如下：

```
An exception has occurred:
IllegalSynchronizationStateException: Mutex is not locked by current thread
```

这个异常是由没有持有锁的线程释放锁引起的。

在使用可重入互斥锁时，尤其要注意 tryLock 函数造成的上述错误。举例如下：

```
from std import sync.ReentrantMutex
from std import collection.ArrayList

var sum = 0
let reentrantMutex = ReentrantMutex()   // 创建可重入互斥锁

main() {
    let futureArrayList = ArrayList<Future<Unit>>()

    for (_ in 0..1000) {
        let future = spawn {
            reentrantMutex.tryLock()   // tryLock 函数不保证一定能获得锁

            // 可能在线程没有获得锁的情况下操作临界区和释放锁
            sum++   // 临界区代码
            reentrantMutex.unlock()
        }
        futureArrayList.append(future)
    }

    for (future in futureArrayList) {
        future.get()
```

```
    }
    println("sum = ${sum}")
}
```

编译并执行以上代码时，很可能会抛出异常。因为 tryLock 函数不保证一定能获得锁，所以在使用 tryLock 函数时一定要确认线程获得了锁，才能操作临界区或释放锁。建议将以上代码中的 spawn 表达式修改为如下代码：

```
let future = spawn {
    if (reentrantMutex.tryLock()) {
        sum++   // 临界区代码
        reentrantMutex.unlock()
    }
}
```

再次编译并执行示例代码，输出结果可能如下：

```
 sum = 967
```

由这个结果可知，在创建的 1000 个子线程中，有 33 个线程尝试获取锁但失败了。

除了以上两大类错误，还有一点需要注意：如果临界区代码可能会抛出异常，就需要使用普通 try 表达式，在 finally 块中释放锁，以确保锁在任何情况下都能被安全释放。

为了解决管理锁的复杂性，仓颉提供了关键字 synchronized。关键字 synchronized 可以搭配 ReentrantMutex 一起使用，其作用是在其后跟随的代码块内自动进行加锁解锁操作。使用 synchronized 的语法格式如下：

```
synchronized(ReentrantMutex实例) {
    // 临界区代码
}
```

注：关键字synchronized只能用于管理ReentrantMutex实例，与IReentrantMutex接口不兼容。

一个线程在进入临界区之前，会自动获取 ReentrantMutex 实例对应的锁，如果要获取的锁已被其他线程获得，那么当前线程被阻塞。在执行完临界区代码之后，该线程会自动释放 ReentrantMutex 实例对应的锁。

假设 reentrantMutex 是一个 ReentrantMutex 实例，那么以下代码：

```
synchronized(reentrantMutex) {
    // 临界区代码
}
```

其作用相当于以下代码：

```
reentrantMutex.lock()
try {
    // 临界区代码
} finally {
    reentrantMutex.unlock()
}
```

接下来我们改造一下代码清单 4-5，使用关键字 synchronized 自动管理锁。修改过后的示例程序如代码清单 4-8 所示。

代码清单 4-8　synchronized_0.cj

```
01  from std import sync.ReentrantMutex
02  from std import collection.ArrayList
03
04  var clickCount = 6800   // 全局变量clickCount存储页面的点击次数
05  let reentrantMutex = ReentrantMutex()  // 创建一个可重入互斥锁
06
07  main() {
08      // 创建一个ArrayList，以存储所有子线程对应的Future实例
09      let futureArrayList = ArrayList<Future<Unit>>()
10
11      // 创建2000个子线程
12      for (_ in 0..2000) {
13          let future = spawn {
14              // 使用synchronized自动管理锁
15              synchronized(reentrantMutex) {
16                  clickCount++   // 在每个子线程中增加点击次数
17              }
18          }
19
20          // 将子线程对应的Future实例添加到futureArrayList中
21          futureArrayList.append(future)
22      }
23
24      // 等待所有子线程执行结束
25      for (future in futureArrayList) {
26          future.get()   // 阻塞主线程，直到future对应的子线程执行结束
27      }
28
29      println("最终点击次数：${clickCount}")   // 输出最终点击次数
30  }
```

在以上示例代码中，删除了显式调用函数 lock 和 unlock 的两行代码，同时，把临界区的代码 clickCount++ 放在 synchronized 保护的代码块中。这样，当前线程在执行 clickCount++ 之前会自动获取 reentrantMutex 对应的锁；在执行 clickCount++ 之后会自动释放 reentrantMutex 对应的锁。

如果在 synchronized 代码块中执行了控制转移表达式，例如 break、continue、return、throw，导致程序的执行跳出了 synchronized 代码块，那么获得的锁也会被自动释放。

下面看一个例子。考虑这样一个场景，在一个车站的售票处，有 3 个售票窗口在同时售卖某个车次的 10 张票。当车票售罄时，所有窗口都停止卖票。模拟该场景的示例程序如代码清单 4-9 所示。

代码清单 4-9　synchronized_1.cj

```
01  from std import sync.{ReentrantMutex, sleep}
02  from std import collection.ArrayList
```

```
03   from std import time.Duration
04   from std import random.Random
05
06   var availableTickets = 10   // 定义一个全局变量来存储待售的车票数
07   let reentrantMutex = ReentrantMutex()   // 创建一个可重入互斥锁
08
09   // 售票
10   func sellTickets() {
11       // 售票窗口在一直卖票
12       while (true) {
13           synchronized(reentrantMutex) {   // 自动获取锁和释放锁
14               if (availableTickets <= 0) {   // 判断是否还有票可以售卖
15                   break   // 退出while循环然后函数结束执行，或者使用return直接结束函数执行
16               }
17               availableTickets--   // 剩余车票数减1
18
19               var info = "窗口${Thread.currentThread.id}售出1张车票"
20               info += "\t剩余车票数：${availableTickets}"
21               println(info)   // 输出提示信息
22           }
23           sleep(Duration.millisecond * Random().nextInt64(3000))   // 模拟一些处理时间
24       }
25   }
26
27   main() {
28       // 创建一个ArrayList，以存储所有子线程对应的Future实例
29       let futureArrayList = ArrayList<Future<Unit>>()
30
31       // 创建3个子线程，模拟3个售票窗口
32       for (_ in 0..3) {
33           let future = spawn {
34               sellTickets()   // 售票
35           }
36
37           // 将子线程对应的Future实例添加到futureArrayList中
38           futureArrayList.append(future)
39       }
40
41       // 等待所有子线程执行结束
42       for (future in futureArrayList) {
43           future.get()   // 阻塞主线程，直到future对应的子线程执行结束
44       }
45   }
```

编译并执行以上示例程序，输出结果可能如下：

窗口1售出1张车票	剩余车票数：9
窗口2售出1张车票	剩余车票数：8
窗口3售出1张车票	剩余车票数：7
窗口1售出1张车票	剩余车票数：6
窗口3售出1张车票	剩余车票数：5
窗口1售出1张车票	剩余车票数：4

窗口 2 售出 1 张车票	剩余车票数：3
窗口 3 售出 1 张车票	剩余车票数：2
窗口 2 售出 1 张车票	剩余车票数：1
窗口 3 售出 1 张车票	剩余车票数：0

在以上示例程序中，定义了一个全局变量 availableTickets 来存储待售的车票数，其初始值为 10（第 6 行）。在 main 中，创建了 3 个子线程来模拟 3 个售票窗口（第 31 ～ 39 行）。在每个子线程中，都调用函数 sellTickets 进行售票（第 34 行）。在该函数的函数体中，使用了一个 while(true) 循环，使得每个子线程都可以持续售票（第 12 ～ 24 行）。在 synchronized 代码块内，首先判断是否还有票可以售卖，如果没有，则使用 break 退出 while 循环（第 15 行）。随着 while 循环执行结束，函数 sellTickets 也执行结束，这意味着子线程执行结束，对应的售票窗口停止售票。如果还有票可以售卖，就让剩余车票数减 1 并输出相应的提示信息。当使用 break 退出 while 循环时，会先退出 synchronized 代码块，获得的锁被自动释放。如果将 break 改为 return 也是同理。

使用 synchronized 关键字自动管理锁或通过函数 lock（tryLock）、unlock 显式管理锁的操作都可以确保在多线程环境中对共享资源的访问是线程安全的。如果同步逻辑相对简单，使用 synchronized 关键字会更加方便。但显式管理锁在某些场景下会带来更细粒度的控制和更大的灵活性，例如，它支持在获取锁失败时不阻塞线程（tryLock 函数），这是 synchronized 关键字无法实现的。在一些并发逻辑较复杂的场景，显式管理锁可能是更好的选择，例如，后面介绍的读写锁的锁降级操作，就只能通过手动调用函数 lock 和 unlock 实现（见 4.3.3 节）。

4. 避免死锁

在使用 ReentrantMutex 时，不恰当的操作可能会导致死锁。死锁经常发生在多个线程同时请求多个资源，但以不同的顺序获取这些资源的场景下。每个线程都持有一部分资源，但同时都等待其他线程释放其需要的资源。由于所有线程都在等待，没有线程会释放它持有的资源，因此形成了死锁。

注意，"死锁"并不是一种锁。它指的是在并发编程中出现的一种特定情况，即多个线程由于相互等待对方释放资源，以致它们都无法继续执行的状态。死锁可以发生在任何需要同步或共享资源访问的场景中，不仅限于锁的使用场景。

下面举一个例子来说明死锁的形成。考虑这样一个场景，在一个银行系统中，用户 A 和用户 B 都有一个账户。在某个特殊的时刻，A 想要将一些钱转到 B 的账户，同时 B 也想要将一些钱转到 A 的账户。模拟该场景的示例程序如代码清单 4-10 所示。

代码清单 4-10　deadlock_demo.cj

```
01  from std import sync.{ReentrantMutex, sleep}
02  from std import time.Duration
03  from std import format.Formatter
04
05  // 表示账户
06  class Account {
07      var balance: Float64   // 表示账户余额
08
09      init(balance: Float64) {
10          this.balance = balance
```

```
11            }
12
13        // 存款
14        func deposit(amount: Float64) {
15            balance += amount
16        }
17
18        // 取款
19        func withdraw(amount: Float64) {
20            balance -= amount
21        }
22    }
23
24    main() {
25        let accountA = Account(2000.00)   // 创建一个初始余额为2000元的账户A
26        let accountB = Account(3000.00)   // 创建一个初始余额为3000元的账户B
27
28        let reentrantMutexA = ReentrantMutex()   // 可重入互斥锁A，用于账户A
29        let reentrantMutexB = ReentrantMutex()   // 可重入互斥锁B，用于账户B
30
31        // 在线程1中，账户A转账给账户B
32        let future1 = spawn {
33            synchronized(reentrantMutexA) {
34                println("线程1：获得锁A")
35                sleep(Duration.second)   // 故意延迟1秒，确保线程2获得锁B
36
37                synchronized(reentrantMutexB) {
38                    println("线程1：获得锁B")
39                    accountA.withdraw(100.00)   // 账户A取款100元
40                    accountB.deposit(100.00)    // 账户B存款100元
41                }
42            }
43        }
44
45        // 在线程2中，账户B转账给账户A
46        let future2 = spawn {
47            synchronized(reentrantMutexB) {
48                println("线程2：获得锁B")
49                sleep(Duration.second)   // 故意延迟1秒，确保线程1获得锁A
50
51                synchronized(reentrantMutexA) {
52                    println("线程2：获得锁A")
53                    accountB.withdraw(300.00)   // 账户B取款300元
54                    accountA.deposit(300.00)    // 账户A存款300元
55                }
56            }
57        }
58
59        // 阻塞主线程，等待线程1和线程2都结束
60        future1.get()
61        future2.get()
```

```
62
63        println("账户A余额:${accountA.balance.format(".2")}")
64        println("账户B余额:${accountB.balance.format(".2")}")
65    }
```

在以上示例程序中，首先定义了一个表示账户的类 Account（第 5 ～ 22 行），其中，成员函数 deposit 和 withdraw 分别用于存款和取款。在 main 中，创建了两个账户 A 和 B（第 25、26 行），并且创建了两个可重入互斥锁 A 和 B，分别用于账户 A 和 B（第 28、29 行）。接下来，创建了线程 1 和线程 2，前者用于从账户 A 转账到账户 B（第 31 ～ 43 行），后者用于从账户 B 转账到账户 A（第 45 ～ 57 行）。在线程 1 中，首先获取锁 A，然后获取锁 B。与此同时，在线程 2 中，首先获取锁 B，然后获取锁 A。由于每个线程在尝试获取第 2 个锁之前都睡眠了一段时间，这确保了二者都能获得第一个锁，但是当它们尝试获取第二个锁时，会发现该锁已被另一个线程获得。因此，两个线程都在等待对方释放锁，它们都无法继续执行下去，从而导致了死锁，如图 4-19 所示。

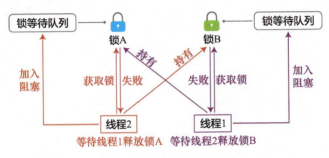

图 4-19　死锁

编译并执行程序，输出结果可能如下：

```
线程2：获得锁B
线程1：获得锁A
```

"线程 1：获得锁 B"和"线程 2：获得锁 A"以及 2 个账户的余额将不会被输出。

在编写程序时应避免死锁。避免死锁的方式有很多种，其中比较简单的方式是，当多个线程同时请求多个资源时，确保每个线程都以相同的顺序获取这些资源。例如，在以上示例程序中，线程 1 和线程 2 都先获取锁 A，再获取锁 B，或者都先获取锁 B，再获取锁 A。修改过后的示例程序如代码清单 4-11 所示。

代码清单 4-11　avoiding_deadlock.cj

```
01    from std import sync.{ReentrantMutex, sleep}
02    from std import time.Duration
03    from std import format.Formatter
04
05    // 表示账户
06    class Account {
07        // 代码略
08    }
09
```

```
10  main() {
11      let accountA = Account(2000.00)   // 创建一个初始余额为2000元的账户A
12      let accountB = Account(3000.00)   // 创建一个初始余额为3000元的账户B
13
14      let reentrantMutexA = ReentrantMutex()   // 可重入互斥锁A，用于账户A
15      let reentrantMutexB = ReentrantMutex()   // 可重入互斥锁B，用于账户B
16
17      // 在线程1中，账户A转账给账户B
18      let future1 = spawn {
19          synchronized(reentrantMutexA) {
20              println("线程1：获得锁A")
21
22              synchronized(reentrantMutexB) {
23                  println("线程1：获得锁B")
24                  accountA.withdraw(100.00)   // 账户A取款100元
25                  accountB.deposit(100.00)    // 账户B存款100元
26              }
27          }
28      }
29
30      // 在线程2中，账户B转账给账户A
31      let future2 = spawn {
32          synchronized(reentrantMutexA) {
33              println("线程2：获得锁A")
34
35              synchronized(reentrantMutexB) {
36                  println("线程2：获得锁B")
37                  accountB.withdraw(300.00)   // 账户B取款300元
38                  accountA.deposit(300.00)    // 账户A存款300元
39              }
40          }
41      }
42
43      // 阻塞主线程，等待线程1和线程2都结束
44      future1.get()
45      future2.get()
46
47      println("账户A余额：${accountA.balance.format(".2")}")
48      println("账户B余额：${accountB.balance.format(".2")}")
49  }
```

编译并执行以上程序，输出结果可能如下：

```
线程1：获得锁A
线程1：获得锁B
线程2：获得锁A
线程2：获得锁B
账户A余额：2200.00
账户B余额：2800.00
```

以上输出结果可能的执行顺序如图 4-20 所示。线程 2 可能在线程 1 获得锁 A 之后尝试获

取锁 A，获取失败后被阻塞。线程 1 在获得锁 A 之后继续获得锁 B，在线程 1 完成所有操作之后，锁 A 的等待队列中的线程 2 被唤醒，继续执行剩余的操作。

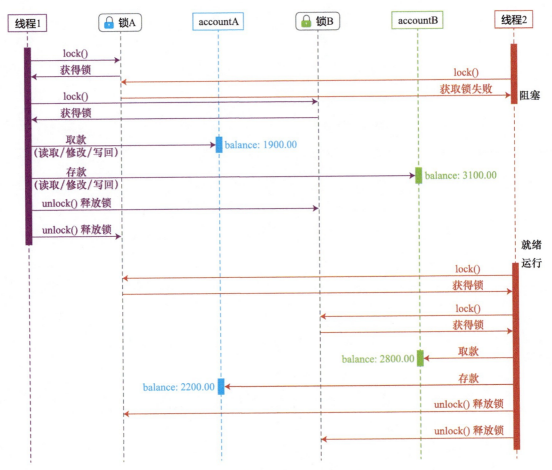

图 4-20　存取款操作可能的执行顺序

4.3.3　可重入读写锁

当多个线程对某个共享资源并发地执行读写操作时，为了确保线程安全，可以使用 ReentrantMutex 进行同步，在每次执行读操作或写操作之前获取锁，操作结束后释放锁。但在很多场景中，对某个共享资源的读操作远多于写操作。例如，在缓存系统中，大多数时候都是从缓存中读取数据，偶尔会写入或更新缓存。再如，应用程序中的配置信息可能需要频繁读取但较少修改。为了满足类似这样的场景需求，仓颉在标准库的 sync 包中提供了 ReentrantReadWriteMutex 类，即可重入读写锁。

ReentrantReadWriteMutex 包含两个锁，一个是 ReentrantReadMutex（读锁），另一个是 ReentrantWriteMutex（写锁）。**读锁和写锁是互斥的。**

■ 多个线程可以同时持有读锁对共享资源进行读操作；如果一个线程已经持有了读锁，那么其他线程不能获取写锁，直至所有读锁被释放。

■ 同一时刻只能有一个线程持有写锁；如果一个线程已经持有了写锁，那么其他线程既不能获取读锁也不能获取写锁，直至写锁被释放。

ReentrantReadWriteMutex 类及相关类型的定义如下：

```
public class ReentrantReadWriteMutex {
    // 构造函数，参数mode用于指定读写锁的模式，默认为非公平模式
    public init(mode!: ReadWriteMutexMode = ReadWriteMutexMode.Unfair)

    // 读锁
    public prop readMutex: ReentrantReadMutex

    // 写锁
    public prop writeMutex: ReentrantWriteMutex
}

// 表示可重入读写锁中的读锁类型
public class ReentrantReadMutex <: ReentrantMutex {
    // 成员略
}

// 表示可重入读写锁中的写锁类型
public class ReentrantWriteMutex <: ReentrantMutex {
    // 成员略
}
```

由以上定义可知，可重入读写锁的读锁和写锁类型都是 ReentrantMutex 的子类型。但是我们不能直接构造 ReentrantReadMutex 或 ReentrantWriteMutex 对象，只能通过 ReentrantReadWriteMutex 对象的属性 readMutex 或 writeMutex 来获取相应的锁实例。

使用 ReentrantReadWriteMutex 通常涉及以下步骤（见图 4-21）。

■ 创建一个 ReentrantReadWriteMutex 对象。

■ 使用该对象获取表示读锁的对象或表示写锁的对象。

■ 在读锁或写锁的保护下执行读操作或写操作。

■ 释放读锁或写锁。

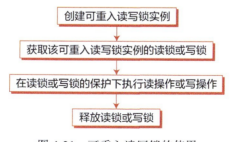

图 4-21 可重入读写锁的使用

下面介绍可重入读 / 写锁的特点和用法。

1. 读并发性

读锁支持读操作的高并发性，多个线程可以同时持有读锁。当一个线程持有读锁时，其他

线程仍然可以获取或持有读锁，但是其他获取写锁的线程将被阻塞，直到所有持有读锁的线程
释放锁后才有机会被唤醒。示例程序如代码清单 4-12 所示。

代码清单 4-12　reentrant_read_write_mutex_0.cj

```
01  from std import sync.*
02  from std import collection.ArrayList
03  from std import time.Duration
04  from std import random.Random
05
06  main() {
07      let readWriteMutex = ReentrantReadWriteMutex()   // 创建一个可重入读写锁
08      let readMtx = readWriteMutex.readMutex  // 读锁
09      let writeMtx = readWriteMutex.writeMutex  // 写锁
10
11      let futureArrayList = ArrayList<Future<Unit>>()   // 存储所有线程
12
13      // 创建一个写线程
14      let writeFuture = spawn {
15          sleep(Duration.second)   // 保证其他线程一定能先获得读锁
16
17          synchronized(writeMtx) {
18              println("线程${Thread.currentThread.id} 持有了写锁")
19
20              // 模拟持有随机时间段（2000 ~ 5000毫秒）的写锁
21              sleep(Duration.millisecond * (Random().nextInt64(3000) + 2000))
22
23              println("线程${Thread.currentThread.id} 释放了写锁")
24          }
25      }
26      futureArrayList.append(writeFuture)
27
28      // 创建 4 个读线程
29      for (_ in 0..4) {
30          let readFuture = spawn {
31              synchronized(readMtx) {
32                  println("线程${Thread.currentThread.id} 持有了读锁")
33
34                  // 模拟持有随机时间段（2000 ~ 5000毫秒）的读锁
35                  sleep(Duration.millisecond * (Random().nextInt64(3000) + 2000))
36
37                  println("线程${Thread.currentThread.id} 释放了读锁")
38              }
39          }
40          futureArrayList.append(readFuture)
41      }
42
43      // 等待所有线程执行结束
44      for (future in futureArrayList) {
45          future.get()
46      }
47  }
```

编译并执行以上程序，输出结果可能如下：

```
线程 2  持有了读锁
线程 5  持有了读锁
线程 4  持有了读锁
线程 3  持有了读锁
线程 4  释放了读锁
线程 2  释放了读锁
线程 3  释放了读锁
线程 5  释放了读锁
线程 1  持有了写锁
线程 1  释放了写锁
```

以上输出结果对应的执行顺序可能如图 4-22 所示。

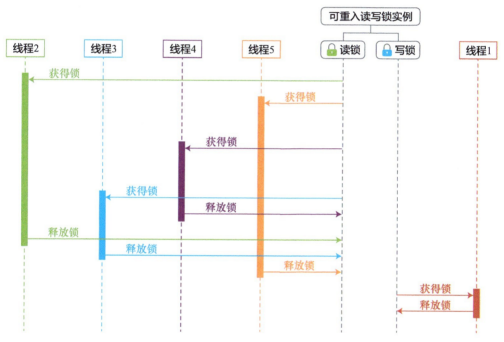

图 4-22　可重入读写锁的读并发性

线程 2、线程 5、线程 4、线程 3 依次获得读锁，在此期间线程 1 被阻塞，直到所有读锁被释放，线程 1 才能获得写锁。

2. 写互斥性

写锁确保了写操作的安全性，因为只有一个线程可以持有写锁。当一个线程持有写锁时，其他尝试获取读锁或写锁的线程将被阻塞，直到持有写锁的线程释放锁后才有机会被唤醒。示例程序如代码清单 4-13 所示。

代码清单 4-13　reentrant_read_write_mutex_1.cj

```
01    from std import sync.*
02    from std import collection.ArrayList
03    from std import time.Duration
```

```
04    from std import random.Random
05
06    main() {
07        let readWriteMutex = ReentrantReadWriteMutex()    // 创建一个可重入读写锁
08        let readMtx = readWriteMutex.readMutex    // 读锁
09        let writeMtx = readWriteMutex.writeMutex    // 写锁
10
11        let futureArrayList = ArrayList<Future<Unit>>()    // 存储所有线程
12
13        // 创建一个写线程
14        let writeFuture1 = spawn {
15            synchronized(writeMtx) {
16                println("线程${Thread.currentThread.id} 持有了写锁")
17                sleep(Duration.second * 3)    // 持续持有写锁
18                println("线程${Thread.currentThread.id} 释放了写锁")
19            }
20        }
21        futureArrayList.append(writeFuture1)
22
23        // 再创建一个写线程
24        let writeFuture2 = spawn {
25            sleep(Duration.second)    // 保证writeFuture1一定可以获得写锁
26
27            synchronized(writeMtx) {
28                println("线程${Thread.currentThread.id} 持有了写锁")
29
30                // 模拟持有随机时间段（2000 ~ 5000毫秒）的写锁
31                sleep(Duration.millisecond * (Random().nextInt64(3000) + 2000))
32
33                println("线程${Thread.currentThread.id} 释放了写锁")
34            }
35        }
36        futureArrayList.append(writeFuture2)
37
38        // 创建3个读线程
39        for (_ in 0..3) {
40            let readFuture = spawn {
41                sleep(Duration.second)    // 保证writeFuture1一定可以获得写锁
42
43                synchronized(readMtx) {
44                    println("线程${Thread.currentThread.id} 持有了读锁")
45
46                    // 模拟持有随机时间段（2000 ~ 5000毫秒）的读锁
47                    sleep(Duration.millisecond * (Random().nextInt64(3000) + 2000))
48
49                    println("线程${Thread.currentThread.id} 释放了读锁")
50                }
51            }
52            futureArrayList.append(readFuture)
53        }
```

```
54
55        // 等待所有线程执行结束
56        for (future in futureArrayList) {
57            future.get()
58        }
59    }
```

编译并执行以上程序，输出结果可能如下：

```
线程1  持有了写锁
线程1  释放了写锁
线程2  持有了写锁
线程2  释放了写锁
线程3  持有了读锁
线程4  持有了读锁
线程5  持有了读锁
线程4  释放了读锁
线程3  释放了读锁
线程5  释放了读锁
```

在输出第 1 行"线程 1 持有了写锁"之后，会有一个短暂的停顿，接着会输出第 2 行"线程 1 释放了写锁"，然后是其他输出。在线程 1 持有写锁期间，其他线程都不能获取写锁或读锁，直到线程 1 释放写锁。

3. 可重入性

可重入读写锁也具有可重入性。已经持有读锁的线程可以继续获取读锁；已经持有写锁的线程可以继续获取写锁。获取锁与释放锁的次数必须相同，才能完全释放锁。另外，可重入读写锁支持锁降级，不支持锁升级。

- **支持锁降级**。已经持有写锁的线程，可以继续获取读锁。如果一个线程已经持有写锁，然后获得了读锁，接着释放了写锁，那么该线程持有的是读锁。
- **不支持锁升级**。已经持有读锁的线程，不能获取写锁。

锁降级是指在持有写锁的同时获取读锁，然后释放写锁的过程。这种做法允许线程在不释放读锁的情况下安全地降低锁的级别，从而保持对资源的读取访问。这种机制可以确保在读操作执行时，写入的数据对当前线程立即可见，而其他写线程无法进行写操作，这样可以防止数据在读取时被其他线程修改。锁降级通常用于需要保留对某些数据修改后的读取权限的场景，以确保数据的一致性和正确性。

为什么不支持锁升级呢？这是因为锁升级容易导致死锁。例如，现有两个线程都持有读锁，并且都试图继续获取写锁。由于写锁是排他的，每个线程都会等待另一个线程释放其读锁，从而导致死锁。锁降级从写锁到读锁是安全的，因为它遵循"写优先"的原则，确保了数据的一致性。但是锁升级从读锁到写锁则违反了这一原则，因为其他读线程可能已经读取了将要被写线程修改的数据，这在并发环境中会导致数据不一致的问题。因此，实践中通常是直接从没有锁的状态申请写锁，或者在需要写操作之前就释放读锁。

下面考虑一个配置管理器的例子，该管理器允许多个线程读取配置数据，但在任何时候只允许一个线程更新配置。更新配置后，需要立即读取新配置以进行某些后续操作。这就是一个典型的锁降级使用场景。示例程序如代码清单 4-14 所示。

代码清单 4-14　reentrant_read_write_mutex_2.cj

```
01   from std import sync.*
02   from std import collection.ArrayList
03   from std import time.Duration
04
05   // 配置管理器
06   class ConfigurationManager {
07       private var configData = "Initial Config"   // 配置数据
08
09       let readWriteMutex = ReentrantReadWriteMutex()   // 可重入读写锁
10       let readMtx = readWriteMutex.readMutex   // 读锁
11       let writeMtx = readWriteMutex.writeMutex   // 写锁
12
13       // 更新并立即读取配置
14       func updateAndReadConfig(newData: String) {
15           synchronized(writeMtx) {   // 获取写锁，更新配置
16               configData = newData
17               println("线程${Thread.currentThread.id} 配置更新为：${configData}")
18
19               // 在释放写锁之前获取读锁，开始锁降级
20               readMtx.lock()
21           }
22
23           // 读取配置，此时其他写操作被阻塞，但可以与其他读操作并发
24           println("最新的配置为：${configData}")
25           readMtx.unlock()   // 释放读锁
26       }
27
28       // 读取配置
29       func readConfig() {
30           synchronized(readMtx) {   // 获取读锁
31               println("线程${Thread.currentThread.id} 配置为：${configData}")
32           }
33       }
34   }
35
36   main() {
37       let cfgManager = ConfigurationManager()   // 创建一个配置管理器实例
38       let futureArrayList = ArrayList<Future<Unit>>()   // 存储所有线程
39
40       // 创建一个写线程
41       let writeFuture1 = spawn {
42           cfgManager.updateAndReadConfig("New Config")
43       }
44       futureArrayList.append(writeFuture1)
45
46       // 再创建一个写线程
```

```
47        let writeFuture2 = spawn {
48            sleep(Duration.second)    // 保证writeFuture1一定可以获得写锁
49
50            cfgManager.updateAndReadConfig("TEST")
51        }
52        futureArrayList.append(writeFuture2)
53
54        // 创建3个读线程
55        for (_ in 0..3) {
56            let readFuture = spawn {
57                sleep(Duration.second)    // 保证writeFuture1一定可以获得写锁
58
59                cfgManager.readConfig()
60            }
61            futureArrayList.append(readFuture)
62        }
63
64        // 等待所有线程执行结束
65        for (future in futureArrayList) {
66            future.get()
67        }
68    }
```

在这个例子中，函数 updateAndReadConfig 首先获取写锁来更新配置数据（第 15 行）。在更新数据后，线程在释放写锁之前获取了读锁，然后释放写锁，这就完成了锁的降级（第 20 行）。虽然写锁已经被释放，通过持有读锁，该函数仍然可以安全地读取配置数据，即便此时可能有其他线程也在读取配置。另外，由于读锁没有被释放，其他线程也无法获取写锁，不能对配置数据进行写操作。这保证了在函数执行期间，读取的配置数据是一致的，并且反映了最新的更新。

锁降级的关键点在于，它允许线程在保持对数据的独占访问权的同时，通过降级为读锁来降低锁的级别。这样即使释放了写锁，线程仍然保有对数据的访问权，直到读锁也被释放。这对于需要确保数据读取一致性的场景非常有用。

编译并执行以上程序，输出结果可能如下：

```
线程1 配置更新为：New Config
最新的配置为：New Config
线程4 配置为：New Config
线程3 配置为：New Config
线程5 配置为：New Config
线程2 配置更新为：TEST
最新的配置为：TEST
```

以上输出结果对应的可能执行顺序如图 4-23 所示。由于第 2 个写线程和所有读线程都有一个强制睡眠的动作，因此第 1 个写线程一定会先获得写锁。在写锁被释放后，第 1 个线程仍然持有读锁，此时其他读线程可以获得读锁以读取配置数据。当所有读锁被释放后，第 2 个写线程才能获得写锁，进行后续的操作。

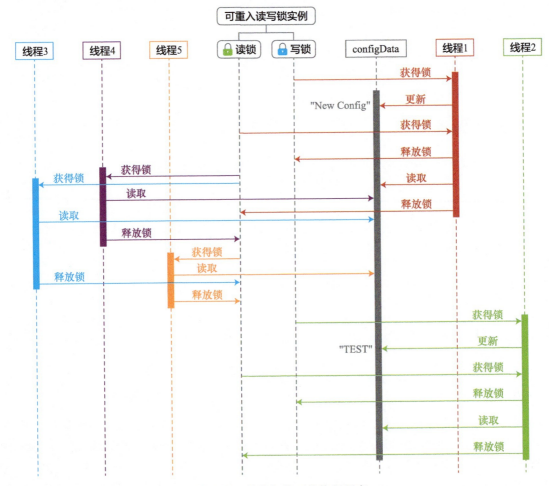

图 4-23　锁降级的可能执行顺序

4. 读写锁的模式

在 ReentrantReadWriteMutex 的构造函数中，参数 mode 用于指定读写锁的模式，其类型为 ReadWriteMutexMode。该类型是定义在 sync 包中的枚举类型，其定义如下：

```
public enum ReadWriteMutexMode {
    | Unfair  // 非公平模式
    | Fair  // 公平模式
}
```

在非公平模式下，读写锁对线程获得锁的顺序不做保证。在公平模式下，相应的规则如下。

- 如果读锁已经被其他线程获得，并且存在线程等待写锁，那么当一个未持有读锁的线程尝试获取读锁时，该线程无法获得读锁并进入等待。
- 在读锁被释放后，会优先唤醒一个等待写锁的线程，而不是等待读锁的线程。如果同时存在多个线程等待写锁，它们之间被唤醒的顺序不做保证。
- 在写锁被释放后，会优先唤醒所有等待读锁的线程，而不是等待写锁的线程。

这种机制有助于平衡读写操作，防止在读操作频繁的情况下写操作长时间等待而处于饥饿状态。选择使用非公平模式还是公平模式，应基于应用的具体需求和场景加以考虑。如果需要平衡读写操作并防止写操作饥饿，公平模式可能是更好的选择。如果对写操作的响应时间要求不高，非公平模式可能更合适。

4.3.4 使用 ThreadLocal 确保线程安全

当多个线程并发访问某个共享资源时，为了确保线程安全，通常需要对共享资源进行同步处理。但对于不需要在线程之间共享的数据，则不需要数据同步。仓颉标准库的 core 包提供了一个 ThreadLocal 类，用于为每个线程都维护一份独立的数据。该类的定义如下：

```
public class ThreadLocal<T> {
    // 构造一个携带空值的线程局部变量
    public init()

    // 获取线程局部变量的值，如果值不存在，则返回Option<T>.None
    public func get(): Option<T>

    /*
     * 通过参数value设置线程局部变量的值
     * 如果传入Option<T>.None，该局部变量的值将被删除
     */
    public func set(value: Option<T>): Unit
}
```

ThreadLocal 是一种线程封闭技术，用于创建线程局部变量。它允许每个线程访问自己的、独立初始化和管理的变量副本。

ThreadLocal 的存储结构是一个特殊的映射表 ThreadLocalMap。每个线程内部都维护了一个 ThreadLocalMap，它存储的是键值对，其中键是 ThreadLocal 对象的引用，值是线程局部变量的值，即每个线程维护的独立的数据。

当通过 ThreadLocal 实例调用 set 或 get 函数时，ThreadLocal 会访问当前线程的 ThreadLocalMap，并使用 ThreadLocal 实例作为键来存储或检索线程局部变量的值。

ThreadLocal 的工作原理如图 4-24 所示。

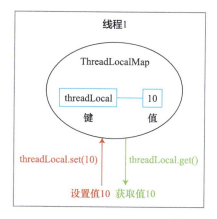
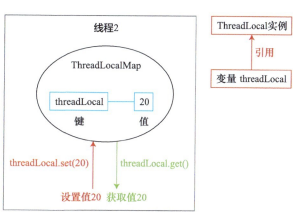

图 4-24　ThreadLocal 的工作原理

下面先看一个简单的示例。示例程序如代码清单 4-15 所示。

代码清单 4-15　thread_local_0.cj

```
01  main() {
02      // 声明并初始化一个 ThreadLocal 类型的变量
03      let threadLocal = ThreadLocal<Int64>()
04
05      // 创建子线程 1
06      let future1 = spawn {
07          threadLocal.set(10)    // 设置子线程 1 的线程局部变量的值
08
09          // 获取并输出子线程 1 的线程局部变量的值
10          if (let Some(value) <- threadLocal.get()) {
11              println("子线程 1：${value}")
12          } else {
13              println("子线程 1：None")
14          }
15      }
16
17      // 创建子线程 2
18      let future2 = spawn {
19          threadLocal.set(20)    // 设置子线程 2 的线程局部变量的值
20
21          // 获取并输出子线程 2 的线程局部变量的值
22          if (let Some(value) <- threadLocal.get()) {
23              println("子线程 2：${value}")
24          } else {
25              println("子线程 2：None")
26          }
27      }
28
29      future1.get()
30      future2.get()
31  }
```

编译并执行以上代码，输出结果可能如下：

```
子线程 1：10
子线程 2：20
```

在以上示例中，首先创建了一个 ThreadLocal<Int64> 类型的变量 threadLocal，其初始值为空（第 3 行）。接着创建了子线程 1（第 5 ～ 15 行）。在子线程 1 中，通过 threadLocal 调用 set 函数将该线程的线程局部变量的值设置为 10（第 7 行），然后调用 get 函数获取了本线程的线程局部变量的值（第 9 ～ 14 行）。在子线程 2 中的操作也是类似的（第 17 ～ 27 行）。通过这个示例可以看出，每个线程都能够独立地设置和读取自己的线程局部变量。

当我们在某个线程中首次通过 ThreadLocal 实例调用函数 set 或 get 时，程序会为当前线程的 ThreadLocalMap 添加一个新的键值对，其键为 ThreadLocal 实例。如果首次调用的是 get 函数，那么对应的值为 None ；如果首次调用的是 set 函数，那么对应的值为 set 函数指定的值。当再次调用函数 set 或 get 时，程序会以 ThreadLocal 实例作为键，设置或获取对应的值。

如果将以上示例程序中的第 19 行代码删除，那么输出结果可能如下：

```
子线程 1：10
子线程 2：None
```

另外，在同一个线程中，可以使用多个 ThreadLocal 对象来存储多个不同的线程局部变量。举例如下：

```
main() {
    // 声明并初始化 2 个 ThreadLocal 类型的变量
    let threadLocal1 = ThreadLocal<Int64>()
    let threadLocal2 = ThreadLocal<String>()

    // 创建子线程 1
    let future1 = spawn {
        // 设置并获取子线程 1 的 threadLocal1 的值
        threadLocal1.set(10)
        if (let Some(value) <- threadLocal1.get()) {
            println("子线程 1 threadLocal1：${value}")
        }

        // 尝试获取子线程 1 的 threadLocal2 的值，如果为空则不输出
        if (let Some(value) <- threadLocal2.get()) {
            println("子线程 1 threadLocal2：${value}")
        }
    }

    // 创建子线程 2
    let future2 = spawn {
        // 设置并获取子线程 2 的 threadLocal1 的值
        threadLocal1.set(20)
        if (let Some(value) <- threadLocal1.get()) {
            println("子线程 2 threadLocal1：${value}")
        }

        // 设置并获取子线程 2 的 threadLocal2 的值
        threadLocal2.set("info 2")
        if (let Some(value) <- threadLocal2.get()) {
            println("子线程 2 threadLocal2：${value}")
        }
    }

    // 创建子线程 3
    let future3 = spawn {
        // 尝试获取子线程 3 的 threadLocal1 的值，如果为空则不输出
        if (let Some(value) <- threadLocal1.get()) {
            println("子线程 3 threadLocal1：${value}")
        }

        // 设置并获取子线程 3 的 threadLocal2 的值
        threadLocal2.set("info 3")
        if (let Some(value) <- threadLocal2.get()) {
```

```
            println("子线程3 threadLocal2:${value}")
        }
    }

    future1.get()
    future2.get()
    future3.get()
}
```

编译并执行以上代码，输出结果可能如下：

```
子线程1 threadLocal1:10
子线程3 threadLocal2:info 3
子线程2 threadLocal1:20
子线程2 threadLocal2:info 2
```

在这个例子中，每个线程都可以通过两个不同的 ThreadLocal 实例维护两个不同的数据（一个 Int64 类型、一个 String 类型），尽管只有线程 2 存储了 2 个不同的数据。以上示例中每个线程的 ThreadLocalMap 如图 4-25 所示。

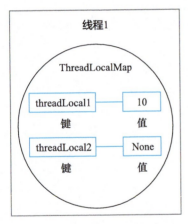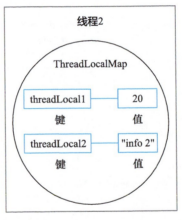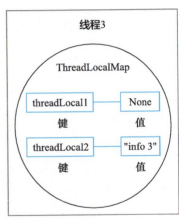

图 4-25　使用多个 ThreadLocal 实例维护多个线程局部变量

每个线程都可以使用多个 ThreadLocal 实例，为每个实例存储不同的数据，实现了在单个线程内部多个线程局部变量的隔离存储。

ThreadLocal 非常适合用于管理不同线程间需要隔离处理的数据，并且不需要担心线程安全问题。ThreadLocal 的一个典型应用场景是数据库连接管理，它可以确保每个线程都有自己的数据库连接，从而避免在多个线程之间共享数据库连接。ThreadLocal 的另一个典型应用场景是在 Web 应用程序中进行会话管理，它可以确保每个线程都有独立的用户会话信息，避免了多个线程之间会话信息的相互干扰。

下面的示例程序演示了如何使用 ThreadLocal 来存储和访问一个 Web 应用场景中的用户会话信息。示例程序如代码清单 4-16 所示。

代码清单 4-16　thread_local_1.cj

```
01  // 表示用户会话
02  class Session {
```

```
03        let userId: String  // 用户Id
04
05        // 构造函数
06        init(userId: String) {
07            this.userId = userId
08        }
09
10        // 其他用户会话相关的成员略
11    }
12
13    // 管理当前线程的用户会话
14    class UserSessionManager {
15        // 使用ThreadLocal存储每个线程的用户会话
16        private static let USER_SESSION = ThreadLocal<Session>()
17
18        // 设置当前线程中线程局部变量的值
19        static func setUserSession(session: Session) {
20            USER_SESSION.set(session)
21        }
22
23        // 获取当前线程中线程局部变量的值
24        static func getUserSession() {
25            USER_SESSION.get()
26        }
27    }
28
29    // 处理Web应用请求
30    func handleRequest(userId: String) {
31        let session = Session(userId)  // 创建用户会话
32        UserSessionManager.setUserSession(session)  // 将线程局部变量的值设置为session
33
34        // 正在处理请求的过程，可以方便地获取当前线程的用户会话信息
35        processing1()
36        processing2()
37    }
38
39    // 模拟使用当前线程的用户会话信息做一些工作
40    func processing1() {
41        // 获取当前线程的用户会话信息
42        let session = UserSessionManager.getUserSession().getOrThrow()
43        println("正在处理用户 ${session.userId} 的请求1...")
44    }
45
46    func processing2() {
47        // 获取当前线程的用户会话信息
48        let session = UserSessionManager.getUserSession().getOrThrow()
49        println("正在处理用户 ${session.userId} 的请求2...")
50    }
51
52    main() {
53        // 为用户liuyue创建一个线程
```

```
54          let future1 = spawn {
55              handleRequest("liuyue")
56          }
57
58          // 为用户 zhangrongchao 创建一个线程
59          let future2 = spawn {
60              handleRequest("zhangrongchao")
61          }
62
63          future1.get()
64          future2.get()
65      }
```

编译并执行以上示例程序，输出结果可能如下：

```
正在处理用户 liuyue 的请求 1...
正在处理用户 zhangrongchao 的请求 1...
正在处理用户 zhangrongchao 的请求 2...
正在处理用户 liuyue 的请求 2...
```

以上示例程序首先定义了一个表示用户会话的 Session 类（第 1 ～ 11 行）。然后定义了一个 UserSessionManager 类，用于管理当前线程的用户会话（第 13 ～ 27 行）。在该类中，创建了一个 ThreadLocal 对象来初始化成员变量 USER_SESSION（第 16 行）。USER_SESSION 使用了 static 进行修饰，这意味着它属于 UserSessionManager 类本身，而不属于类的任何特定实例。USER_SESSION 还使用了 let 进行修饰，这意味着一旦被初始化，它的引用就不能再被改变。根据仓颉命名规范，同时被 static 和 let 修饰的成员变量，要使用全大写来命名，并且单词之间使用下划线进行分隔。在 UserManager 类中，定义了两个静态成员函数 setUserSession 和 getUserSession，分别用于设置和获取当前线程中线程局部变量的值。

接下来，定义了一个函数 handleRequest，用于处理 Web 应用请求（第 29 ～ 37 行）。在这个函数中，先根据指定的 userId 创建了一个用户对话 session，然后调用函数 setUserSession 将当前线程中线程局部变量的值设置为 session。之后，调用了函数 process1 和 process2 来处理 Web 请求（第 35、36 行）。函数 process1 和 process2 分别用于模拟一些 Web 应用的处理工作，在这两个函数中，可以在任何时候方便地通过线程局部变量获取当前线程的用户会话信息，然后基于当前线程的用户会话信息进行相应的处理工作（第 42、48 行）。

这个示例展示了在处理复杂的业务流程时，尤其是需要在多个函数或多个数据结构之间共享某些线程特定的数据时，使用 ThreadLocal 可以方便地管理这些线程上下文信息，而不必将数据作为参数在各种调用中传递。

想象一下，如果这个示例没有使用 ThreadLocal，而是使用了普通的局部变量来存储用户会话信息，那么在调用函数 process1 和 process2 时，就必须将 Session 对象作为参数传递。与使用 ThreadLocal 相比，在多线程环境中将对象作为参数传递有一些潜在的不良影响。

- **增加了代码的复杂性**。每次调用函数时都需要手动传递对象，函数定义会变得复杂，从而增加了代码的复杂性和维护成本。
- **降低了代码的可读性**。需要跟踪对象在各个函数之间的传递路径，可能会导致代码的逻辑流程难以理解，尤其是在大型项目中。

- **增加了线程上下文数据管理的困难**。在多线程环境下，每个线程可能需要访问和操作特定于该线程的数据。将这些数据作为参数传递，需要在每个线程中管理这些数据，从而增加了线程上下文数据管理的难度。
- **限制了函数的使用场景**。函数依赖于传入的参数，这会限制函数的使用场景，因为它们不能在没有适当上下文数据的情况下被重用。
- **减少了封装性**。将对象作为参数传递，可能会暴露一些本应隐藏的内部实现细节，这会减少封装性。
- **提高了耦合度**。函数和传入的对象之间的直接依赖提高了耦合度，这可能会降低代码的灵活性和可维护性。

与普通的局部变量相比，ThreadLocal 提供了一种线程封闭的方式来存储数据，使得每个线程都有自己独立的数据副本，而不需要在函数调用时显式传递。这样，可以避免上述问题，特别是在处理线程上下文信息（如用户会话、数据库事务等）时，ThreadLocal 能够简化数据的管理，并保持函数的通用性和代码的清晰性。不过，使用 ThreadLocal 也需要注意避免内存泄露问题，确保及时清除不再使用的数据，特别是在使用线程池的情况下。正确使用时，ThreadLocal 是解决线程间数据隔离的有力工具。

4.4　线程通信

线程通信是多线程编程中的一个核心概念，指的是线程之间的数据交换和同步控制。在并发程序中，线程通常需要协同工作，完成一些需要彼此配合的任务，这就涉及线程之间的通信。线程通信的目的是确保线程能够安全、高效地共享数据和协调执行。

为了让多个线程在同步的基础上进行通信与协作，仓颉标准库的 sync 包提供了 Monitor 和 MultiConditionMonitor 这两个类，它们分别用于绑定单个和多个条件变量。

条件变量是一种同步原语，用于在并发编程中协调线程间的执行顺序，特别是当某些条件（或状态）不满足时，需要线程等待的场景。一个典型的应用场景是，某个线程在等待另一个线程完成特定任务，并在任务完成后接收到通知。例如，线程 A 正在处理某段数据，而线程 B 需要这段数据的处理结果来继续其工作。此时，线程 B 会等待线程 A 的完成通知。再如，如果线程 A 负责初始化某些资源或配置参数，其他依赖这些资源或参数的线程则需要等待线程 A 发出的初始化完成信号。条件变量通常与互斥锁配合使用，以确保对共享数据的安全访问和对特定条件的有效检查，其基本工作原理包括两部分，如图 4-26 和图 4-27 所示。

- **等待条件**。一个或多个线程（见图 4-26 中的线程 B）可以在条件变量上等待，直到某个条件成立。每个条件变量对应一个条件等待队列。
- **通知操作**。另一个线程（见图 4-27 中的线程 A）可以在条件变量上发出通知（或称信号），以唤醒一个或所有等待该条件的线程。发送通知的线程通常是改变了条件的线程。在通知发送后，被唤醒的线程（线程 B）将自动尝试获取先前释放的互斥锁，然后继续执行。如果被唤醒的线程获取锁失败，将被加入锁等待队列，进入阻塞状态。

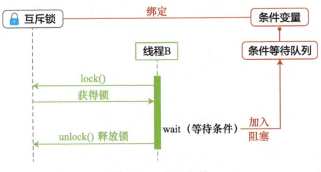

图 4-26　等待条件

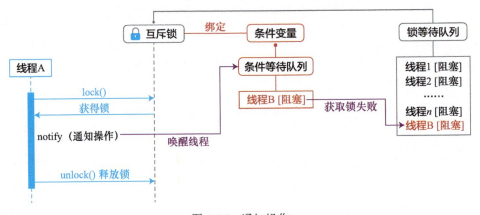

图 4-27　通知操作

条件变量非常适合管理线程间对特定条件的等待和通知。接下来让我们详细了解 Monitor 和 MultiConditionMonitor 的用法。

4.4.1　Monitor

Monitor 类继承了 ReentrantMutex 类，每个 Monitor 类的实例都是一个可重入互斥锁。此外，每个 Monitor 类的实例都绑定了一个条件变量，这个条件变量对应一个条件等待队列。因此，每个 Monitor 类的实例都对应一个锁等待队列和条件等待队列。Monitor 类的定义如下：

```
public class Monitor <: ReentrantMutex {
    // 构造函数
    public init()

    /*
     * 阻塞当前线程，等待被其他线程唤醒，或者等待指定时间后被唤醒
     * 参数timeout用于指定等待时间，默认值为Duration.Max
     * 如果参数timeout < Duration.Zero，则抛出异常
     * 如果被其他线程唤醒，返回true；如果在指定时间后被唤醒，返回false
     */
```

```
public func wait(timeout!: Duration = Duration.Max): Bool

// 唤醒调用wait函数后被阻塞的其中一个线程
public func notify(): Unit

// 唤醒所有调用wait函数后被阻塞的线程
public func notifyAll(): Unit

// 其他成员略
}
```

前面已经简单介绍了条件变量的工作原理，接下来我们仔细拆解一下通过共享的 Monitor 实例以及条件变量实现线程通信的详细过程（见图 4-28）。

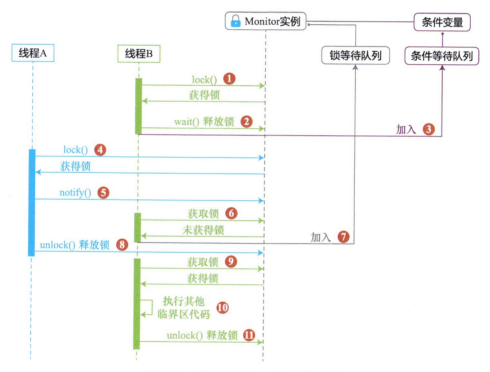

图 4-28　通过 Monitor 实现线程通信

假设存在两个线程：线程 A 和线程 B。当线程 B 获得某个 Monitor 实例的锁之后（❶），如果在执行临界区代码的过程中需要等待线程 A 完成某些工作后（满足某个条件后）才能继续执行，那么线程 B 可以通过该 Monitor 实例调用 wait 函数以等待线程 A 的通知（❷）。在线程 B 调用 wait 函数之后，该 Monitor 实例的锁被释放，同时线程 B 被加入条件等待队列并进入"阻塞"状态（❸）。

当线程 A 获得同一个 Monitor 实例的锁之后（❹），开始执行某些任务以满足线程 B 之前等待的条件，然后线程 A 可以通过该 Monitor 实例调用 notify 或 nofityAll 函数来发送通知（❺）。其中，notify 函数会唤醒条件等待队列中的一个线程，而 notifyAll 函数会唤醒条件等待队列中的所有线程。被唤醒的线程会自动尝试再次获取该 Monitor 实例的锁（❻），如果获取失败则被加入该锁的等待队列（❼）。

当线程 A 释放了锁之后（❽），锁等待队列中的一个线程会被唤醒。被唤醒的线程由"阻塞"状态变为"就绪"状态，在获得 CPU 时间片变为"运行"状态后，继续执行后续的任务。

以下是一个简单的示例，如代码清单 4-17 所示。

代码清单 4-17　monitor_0.cj

```
01  from std import sync.{Monitor, sleep}
02  from std import time.Duration
03
04  let monitor = Monitor()   // 创建一个Monitor实例
05  var flag = false   // 表示条件是否满足的标志
06
07  main() {
08      let futureA = spawn {
09          sleep(Duration.second)   // 确保线程B先获得锁
10
11          synchronized(monitor) {
12              println("线程A 已创建")
13              flag = true
14              monitor.notify()   // 调用notify函数通知futureB
15              println("线程A 执行完毕")
16          }
17      }
18
19      let futureB = spawn {
20          synchronized(monitor) {
21              println("线程B 已创建")
22              while (!flag) {
23                  monitor.wait()   // 调用wait函数等待futureA的通知
24              }
25              println("线程B 已被唤醒")
26          }
27      }
28
29      futureA.get()
30      futureB.get()
31  }
```

编译并执行以上示例代码，输出结果如下：

```
线程B 已创建
线程A 已创建
线程A 执行完毕
线程B 已被唤醒
```

在这个例子中，线程 B 首先获得了 monitor 的锁（第 20 行），然后通过 monitor 调用了 wait 函数进入等待状态，并释放锁（第 23 行）。在线程 A 获得锁之后，通过 monitor 调用 notify 函数发送了通知（第 14 行）。接着，线程 B 被唤醒并继续执行。

在这个示例中，有以下三点需要展开说明。

1. 始终将 wait 函数的调用放在检查特定条件的 while 循环中

首先需要讨论的是变量 flag 存在的意义。变量 flag 是表示条件是否满足的标志。函数 wait 的作用是使当前线程进入条件等待队列，函数 notify 和 notifyAll 的作用是唤醒条件等待队列中的线程，因此 flag 看似是多余的。如果将示例代码中的 main 修改为如下代码，程序也会得到相同的运行结果：

```
main() {
    let futureA = spawn {
        sleep(Duration.second)  // 确保线程B先获得锁

        synchronized(monitor) {
            println("线程A 已创建")
            monitor.notify()  // 调用notify函数通知futureB
            println("线程A 执行完毕")
        }
    }

    let futureB = spawn {
        synchronized(monitor) {
            println("线程B 已创建")
            monitor.wait()  // 调用wait函数等待futureA的通知
            println("线程B 已被唤醒")
        }
    }

    futureA.get()
    futureB.get()
}
```

以上是一个没有 flag 的程序版本，这在这个简单的示例中不会有什么问题。但是，如果并发的情况变得复杂一些，就可能会带来问题。我们的期望是线程 B 在等待线程 A 完成某些工作之后被线程 A 发送的通知唤醒，但如果另有一个线程 C 同样获得了 monitor 的锁并调用了 notify 或 notifyAll 函数，那么线程 B 也会被唤醒。这种情况反映了多个线程可能因为共享相同的锁或条件变量而导致的通知混淆。因为 notify 函数无法指定唤醒哪个线程，而 notifyAll 函数会唤醒所有线程。

为了确保线程 B 在被唤醒之后能正确判断应该继续执行还是继续等待，我们可以添加一个表示条件是否满足的变量 flag。flag 的初始值为 false，表示条件未满足。当线程 A 完成特定任务之后，将 flag 修改为 true。在线程 B 中，使用一个 while 循环检查 flag 的值。因为在多线程环境中，即使一个线程被正确唤醒，条件也可能在它被唤醒和它能够执行操作期间被其他线程改变。使用 while 循环可以反复检查条件，确保在执行操作前条件仍然满足。当检测到 flag 的值为 true 时，就知道这个通知是由线程 A 发送的，然后线程 B 可以继续执行；否则，线程 B 就继续等待。

除了可能被其他线程唤醒，线程 B 也可能会被假唤醒。假唤醒是多线程编程中的一个现象，指的是线程在没有收到通知（即没有其他线程调用 notify 或 notifyAll 函数）的情况下，在等待状态中意外醒来。假唤醒一般与底层操作系统的线程调度策略和同步机制的实现细节有关。虽然假唤醒不常发生，但也是一个需要注意的问题。

为了正确处理多线程通知，**建议始终将 wait 函数的调用放在检查特定条件的 while 循环中**。这样，即使一个线程因为各种原因被唤醒，它仍然会重新检查其等待的条件是否满足，并且只在条件真正满足时才会继续执行。一个符合我们建议的 wait 函数的调用，其形式如下：

```
// 仅当condition为true时才结束等待，继续执行
while (!condition) {
    monitor.wait()   // monitor是调用wait函数的Monitor实例
}
```

2. wait 函数完成的工作

当一个 Monitor 实例调用了 wait 函数时，wait 函数将完成如下工作。

- 添加当前线程到该 Monitor 实例对应的条件等待队列中。
- 阻塞当前线程，同时释放该 Monitor 实例的锁。
- 等待其他线程通过同一个 Monitor 实例调用函数 notify 或 notifyAll 发送的通知或等待超时（wait 函数允许通过 timeout 参数设置等待时间）。
- 当前线程被唤醒后，会自动尝试重新获取锁。如果获取锁成功，则自 wait 函数的调用点继续执行同步代码块；如果获取锁失败，则当前线程被加入锁等待队列并被阻塞。

一个 Monitor 实例要想调用 wait 函数，当前线程必须先持有该 Monitor 实例的锁。在 wait 函数被调用后，线程会自动释放它持有的锁，这使得其他线程可以竞争获取该锁。之后线程进入等待状态，直到其他线程唤醒了该线程或等待超时自动被唤醒。被唤醒的线程会重新竞争获取之前释放的锁。只有在重新获得锁之后，线程才能继续执行 wait 函数调用之后的代码。也就是说，线程必须再次持有同一个 Monitor 实例的锁，才能继续执行。当线程执行完同步代码块中的所有代码并退出时，它会再次释放锁。整个过程中线程与锁的关系变化如图 4-29 所示。

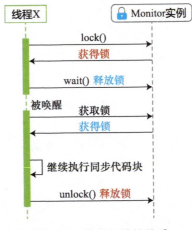

图 4-29　线程与锁的关系

3. 函数 notify 和 notifyAll 不会释放锁

与函数 wait 一样，在调用函数 notify 或 notifyAll 时，当前线程必须持有对应 Monitor 实例的锁。但是，与函数 wait 不同的是，函数 notify 和 notifyAll 不会释放锁。**在调用了函数 notify**

或 notifyAll 之后，当前线程仍然持有锁，并可以继续执行完同步代码块中的剩余代码。锁的释放将在当前线程退出同步代码块时进行（可以是由 synchronized 自动释放或调用 unlock 函数手动释放）。这样的设计保证了在函数 notify 或 notifyAll 被调用之后到同步代码块执行完毕之前的这段时间里，当前线程可以安全地完成剩余的操作而不会被其他线程打断。

在上面的示例程序中，一定会先输出"线程 A 执行完毕"，再输出"线程 B 已被唤醒"。因为只有当线程 A 的 synchronized 代码块执行完毕后，线程 A 才会释放锁，线程 B 才有机会获得锁并执行后续的代码。

现在我们已经充分了解了如何使用 Monitor，Monitor 非常适合处理**生产者－消费者问题**：消费者线程等待队列非空来消费项目，而生产者线程在添加项目到队列后通知消费者。考虑这样一个场景，有一个生产者生产产品并将其放在产品存放处，还有一个消费者从产品存放处取产品进行消费。消费者必须等待生产者生产了一个产品后，才能进行消费。生产者必须等待消费者消费了当前产品后，才能继续生产。生产者总共生产了 5 个产品，相应地，消费者总共消费了 5 个产品。模拟该场景的示例程序如代码清单 4-18 所示。

代码清单 4-18　monitor_1.cj

```
01  from std import sync.Monitor
02
03  // 表示生产者－消费者的类
04  class ProducerConsumer {
05      let totalProducts: Int64  // 预计生产的产品总数
06      var isAvailable = false  // 表示是否已经生产了产品且还未被消费
07      let monitor = Monitor()  // 创建一个Monitor实例
08
09      init(count: Int64) {
10          totalProducts = count
11      }
12
13      // 创建一个线程用于生产产品
14      func produce() {
15          spawn {
16              for (no in 1..=totalProducts) {
17                  synchronized(monitor) {
18                      while (isAvailable) {
19                          monitor.wait()  // 等待消费者消费产品
20                      }
21
22                      // 生产产品
23                      println("已生产产品编号：${no}")
24                      isAvailable = true
25                      monitor.notify()  // 通知消费者产品已生产
26                  }
27              }
28          }
29      }
30
31      // 创建一个线程用于消费产品
32      func consume() {
```

249

```
33          spawn {
34              for (no in 1..=totalProducts) {
35                  synchronized(monitor) {
36                      while (!isAvailable) {
37                          monitor.wait()   // 等待生产者生产产品
38                      }
39
40                      // 消费产品
41                      println("已消费产品编号：${no}")
42                      isAvailable = false
43                      monitor.notify()   // 通知生产者产品已消费
44                  }
45              }
46          }
47      }
48  }
49
50  main() {
51      // 创建一个预计生产 5 件产品的 ProducerConsumer 实例
52      let producerConsumer = ProducerConsumer(5)
53
54      // 创建生产者线程
55      let producerFuture = producerConsumer.produce()
56      // 创建消费者线程
57      let consumerFuture = producerConsumer.consume()
58
59      producerFuture.get()
60      consumerFuture.get()
61  }
```

编译并执行以上示例程序，输出结果如下：

```
已生产产品编号：1
已消费产品编号：1
已生产产品编号：2
已消费产品编号：2
已生产产品编号：3
已消费产品编号：3
已生产产品编号：4
已消费产品编号：4
已生产产品编号：5
已消费产品编号：5
```

在示例程序中，定义了一个表示生产者 – 消费者的类 ProducerConsumer，该类的主要成员有：成员变量 totalProducts 表示预计生产的产品总数（第 5 行），isAvailable 作为标志表示是否已经生产了产品但还未被消费（第 6 行）；成员函数 produce 用于创建生产者线程（第 13 ～ 29 行），consume 用于创建消费者线程（第 31 ～ 47 行）。

函数 produce 和 consume 通过共享的 Monitor 实例 monitor 实现线程通信。函数 produce 的函数体中只有一个 spawn 表达式。在该表达式的代码块内，通过一个 for-in 循环生产指定数量的产品（第 16 ～ 27 行）。在循环体内首先使用 synchronized 关键字自动获取和释放 monitor 的锁，然后通过 while 表达式判断产品是否可用。如果产品可用，则调用 wait 函数，使生产者线程等待消费者线程去消费产品。如果产品不可用，则生产产品，将 isAvailable 设置为 true，输出相应的提示信息，并调用 notify 函数通知消费者线程可以消费产品了。函数 consume 的逻辑与 produce 类似。

图 4-30 展示了以上示例程序中生产者线程和消费者线程通信的简化过程，但实际的情况可能复杂得多。以生产者线程为例，在该线程生产了一个产品之后，调用 notify 函数唤醒了消费者线程，然后 synchronized 代码块执行完毕，生产者线程释放了锁。由于生产者线程中的 for-in 循环没有执行完毕，因此它会立刻尝试再次获取锁，而同时被唤醒的消费者线程也会尝试获取锁。这时，如果生产者线程获得了锁，那么它会进入 while 循环，根据 isAvailable 的值（当前应为 true），生产者线程会调用 wait 函数，释放锁并进入等待状态。在这种情况下，它会进入条件等待队列，直到其他线程通过 notify 或 notifyAll 函数唤醒它。如果消费者线程获得了锁，那么生产者线程会进入锁等待队列，直到锁被释放它才有机会再次获取锁并继续执行。需要注意的是，**在多线程环境中，锁的竞争是常态**。如果有多个线程同时竞争一个锁，锁的获取顺序由线程调度器控制，其结果并不是确定的。

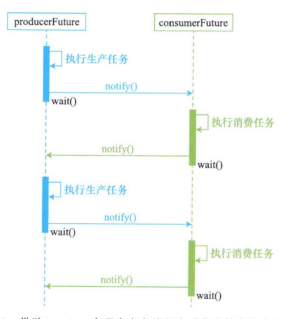

图 4-30　借助 Monitor 实现生产者线程和消费者线程的交替执行

那么将 for-in 循环放在 synchronized 代码块中如何呢？假设函数 produce 和 consume 的代码如下：

```
func produce() {
    spawn {
        synchronized(monitor) {
            for (no in 1..=totalProducts) {
                while (isAvailable) {
                    monitor.wait()  // 等待消费者消费产品
                }
```

```
                            // 其他代码略
                            monitor.notify()    // 通知消费者产品已生产
                        }
                    }
                }
            }


func consume() {
    spawn {
        synchronized(monitor) {
            for (no in 1..=totalProducts) {
                while (!isAvailable) {
                    monitor.wait()    // 等待生产者生产产品
                }

                // 其他代码略
                monitor.notify()    // 通知生产者产品已消费
            }
        }
    }
}
```

这时情况又会有所不同。以生产者线程为例，在该线程生产了一个产品之后，调用 notify 函数唤醒了消费者线程，然后生产者线程继续进入下一次 for-in 循环的迭代，之后因为 isAvailable 为 true，生产者线程调用 wait 函数进入了条件等待队列，此时锁被释放。而消费者线程在被唤醒之后会尝试获取锁，如果此时生产者线程已经释放了锁，那么消费者线程可以直接获得锁并继续执行。如果此时生产者线程还没有释放锁，那么消费者线程将进入锁等待队列被阻塞，直到生产者线程释放了锁才会被唤醒。这个过程中由于生产者线程只在调用了 wait 函数的情况下才释放锁，因此不会出现生产者线程和消费者线程竞争锁的情况。

选择在 for-in 循环内使用 synchronized 块还是将整个 for-in 循环包含在 synchronized 块中，取决于具体的应用场景和性能要求。如果在 for-in 循环内使用 synchronized 块，那么每次迭代都会尝试获取锁，在迭代执行完毕之后释放锁，这样可以带来更细粒度的锁控制，允许不同的迭代之间可以有其他线程执行。当每次迭代相对独立，不需要连续执行所有迭代，并且希望提高响应性和并发性，允许其他线程在迭代间执行时，可以使用这种方式。反之，如果我们需要完整地执行所有迭代步骤，就应该考虑将 for-in 循环放在 synchronized 块内。不过，这种方式可能导致其他线程较长时间等待锁的释放，尤其是当循环体执行的时间较长时，因此可能会降低并发性和整体性能。总之，对于使用 Monitor 的场景，需要非常仔细地控制何时进入等待状态以及何时唤醒其他线程。这取决于我们的具体需求，包括操作的原子性需求、并发级别以及对响应性和性能的考虑。

把以上示例程序对应的场景进行扩展，考虑一个更复杂的场景。这仍然是一个生产者 - 消费者模式的例子，其中生产者和消费者通过一个共享的缓冲区进行交互，生产者填满缓冲区，而消费者则将缓冲区清空。在一个数据库管理系统中，日志记录的写入操作（生产者）会持续生成日志并将其存储到日志缓冲区中。当缓冲区满或达到一定条件时，日志处理程序（消费者）会将缓冲区中的日志备份到存储介质上。示例程序如代码清单 4-19 所示。

代码清单 4-19　monitor_2.cj

```
01  from std import sync.Monitor
02  from std import collection.ArrayList
03  from std import time.DateTime
04
05  // 表示生产者 - 消费者的类
06  class DatabaseLogBufferSimulation {
07      let totalLogs: Int64
08      let bufferCapacity = 5   // 缓冲区容量
09      let logBuffer = ArrayList<String>()   // 缓冲区
10      var isProducing = true  // 控制备份线程的运行
11      let monitor = Monitor()   // 创建一个Monitor实例
12
13      init(totalLogs: Int64) {
14          this.totalLogs = totalLogs
15      }
16
17      // 向缓冲区添加日志数据（生产者）
18      func produceLog() {
19          synchronized(monitor) {
20              for (i in 1..=totalLogs) {
21                  while (logBuffer.size == bufferCapacity) {
22                      monitor.wait()   // 缓冲区已满，等待备份
23                  }
24
25                  let logData = "记录${i} ${DateTime.now()}"
26                  logBuffer.append(logData)   // 将日志数据添加到缓冲区
27                  if (logBuffer.size == bufferCapacity) {
28                      monitor.notify()  // 通知消费者备份数据
29                  }
30              }
31              stopProducing()
32          }
33      }
34
35      // 模拟备份数据（消费者）
36      func backupLogs() {
37          synchronized(monitor) {
38              while (isProducing || !logBuffer.isEmpty()) {
39                  while (logBuffer.size < bufferCapacity && isProducing) {
40                      monitor.wait()   // 如果缓冲区未满且正在生产日志数据则等待
41                  }
42
43                  // 使用println函数将缓冲区的内容一次性输出，模拟备份操作
44                  println("\n正在备份数据 ...")
45                  for (log in logBuffer) {
46                      println(log)
47                  }
48                  logBuffer.clear()   // 备份完成后清空缓冲区
```

```
49                    monitor.notify()    // 通知生产者生产数据
50                }
51            }
52        }
53
54        // 设置停止生产日志数据的标志
55        func stopProducing() {
56            isProducing = false    // 不再生产日志数据
57            synchronized(monitor) {
58                monitor.notifyAll()    // 确保所有等待的线程可以退出
59            }
60        }
61    }
62
63    main() {
64        // 创建一个DatabaseLogBufferSimulation实例
65        let dbLogBufferSim = DatabaseLogBufferSimulation(12)
66
67        // 创建一个生产者线程
68        let producerFuture = spawn {
69            dbLogBufferSim.produceLog()
70        }
71
72        // 创建一个消费者线程
73        let consumerFuture = spawn {
74            dbLogBufferSim.backupLogs()
75        }
76
77        producerFuture.get()
78        consumerFuture.get()
79    }
```

编译并执行以上代码，输出结果如下：

```
正在备份数据...
记录1 2024-04-04T09:24:31.0472965Z
记录2 2024-04-04T09:24:31.0473296Z
记录3 2024-04-04T09:24:31.0473319Z
记录4 2024-04-04T09:24:31.047334Z
记录5 2024-04-04T09:24:31.04733752

正在备份数据...
记录6 2024-04-04T09:24:31.047344Z
记录7 2024-04-04T09:24:31.0495467Z
记录8 2024-04-04T09:24:31.04955Z
记录9 2024-04-04T09:24:31.0495521Z
记录10 2024-04-04T09:24:31.0495542Z

正在备份数据...
记录11 2024-04-04T09:24:31.0495575Z
记录12 2024-04-04T09:24:31.0504313Z
```

在以上示例代码中，定义了一个 DatabaseLogBufferSimulation 类，它包含了模拟数据库日志缓冲区的逻辑。程序使用 ArrayList 作为缓冲区来存储日志数据（第 9 行），缓冲区大小设置为 5（第 8 行）。

函数 produceLog 的作用是向缓冲区添加日志数据，是生产者线程调用的函数（第 17 ～ 33 行）。如果缓冲区已满，生产者线程会调用 wait 函数，等待备份操作。如果缓冲区不满，生产者会持续生产日志数据，直到缓冲区被填满后，调用 notify 函数通知消费者备份数据。函数 backupLogs 模拟消费者的行为（第 35 ～ 52 行）。当缓冲区满或生产停止但缓冲区中仍有数据时，它会执行备份操作，这里使用了 println 函数模拟备份操作，即输出缓冲区中的所有数据并清空缓冲区，然后再调用 notify 函数通知生产者继续生产数据。如果生产仍在继续但缓冲区未满，那么消费者线程会调用 wait 函数进入等待，直到缓冲区被填满或生产停止。

函数 stopProducing 用于设置停止生产日志数据的标志（第 54 ～ 60 行）。在函数体中，首先将标志 isProducing 设置为 false，表示生产停止。接着获取 monitor 的锁，唤醒所有等待的线程（在这里主要是唤醒消费者线程）。成员变量 isProducing 是生产数据的标志，它主要用于控制消费者线程的运行。初始时，isProducing 的值为 true，表示生产正在进行（第 10 行）。在函数 backupLogs 中，使用了一个 while 循环用于持续监听程序状态（第 38 ～ 50 行）。如果生产没有停止或缓冲区不为空，那么备份操作的相应逻辑就可以持续执行。

在生产者完成所有生产活动之后，调用了函数 stopProducing 显式通知消费者线程生产已经停止（第 31 行）。这样，消费者线程会在生产停止且缓冲区为空的情况下退出循环。在函数 stopProducing 中，调用了 notifyAll 函数。这个调用在这个上下文中非常重要，它确保在生产者停止生产后，所有等待的线程（本例中其实就是消费者线程）都能被唤醒。

如果生产者线程停止生产并且缓冲区没有被完全填满（没有达到触发备份操作的条件），消费者线程可能仍在等待 notify 或 notifyAll 的调用来唤醒它。在本例中消费者执行完第 2 次备份操作之后就会进入等待。由于生产者已经停止生产，不会再有任何操作来填满缓冲区或调用 notify 函数，消费者线程将永久处于等待状态，即使 isProducing 标志已经被设置为了 false。这会带来两个后果。

- **剩余数据无法被备份**。消费者线程因为缓冲区未满而一直等待，这意味着缓冲区中剩余的日志数据将不会被处理（备份），从而导致数据丢失。
- **程序无法正确终止**。主线程在等待生产者线程和消费者线程都执行完毕后才能结束，因为消费者线程无法退出，整个应用程序也无法正常终止。

为了避免这种问题，在多线程环境下，我们应该在改变可能影响等待线程继续执行条件的任何操作后调用 notifyAll 函数，以确保所有线程都有机会响应状态的变化。

对比代码清单 4-18 和代码清单 4-19，可以发现代码清单 4-18 将创建线程的工作封装在了类的成员函数中，而代码清单 4-19 是在 main 中创建线程的。在设计多线程程序时，决定在哪里创建和启动线程取决于程序的结构、代码的可读性和可维护性以及对线程生命周期的控制需求。对于生产者－消费者模型，上面两种方式各有其优缺点。

在函数内完成线程的创建和启动，可以隐藏线程管理的复杂性，带来较好的封装性。调用者不需要关心线程管理的细节，只需要调用相应的函数即可。对于简单的应用，这种方式可以使主逻辑保持简洁，因为所有与线程相关的操作都被封装在函数内。相对应地，调用者无法直接控制线程的创建和启动过程，也无法机动地管理线程的生命周期。另外，因为线程的管理直接绑定在函数的逻辑中，在单元测试中可能更难以控制或模拟这些函数的行为。

在调用时完成线程的创建和启动可以带来更高的灵活性。调用者可以根据需要创建线程，并设置线程的各种属性，如名称等。在这种情况下，调用者可以更精确地控制线程的生命周期，包括何时启动、何时中断等。在单元测试中，也可以更容易地创建线程的 mock 对象，或者在不实际创建线程的情况下测试函数的逻辑。这种方式的缺点在于，如果需要多次创建相同的线程，那么相关的线程创建代码可能会在多处重复，造成代码冗余。另外，调用者需要自己管理线程，增加了使用函数的复杂性。

如果程序的目标是提供一个高度封装的、对调用者隐藏线程管理细节的接口，且这个接口将在多个地方以相同的方式被调用，那么在函数内完成线程的创建和启动可能是更好的选择。如果需要更细粒度地控制线程的行为，或者想要在不同的上下文中以不同的方式使用生产者和消费者逻辑（比如设置不同的线程属性），那么在调用时创建和启动线程可能更合适。

4.4.2　MultiConditionMonitor

在上一个示例程序中，如果存在多个生产者和消费者线程，那么所有等待的线程都会在同一个条件变量上排队。而当函数 notify 或 notifyAll 被调用时，等待的线程之一或全部会被唤醒，最终获得锁的线程可能是生产者线程，也可能是消费者线程，然后该线程必须再次检查它的等待条件是否满足。如果该线程等待的条件不满足，它又需要进入等待，然后锁等待队列中的线程又开始竞争锁。这种情况不属于程序功能上的错误，但确实可能会降低效率。

在生产者 - 消费者问题中，通常存在两种基本条件：一种是表示缓冲区非满（生产者可以生产），另一种表示缓冲区非空（消费者可以消费）。为了提高效率和程序的整体可读性，我们可以使用两个条件变量，一个用于生产者，另一个用于消费者。每个条件变量都可以精确地对应到一类特定的等待条件——生产者等待缓冲区非满，消费者等待缓冲区非空。这样，当某一条件发生变化时，只唤醒真正需要根据这一条件变化而运行的线程，这可以减少不必要的唤醒和随后的条件检查，带来更精确的线程唤醒。另外，因为每次调用 notify 或 notifyAll 函数只唤醒等待特定条件的线程，所以减少了线程间不必要的竞争，提高了程序的效率。比如，如果生产者完成生产后只唤醒等待缓冲区非空条件的消费者线程，就不会引起其他生产者线程的无谓竞争。

仓颉标准库的 sync 包提供了 MultiConditionMonitor 类，用于绑定多个条件变量。与 Monitor 类一样，MultiConditionMonitor 类也继承了 ReentrantMutex 类。因此，每个 MultiConditionMonitor 类的实例也都是一个可重入互斥锁。与 Monitor 类不同的是，每个 MultiConditionMonitor 类的实例可以绑定多个条件变量，每个条件变量对应一个条件等待队列。因此，每个 MultiConditionMonitor 类的实例都对应一个锁等待队列和多个条件等待队列。MultiConditionMonitor 类的定义如下：

```
public class MultiConditionMonitor <: ReentrantMutex {
    // 构造函数
    public init()

    /*
     * 创建一个与当前实例关联的条件变量
     * ConditionID是定义在sync包中的struct类型，表示条件变量
```

```
        */
       public func newCondition(): ConditionID

       /*
        * 阻塞当前线程，等待被其他线程唤醒，或者等待指定时间后被唤醒
        * 参数condID用于指定条件变量，当前线程被加入condID对应的条件等待队列中
        * 参数timeout用于指定等待时间，默认值为Duration.Max
        * 如果参数timeout < Duration.Zero，则抛出异常
        * 如果被其他线程唤醒，返回true；如果在指定时间后被唤醒，返回false
        */
       public func wait(
           condID: ConditionID,
           timeout!: Duration = Duration.Max
       ): Bool

       // 从condID指定的条件等待队列中唤醒调用wait函数后被阻塞的其中一个线程
       public func notify(condID: ConditionID): Unit

       // 从condID指定的条件等待队列中唤醒所有调用wait函数后被阻塞的线程
       public func notifyAll(condID: ConditionID): Unit

       // 其他成员略
}
```

当创建一个 MultiConditionMonitor 类的实例后，该实例在默认情况下并没有与之关联的条件变量。必须调用 newCondition 函数创建与该实例关联的条件变量，每调用一次就创建一个。在通过 MultiConditionMonitor 实例调用函数 wait、notify 和 notifyAll 时，都要指定表示条件变量的参数 condID，以对不同的条件变量加以区分。

注意，不能手动创建 ConditionID 实例，只能通过 MultiConditionMonitor 实例调用 newCondition 函数来创建与该 MultiConditionMonitor 实例相关联的 ConditionID 实例，并且这个 ConditionID 实例只能用于该 MultiConditionMonitor 实例，不能用于其他 MultiConditionMonitor 实例。

接下来，使用 MultiConditionMonitor 优化 4.4.1 节的示例程序。为了能够更精确地控制线程间的通知机制，避免不必要的唤醒，我们可以为生产者和消费者分别使用一个条件变量。修改过后的示例程序如代码清单 4-20 所示。

代码清单 4-20　multi_condition_monitor_0.cj

```
01  from std import sync.{MultiConditionMonitor, ConditionID}
02  from std import collection.ArrayList
03  from std import time.DateTime
04
05  // 表示生产者–消费者的类
06  class DatabaseLogBufferSimulation {
07      let totalLogs: Int64
08      let bufferCapacity = 5  // 缓冲区容量
09      let logBuffer = ArrayList<String>()  // 缓冲区
10      var isProducing = true  // 控制备份线程的运行
11      let condMonitor = MultiConditionMonitor()  // 创建一个MultiConditionMonitor实例
```

```
12          let notFull: ConditionID   // 缓冲区不满
13          let notEmpty: ConditionID   // 缓冲区不空
14
15      init(totalLogs: Int64) {
16          this.totalLogs = totalLogs
17
18          synchronized(condMonitor) {
19              notFull = condMonitor.newCondition()
20              notEmpty = condMonitor.newCondition()
21          }
22      }
23
24      // 向缓冲区添加日志数据（生产者）
25      func produceLog() {
26          synchronized(condMonitor) {
27              for (i in 1..=totalLogs) {
28                  while (logBuffer.size == bufferCapacity) {
29                      condMonitor.wait(notFull)   // 将当前线程加入notFull的等待队列
30                  }
31
32                  let logData = "记录${i} ${DateTime.now()}"
33                  logBuffer.append(logData)   // 将日志数据添加到缓冲区
34                  if (logBuffer.size == bufferCapacity) {
35                      condMonitor.notify(notEmpty)   // 仅通知等待notEmpty的线程
36                  }
37              }
38              stopProducing()
39          }
40      }
41
42      // 模拟备份数据（消费者）
43      func backupLogs() {
44          synchronized(condMonitor) {
45              while (isProducing || !logBuffer.isEmpty()) {
46                  while (logBuffer.size < bufferCapacity && isProducing) {
47                      condMonitor.wait(notEmpty)   // 将当前线程加入notEmpty的等待队列
48                  }
49
50                  // 使用println函数将缓冲区的内容一次性输出，模拟备份操作
51                  println("\n正在备份数据...")
52                  for (log in logBuffer) {
53                      println(log)
54                  }
55                  logBuffer.clear()   // 备份完成后清空缓冲区
56                  condMonitor.notify(notFull)   // 仅通知等待notFull的线程
57              }
58          }
59      }
60
61      // 设置停止生产日志数据的标志
62      func stopProducing() {
```

```
63          isProducing = false  // 不再生产日志数据
64          synchronized(condMonitor) {
65              condMonitor.notifyAll(notEmpty)  // 确保所有等待的消费者线程可以退出
66          }
67      }
68  }
69
70  main() {
71      // 创建一个 DatabaseLogBufferSimulation 实例
72      let dbLogBufferSim = DatabaseLogBufferSimulation(12)
73
74      // 创建一个生产者线程
75      let producerFuture = spawn {
76          dbLogBufferSim.produceLog()
77      }
78
79      // 创建一个消费者线程
80      let consumerFuture = spawn {
81          dbLogBufferSim.backupLogs()
82      }
83
84      producerFuture.get()
85      consumerFuture.get()
86  }
```

以上程序的运行结果和之前是一样的。在这个改进的版本中，使用了一个 MultiConditionMonitor 实例代替了之前的 Monitor 实例（第 11 行），并定义了两个条件变量 notFull 和 notEmpty，分别表示缓冲区不满和缓冲区不空（第 12、13 行）。在构造函数中，通过 condMonitor 调用 newCondition 函数对 notFull 和 notEmpty 进行了初始化（第 18 ～ 21 行）。之所以这样做，是因为当前线程必须先持有 condMonitor 的锁，才能通过 condMonitor 调用 newCondition 函数。

生产者线程在缓冲区满时等待 notFull 条件（第 29 行），而在缓冲区满时通知等待 notEmpty 条件的消费者线程（第 35 行）。消费者线程在缓冲区不满且生产正在进行时等待 notEmpty 条件（第 47 行），而在执行完备份操作并清空缓冲区后通知等待 notFull 条件的生产者线程（第 56 行）。当生产结束时，调用函数 stopProducing 设置 isProducing 为 false 并唤醒所有可能还在等待 notEmpty 条件的消费者线程（第 61 ～ 67 行）。

以上示例程序中只有一个生产者线程和一个消费者线程。下面看一个扩展的生产者 - 消费者问题的示例。该示例模拟的是一个简单的打印任务管理系统，其中生产者代表提交打印任务的应用程序，消费者代表处理打印任务的打印机。示例程序如代码清单 4-21 所示。

代码清单 4-21　multi_condition_monitor_1.cj

```
01  from std import sync.{MultiConditionMonitor, ConditionID, sleep}
02  from std import collection.ArrayList
03  from std import time.Duration
04  from std import random.Random
05
06  // 打印队列
07  class PrintQueue {
```

```
08      let capacity: Int64   // 打印队列的缓冲区大小
09      let queue = ArrayList<String>()   // 打印队列
10      var isAllPrintJobsSubmitted = false   // 表示打印任务是否全部提交
11      let condMonitor = MultiConditionMonitor()
12      let notFull: ConditionID   // 表示打印队列不满，对应生产者线程
13      let notEmpty: ConditionID   // 表示打印队列不空，对应消费者线程
14
15      init(capacity: Int64) {
16          this.capacity = capacity
17
18          synchronized(condMonitor) {
19              notFull = condMonitor.newCondition()
20              notEmpty = condMonitor.newCondition()
21          }
22      }
23
24      // 提交打印任务到打印队列（生产者）
25      func submitPrintJob(no: Int64, job: String) {
26          synchronized(condMonitor) {
27              while (queue.size == capacity) {
28                  // 打印队列已满，将当前线程加入notFull的等待队列
29                  condMonitor.wait(notFull)
30              }
31
32              queue.append(job)
33              println("应用程序${no} 提交了 ${job}")
34              condMonitor.notifyAll(notEmpty)   // 通知所有消费者线程开始打印
35          }
36      }
37
38      // 检索打印任务（消费者）
39      func retrievePrintJob(no: Int64) {
40          while (!isAllPrintJobsSubmitted || !queue.isEmpty()) {
41              var job = ""
42              synchronized(condMonitor) {
43                  while (queue.isEmpty() && !isAllPrintJobsSubmitted) {
44                      // 打印队列中没有打印任务且还有任务没提交，将当前线程加入notEmpty的等待队列
45                      condMonitor.wait(notEmpty)
46                  }
47
48                  job = queue.remove(0)   // 从打印队列的开头取出一个打印任务
49                  condMonitor.notifyAll(notFull)   // 通知所有生产者线程继续提交打印任务
50              }
51
52              // 在某台打印机已经开始打印工作时释放锁给其他线程
53              printing(no, job)
54          }
55      }
56
57      // 打印文档
58      func printing(no: Int64, job: String) {
```

```
59              println("打印机 ${no} 正在打印 ${job}")
60              // 模拟打印时间
61              sleep(Duration.millisecond * (Random().nextInt64(3000) + 2000))
62          }
63
64          // 设置停止生产的标志，通知所有消费者线程
65          func stopProducing() {
66              isAllPrintJobsSubmitted = true
67              synchronized(condMonitor) {
68                  condMonitor.notifyAll(notEmpty)   // 通知所有打印机
69              }
70          }
71      }
72
73  main() {
74      let printQueue = PrintQueue(4)   // 创建一个缓冲区大小为4的打印队列
75      let futureArrayList1 = ArrayList<Future<Unit>>()   // 存储生产者线程
76      let futureArrayList2 = ArrayList<Future<Unit>>()   // 存储消费者线程
77
78      // 创建5个生产者线程
79      for (i in 1..=5) {
80          let future = spawn {
81              // 每个线程提交2个打印作业
82              for (j in 1..=2) {
83                  printQueue.submitPrintJob(i, "文档${i}-${j}")
84                  // 隔一段时间提交一个打印任务
85                  sleep(Duration.millisecond * Random().nextInt64(2000))
86              }
87          }
88          futureArrayList1.append(future)
89      }
90
91      // 创建3个打印线程，代表3台打印机
92      for (i in 1..=3) {
93          let future = spawn {
94              printQueue.retrievePrintJob(i)
95          }
96          futureArrayList2.append(future)
97      }
98
99      for (future in futureArrayList1) {
100             future.get()
101     }
102     printQueue.stopProducing()   // 所有打印任务都已经提交
103
104     for (future in futureArrayList2) {
105             future.get()
106     }
107 }
```

编译并执行以上示例程序，输出结果可能如下：

```
应用程序1 提交了 文档1-1
应用程序2 提交了 文档2-1
应用程序3 提交了 文档3-1
应用程序4 提交了 文档4-1
打印机1 正在打印 文档1-1
应用程序5 提交了 文档5-1
打印机2 正在打印 文档2-1
打印机3 正在打印 文档3-1
应用程序3 提交了 文档3-2
应用程序1 提交了 文档1-2
打印机1 正在打印 文档4-1
应用程序4 提交了 文档4-2
打印机3 正在打印 文档5-1
应用程序2 提交了 文档2-2
打印机2 正在打印 文档3-2
应用程序5 提交了 文档5-2
打印机2 正在打印 文档1-2
打印机3 正在打印 文档4-2
打印机1 正在打印 文档2-2
打印机2 正在打印 文档5-2
```

在以上示例程序中，定义了一个 PrintQueue 类（第 6 ～ 71 行）。该类表示共享的打印队列，多个应用程序（生产者）可以提交打印任务到这个打印队列中，多个打印机（消费者）按照加入队列的顺序从打印队列中取出并执行打印任务。该类的主要成员变量有：capacity 表示打印队列的缓冲区大小，queue 表示打印队列，isAllPrintJobsSubmitted 是打印任务全部提交的标志，另外还有一个 MultiConditionMonitor 实例 condMonitor 以及两个条件变量 notFull 和 notEmpty，这两个条件变量分别表示打印队列不满和打印队列不空。

函数 submitPrintJob 用于应用程序向打印队列提交打印任务（第 24 ～ 36 行）。当打印队列已满时，将当前线程加入 notFull 的等待队列（第 27 ～ 30 行）。否则就提交打印任务，输出提示信息，并通知所有打印机（第 32 ～ 34 行）。函数 retrievePrintJob 用于打印机检索并执行打印任务（第 38 ～ 55 行）。如果打印队列中没有打印任务且打印任务还在提交，就将当前线程加入 notEmpty 的等待队列（第 43 ～ 46 行）；否则，就从打印队列的开头取出一个打印任务，然后通知所有应用程序可以继续提交打印任务（第 48、49 行），之后就调用函数 printing 执行打印任务。

函数 printing 的作用是模拟执行打印任务（第 58 ～ 62 行）。注意，这个函数是在 synchronized 代码块之外被调用的（第 53 行）。之所以这样设计，是因为当一个打印机开始执行打印任务时，其他的打印机和应用程序应该也可以继续执行各自的任务。如果将模拟打印任务的代码放在 synchronized 代码块之内（打印机打印文档一般会耗费一定的时间），那么在当前打印机执行打印任务时会一直持有锁，从而导致其他线程阻塞在锁上不能继续执行。

在 main 中，创建了 5 个生产者线程，每个线程提交 2 个打印作业（第 78 ～ 89 行），当所有生产者线程都提交完打印作业之后，通过 PrintQueue 实例调用 stopProducing 函数设置停止生产的标志，并通知所有消费者线程（第 102 行）。

这个示例展示了如何使用 MultiConditionMonitor 来解决多线程环境中的生产者 - 消费者问题。需要注意的是，本例使用了 ArrayList 来模拟打印队列，这只是一种权宜之计。选择 ArrayList 的目的是简化示例的实现，以便我们能够专注于阐释生产者和消费者之间的同步机制。然而，使用 ArrayList 模拟打印队列是有明显缺点的。具体来说，应用程序每提交一个打印任务，就将其追加至 ArrayList 的尾部；而打印机在处理任务时，总是从 ArrayList 的头部取出任务进行处理。这种频繁移动元素的操作可能会影响程序的性能和效率。在理想的情况下，使用遵循先进先出（FIFO）原则的队列数据结构来模拟打印队列会更加高效。如果需要严格遵循 FIFO 原则，我们可以自行实现队列数据结构来进行相关操作。

4.5 多线程协调

多线程环境下，线程间的同步和协调是保证程序正确执行的关键。本节主要介绍三种可以帮助我们实现线程间协调的工具：Barrier、SyncCounter 和 Semaphore。

Barrier 是一个同步辅助工具，用于在多个线程之间建立一个同步点。线程必须互相等待，直到所有线程都达到这个同步点，然后才能继续执行。SyncCounter 允许一个或多个线程等待其他线程完成一组操作，直到计数器值减至零。这种机制非常适合在完成一系列先决条件前阻塞线程的执行。Semaphore 允许限制对某一资源的访问，为线程间提供了一种限制性的同步手段。

4.5.1 Barrier

考虑这样一个场景，假设有一个任务，它被分割为若干个子任务，每个子任务由一个线程来处理。这个任务的处理过程包含几个阶段，在每个阶段都必须等待所有的子任务全部处理完毕，才能开始下一个阶段。这就需要在每个阶段都为所有子任务对应的线程设置一个同步点，直到所有线程都到达同步点之后，才一起继续执行。

为了解决类似的问题，仓颉在标准库的 sync 包中提供了 Barrier 类。Barrier 允许一定数量的线程互相等待，直至所有线程都到达一个共同的屏障（同步点）。通过 Barrier 可以为所有需要协调的线程设置屏障，率先到达屏障的线程将被阻塞以等待其他线程。直到所有线程都到达屏障之后，屏障才被打开，所有线程才能一起继续执行。Barrier 的基本工作原理如图 4-31 所示。线程 2 率先到达屏障，它被阻塞以等待线程 1 和线程 3 到达屏障。当 3 个线程全部到达屏障后，屏障被打开，3 个线程一起继续执行。

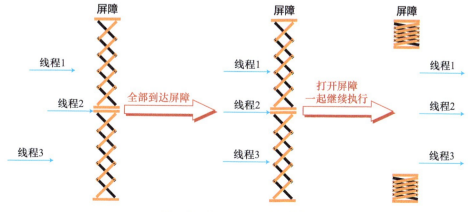

图 4-31　Barrier 的工作原理

Barrier 的机制非常适合多个线程在进入下一阶段任务之前，需要等待彼此完成当前阶段任务的场景。例如，在进行复杂的并行计算时，每个线程可能负责计算数据的一个部分，在每个计算阶段结束时，所有线程都需要等待，直到整个数据集的相关部分都被处理完毕，然后才能进入下一个计算阶段；再如，在游戏开发中，在进入下一个游戏回合之前，确保所有线程都完成了当前游戏回合的所有任务。Barrier 的定义如下：

```
public class Barrier {
    // 构造函数，参数 count 用于指定需要协调的线程数
    public init(count: Int64)

    /*
     * 当前线程进入 Barrier 等待点被阻塞，等待被唤醒，或者等待指定时间后被唤醒
     * 参数 timeout 用于指定等待时间，默认值为 Duration.Max
     */
    public func wait(timeout!: Duration = Duration.Max): Unit
}
```

如果 Barrier 对象调用 wait 函数的次数等于构造 Barrier 对象时传入的线程数，那么唤醒所有等待的线程；如果调用 wait 函数的次数小于线程数，那么当前线程进入阻塞状态直到被唤醒或等待超时被自动唤醒；如果调用 wait 函数的次数大于线程数，那么当前线程继续执行。

下面看一个实际的场景，一群学生需要乘坐公交车前往博物馆。所有学生全部到达公交车站之后，他们才能乘坐公交车前往目的地。Barrier 可以用作所有学生到达公交车站的集合点。示例代码如下：

```
from std import sync.{Barrier, sleep}
from std import collection.ArrayList
from std import time.Duration
from std import random.Random

let COUNT = 3  // 需要协调的线程数

main() {
    let barrier = Barrier(COUNT)  // 创建一个 Barrier 对象，需要协调的线程数为 COUNT
    let futureArrayList = ArrayList<Future<Unit>>()

    // 创建 COUNT 个子线程，每个子线程对应一个学生
    for (_ in 0..COUNT) {
        let future = spawn {
            println("学生${Thread.currentThread.id} 正前往公交车站")
            sleep(Duration.millisecond * Random().nextInt64(2000))  // 模拟前往公交车站
            println("学生${Thread.currentThread.id} 已经到达公交车站")

            barrier.wait()  // 等待其他学生到达公交车站

            println("全员到齐 学生${Thread.currentThread.id}正乘坐公交车前往目的地")
        }
        futureArrayList.append(future)
    }
```

```
        for (future in futureArrayList) {
            future.get()
        }
    }
```

编译并执行以上代码，输出结果可能如下：

```
学生1 正前往公交车站
学生3 正前往公交车站
学生2 正前往公交车站
学生3 已经到达公交车站
学生1 已经到达公交车站
学生2 已经到达公交车站
全员到齐 学生2正乘坐公交车前往目的地
全员到齐 学生3正乘坐公交车前往目的地
全员到齐 学生1正乘坐公交车前往目的地
```

以上示例代码首先创建了一个 Barrier 对象 barrier，并指定需要协调的线程数。然后为每个学生创建了一个子线程，用于模拟学生前往公交车站的过程。率先到达公交车站的学生，会在其对应的子线程中通过 barrier 调用 wait 函数，以等待其他学生到达公交车站。一旦所有学生都到达，所有人就可以乘坐公交车前往博物馆。

下面再看一个示例。现在有一个很大的数据集需要传输，为了提高传输的效率，我们可以考虑将这个数据集先分批压缩并传输，接收者在接收到数据的所有部分之后，再将其分批解压，最后重组成原始数据。在这个例子中，我们使用了 3 个 Barrier 对象：compressBarrier、transferBarrier 和 decompressBarrier，分别对应数据处理每个阶段（压缩、传输、解压）的同步点，确保每一阶段的任务都在上一阶段任务完成后才开始。示例程序如代码清单 4-22 所示。

代码清单 4-22　barrier_demo.cj

```
01  from std import sync.{Barrier, sleep}
02  from std import collection.ArrayList
03  from std import time.Duration
04  from std import random.Random
05
06  // 模拟数据处理工作流程
07  class DataProcessingWorkflow {
08      let parts: Int64   // 大数据集将被分为parts个部分分批处理
09      let compressBarrier: Barrier
10      let transferBarrier: Barrier
11      let decompressBarrier: Barrier
12
13      init(parts: Int64) {
14          this.parts = parts
15          this.compressBarrier = Barrier(parts)
16          this.transferBarrier = Barrier(parts)
17          this.decompressBarrier = Barrier(parts)
18      }
19
20      // 分批压缩数据
21      func compressData(partNo: Int64) {
```

```
22        println("第${partNo}部分数据开始压缩...")
23        sleep(Duration.millisecond * Random().nextInt64(2000))    // 模拟压缩过程
24        println("第${partNo}部分数据压缩完成")
25
26        compressBarrier.wait()    // 等待其他线程完成压缩工作
27    }
28
29    // 分批传输数据
30    func transferData(partNo: Int64) {
31        println("第${partNo}部分数据开始传输...")
32        sleep(Duration.millisecond * Random().nextInt64(2000))    // 模拟传输过程
33        println("第${partNo}部分数据传输完成")
34
35        transferBarrier.wait()    // 等待其他线程完成传输工作
36    }
37
38    // 分批解压数据
39    func decompressData(partNo: Int64) {
40        println("第${partNo}部分数据开始解压...")
41        sleep(Duration.millisecond * Random().nextInt64(2000))    // 模拟解压过程
42        println("第${partNo}部分数据解压完成")
43
44        decompressBarrier.wait()    // 等待其他线程完成解压工作
45    }
46
47    // 重组数据
48    func recombineData() {
49        println("所有数据块解压完成，开始数据重组...")
50        sleep(Duration.millisecond * Random().nextInt64(2000))    // 模拟重组数据的过程
51        println("数据重组完成 \n 数据处理流程结束")
52    }
53 }
54
55 main() {
56    let dataProcessing = DataProcessingWorkflow(4)
57    let futureArrayList = ArrayList<Future<Unit>>()
58
59    for (i in 1..=dataProcessing.parts) {
60        let future = spawn {
61            dataProcessing.compressData(i)
62            dataProcessing.transferData(i)
63            dataProcessing.decompressData(i)
64        }
65        futureArrayList.append(future)
66    }
67
68    for (future in futureArrayList) {
69        future.get()
70    }
71    dataProcessing.recombineData()
72 }
```

编译并执行以上示例代码，输出结果可能如下：

```
第1部分数据开始压缩...
第2部分数据开始压缩...
第4部分数据开始压缩...
第3部分数据开始压缩...
第1部分数据压缩完成
第2部分数据压缩完成
第3部分数据压缩完成
第4部分数据压缩完成
第4部分数据开始传输...
第2部分数据开始传输...
第3部分数据开始传输...
第1部分数据开始传输...
第1部分数据传输完成
第4部分数据传输完成
第2部分数据传输完成
第3部分数据传输完成
第3部分数据开始解压...
第1部分数据开始解压...
第2部分数据开始解压...
第4部分数据开始解压...
第1部分数据解压完成
第2部分数据解压完成
第4部分数据解压完成
第3部分数据解压完成
所有数据块解压完成，开始数据重组...
数据重组完成
数据处理流程结束
```

以上输出结果对应的执行顺序示意图如图 4-32 所示，其中，线程 1 ～ 4 分别表示处理第 1 ～ 4 部分数据的子线程。

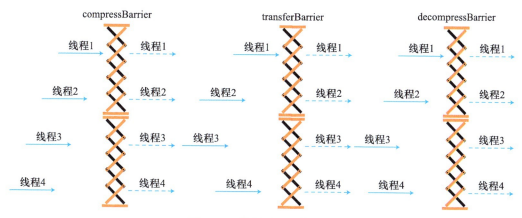

图 4-32 数据处理工作流程

4.5.2　SyncCounter

SyncCounter 是标准库的 sync 包所提供的用于同步操作的计数器工具，它允许一个或多个线程等待其他线程完成各自的工作后再继续执行。设想一个典型场景：我们需要执行一个主任务，但这个任务必须等待其他多个任务完成后才能开始执行。在这种情况下，就需要一个有效的机制来监控所有其他任务的完成状态，并在这些前置任务完成时及时通知主任务。SyncCounter 恰恰提供了这样一种机制，它通过同步控制来跟踪任务的完成情况，确保主任务在所有相关任务都完成后才开始执行，从而成为处理此类依赖关系的理想选择。

SyncCounter 的工作原理基于一个倒数计数器。该倒数计数器在创建 SyncCounter 对象时被初始化为一个正整数，代表必须等待完成的任务数。每当一个任务完成时，执行该任务的线程调用 SyncCounter 对象的 dec 函数，使倒数计数器的值减 1。主任务在对应的线程上调用 SyncCounter 对象的 waitUntilZero 函数进行等待，这个调用会阻塞主任务的线程，直到倒数计数器的值减至 0。一旦所有其他任务都调用了 dec 函数，倒数计数器的值变为 0，所有阻塞在 waitUntilZero 函数上的线程被唤醒，主任务就可以开始执行了。

SyncCounter 的工作原理如图 4-33 所示。倒数计数器的初始值为 3，首先主线程调用 SyncCounter 对象的 waitUntilZero 函数后被阻塞，然后子线程 A、子线程 B 和子线程 C 分别调用 SyncCounter 对象的函数 dec，每调用一次倒数计数器的值就减 1，第 3 次调用后倒数计数器的值变为 0，主线程被唤醒。

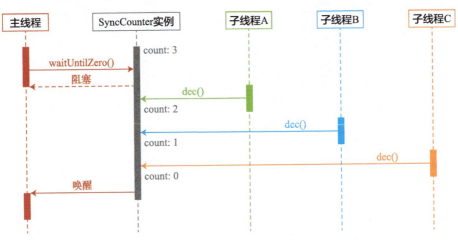

图 4-33　SyncCounter 的工作原理

那么，SyncCounter 与 Barrier 的区别在哪儿呢？假设有同时执行的线程 1、线程 2、线程 3，当有线程先到达 Barrier 的同步点之后，它会等待其他线程到达同步点，然后线程 1、线程 2、线程 3 继续一起开始执行。而对于 SyncCounter，当线程 1、线程 2、线程 3 执行使得倒数计数器变为 0 之后，另一组被阻塞的线程 4、线程 5、线程 6 开始一起执行。

SyncCounter 的机制非常适合一个或多个线程需要等待另一组线程全部执行完成后才能执行的场景。例如，在启动一个复杂应用程序之前初始化多个服务组件；再如，在进行大规模数据处理时，主线程需要等待所有的数据加载线程完成各自的数据读取和预处理任务后，才能开始进行数据合并和分析工作。SyncCounter 的定义如下：

```
public class SyncCounter {
    // 构造函数，参数 count 用于指定倒数计数器的初始值
    public init(count: Int64)

    // 获取倒数计数器的当前值
    public prop count: Int64

    /*
     * 当前线程进入等待（被阻塞），直到倒数计数器的值变为 0，或等待超时
     * 参数 timeout 用于指定等待时间，默认值为 Duration.Max
     */
    public func waitUntilZero(timeout!: Duration = Duration.Max): Unit

    /*
     * 倒数计数器的值减 1（若值为 0，则不进行减 1 操作）
     * 当值变为 0 时，唤醒所有因调用 waitUntilZero 函数而等待的线程
     */
    public func dec(): Unit
}
```

接下来我们使用 SyncCounter 来实现 4.5.1 节中一群学生去博物馆的例子，这次学生们不坐公交车，而是去一个约定的集合点然后乘坐由校车司机驾驶的校车去往博物馆。示例代码如下：

```
from std import sync.{SyncCounter, sleep}
from std import time.Duration
from std import random.Random

let COUNT = 3   // 倒数计数器的初始值

main() {
    // 创建一个 SyncCounter 对象，倒数计数器的初始值为 COUNT
    let syncCounter = SyncCounter(COUNT)

    // 创建 COUNT 个子线程，每个子线程对应一个学生
    for (_ in 0..COUNT) {
        spawn {
            println("学生 ${Thread.currentThread.id} 正前往集合点")
            sleep(Duration.millisecond * Random().nextInt64(2000)) // 模拟前往集合点
            println("学生 ${Thread.currentThread.id} 已经到达集合点")

            syncCounter.dec()   // 倒数计数器的值减 1
        }
    }

    syncCounter.waitUntilZero()   // 等待所有游客到达
    println("所有学生已到达，校车司机正驱车前往目的地")
}
```

编译并执行以上代码，输出结果可能如下：

学生1　正前往集合点
学生2　正前往集合点
学生3　正前往集合点
学生2　已经到达集合点
学生3　已经到达集合点
学生1　已经到达集合点
所有学生已到达，校车司机正驱车前往目的地

以上示例程序首先创建了一个 SyncCounter 对象，其倒数计数器的值表示还有多少学生需要到达集合点。然后在主线程中为每个学生创建了一个子线程，来模拟学生前往集合点的过程。每个学生到达集合点后，都会在其对应的子线程中调用 SyncCounter 对象的 dec 函数，以减少需要到达集合点的学生数。校车司机所在的主线程在调用 SyncCounter 对象的函数 waitUntilZero 之后，会等待所有学生到达。一旦所有学生都到达集合点（倒数计数器的值减为 0），校车司机就可以驱车前往目的地了。

下面再看一个示例程序。在一个软件系统部署的场景中，其中有两个独立的服务需要部署，它们都需要等数据库和消息队列完成初始化才可以开始。数据库和消息队列初始化完成后，这两个服务可以并发启动。示例程序如代码清单 4-23 所示。

代码清单 4-23　sync_counter_demo.cj

```
01  from std import sync.{SyncCounter, sleep}
02  from std import time.Duration
03  from std import random.Random
04
05  main() {
06      let syncCounter = SyncCounter(2)    // 创建一个SyncCounter对象，倒数计数器的初始值为2
07
08      // 创建数据库初始化的线程
09      let databaseInitFuture = spawn {
10          println("数据库初始化中...")
11          sleep(Duration.millisecond * Random().nextInt64(2000))   // 模拟数据库初始化
12          println("数据库初始化完成")
13          syncCounter.dec()
14      }
15
16      // 创建消息队列初始化的线程
17      let messageQueueInitFuture = spawn {
18          println("消息队列初始化中...")
19          sleep(Duration.millisecond * Random().nextInt64(2000))   // 模拟消息队列初始化
20          println("消息队列初始化完成")
21          syncCounter.dec()
22      }
23
24      // 创建部署服务1的线程
25      let serviceFuture1 = spawn {
26          syncCounter.waitUntilZero()   // 等待数据库和消息队列初始化完成
27          println("服务1启动...")
28      }
29
```

```
30        // 创建部署服务2的线程
31        let serviceFuture2 = spawn {
32            syncCounter.waitUntilZero()   // 等待数据库和消息队列初始化完成
33            println("服务2启动...")
34        }
35
36        databaseInitFuture.get()
37        messageQueueInitFuture.get()
38        serviceFuture1.get()
39        serviceFuture2.get()
40    }
```

编译并执行以上示例程序，输出结果可能如下：

```
数据库初始化中...
消息队列初始化中...
消息队列初始化完成
数据库初始化完成
服务1启动...
服务2启动...
```

在这个示例中，有两个需要初始化的组件：数据库和消息队列。这两个组件的初始化过程是并发的，每个组件完成初始化后都会减少 SyncCounter 的计数。只有当这两个组件都初始化完成后（SyncCounter 计数减到 0），依赖它们的服务 1 和服务 2 才能开始启动，服务 1 和服务 2 也是并发的，它们的执行没有先后顺序。

这个场景展示了在实际应用中，如何利用 SyncCounter 来协调多个线程的执行顺序，确保依赖的组件准备就绪后，相关的服务可以并行启动。

4.5.3 Semaphore

信号量是一种用于管理对共享资源的访问控制的同步机制。它在并发编程中非常有用，特别是在需要限制对某些资源并发访问数量的情况下。例如，当多个客户端请求数据库连接时，限制同时活动的连接数不超过数据库能够处理的最大连接数，以避免数据库性能下降甚至系统崩溃。再如，当 Web 服务器处理客户端请求时，限制同时处理的请求数量，以防止过多的并发请求耗尽服务器资源而导致的服务不稳定或响应时间变长。

信号量的核心是一个计数器，它表示可用资源的数量。这个计数器的值会随着线程对资源的请求和释放而增减。信号量主要提供两个操作：获取和释放。

- **获取（acquire）**：当一个线程想要访问一个共享资源时，它会调用 acquire 操作。如果信号量的计数器大于 0，表示有可用资源，信号量将减少计数器的值，并允许线程访问资源。如果计数器的值为 0，表示没有可用资源，线程将被阻塞，直到计数器变为大于 0。

- **释放（release）**：当线程完成对资源的访问后，它会调用 release 操作，信号量会增加计数器的值，表示资源变得可用。如果有其他线程因为请求该资源而被阻塞，信号量会选择一个或多个线程，解除它们的阻塞状态，允许它们访问资源。

仓颉标准库的 sync 包提供了 Semaphore 类，用于处理信号量相关的问题。Semaphore 类的定义如下：

```
public class Semaphore {
    // 构造函数，参数count用于指定内部计数器的初始值
    public init(count: Int64)

    // 获取内部计数器的当前值
    public prop count: Int64

    /*
     * 向当前Semaphore实例获取参数amount指定的值，默认值为1
     * 如果内部计数器的当前值小于amount，那么当前线程将被阻塞，直至获取满足数量的值后才被唤醒
     */
    public func acquire(amount!: Int64 = 1): Unit

    /*
     * 尝试向当前Semaphore对象获取参数amount指定的值，默认值为1
     * 如果内部计数器的当前值小于amount，那么获取失败（当前线程不会被阻塞）并返回false
     * 否则获取成功并返回true
     * 如果有多个线程并发执行获取操作，那么无法保证线程间的获取顺序
     */
    public func tryAcquire(amount!: Int64 = 1): Bool

    /*
     * 向当前Semaphore对象释放参数amount指定的值，默认值为1
     * 如果amount为负数或大于内部计数器初始值，则抛出异常
     */
    public func release(amount!: Int64 = 1): Unit
}
```

Semaphore 可以被视作携带计数器的 Monitor，它的工作原理是这样的：Semaphore 内部维护了一个计数器，这个计数器的初始值代表了可以并发访问共享资源的最大许可数量。当一个线程希望访问共享资源时，它必须首先调用 Semaphore 对象的 acquire 函数获取许可，获取的许可数量由参数 amount 决定。如果 amount 小于等于内部计数器的值，那么该线程可以访问共享资源，并且将内部计数器的值减去 amount。在线程成功访问了共享资源之后，必须调用 Semaphore 对象的 release 函数来释放获取的许可，释放的许可数量由参数 amount 决定，之后将内部计数器的值加上 amount。如果在线程调用 acquire 函数时 amount 大于内部计数器的值，那么该线程被阻塞，直至内部计数器的值大于等于 amount 才可能被唤醒。

除了 acquire 函数，调用 tryAcquire 函数也可以申请访问共享资源的许可，区别在于 aquire 函数获取许可失败时线程会被阻塞，而 tryAcquire 函数在获取许可成功时会返回 true，失败时会返回 false，但当前线程不会被阻塞。

内部计数器的值不会大于初始值。当 release 函数被调用时，如果释放的许可数量 amount 累加到内部计数器之后大于内部计数器的初始值，那么内部计数器恢复初始值。如果内部计数器在累加了 release 释放的许可数量之后能够满足当前阻塞在 Semaphore 对象的线程，那么得到满足的线程被唤醒。

举例如下：

```
from std import sync.Semaphore

main() {
    let semaphore = Semaphore(2)    // 创建一个内部计数器初始值为 2 的 Semaphore 实例

    // 线程1
    let future1 = spawn {
        semaphore.acquire()    // 申请访问共享资源
        println("线程1 已获取许可")
        semaphore.release()    // 释放已获取的许可
        println("线程1 已释放许可")
    }

    // 线程2
    let future2 = spawn {
        semaphore.acquire()    // 申请访问共享资源
        println("线程2 已获取许可")
        semaphore.release()    // 释放已获取的许可
        println("线程2 已释放许可")
    }

    // 线程3
    let future3 = spawn {
        semaphore.acquire()    // 申请访问共享资源
        println("线程3 已获取许可")
        semaphore.release()    // 释放已获取的许可
        println("线程3 已释放许可")
    }

    future1.get()
    future2.get()
    future3.get()
}
```

编译并执行以上代码，输出结果可能如下：

```
线程1 已获取许可
线程2 已获取许可
线程2 已释放许可
线程3 已获取许可
线程3 已释放许可
线程1 已释放许可
```

以上输出结果对应的执行顺序如图 4-34 所示。线程 1、线程 2 和线程 3 都希望访问某个共享资源，但并发访问该共享资源的线程数量被限制为 2。当线程 1 和线程 2 调用 Semaphore 对象的 acquire 函数并成功获得许可时，如果线程 3 也调用 acquire 函数申请许可，那么它会被阻塞，直到线程 1 或线程 2 调用 release 函数后将其唤醒，它才能成功获得许可。

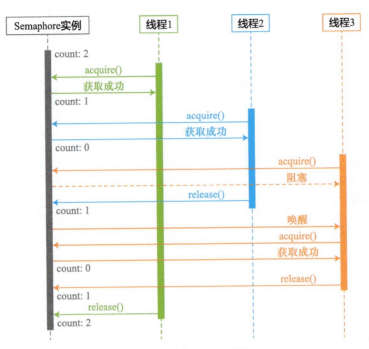

图 4-34 Semaphore 的工作原理

下面看一个具体的示例。想象一个有固定数量停车位的停车场，停车场的入口处有一个显示屏用于显示剩余车位。显示屏上的数字就是一个信号量，表示可用的停车位数量。当一辆车进入停车场时，可用的停车位数量减少一个，信号量的值也减少一个。当一辆车离开时，可用的停车位数量增加一个，信号量的值也增加一个。如果停车场满了，其他车辆必须等待，直到有车离开。模拟这个场景的示例程序如代码清单 4-24 所示。

代码清单 4-24　semaphore_0.cj

```
01   from std import sync.{Semaphore, sleep}
02   from std import collection.ArrayList
03   from std import time.Duration
04   from std import random.Random
05
06   // 表示停车场
07   class ParkingLot {
08       private let semaphore: Semaphore
09
10       // 构造函数，参数 spaceCount 用于指定停车位的个数
11       init(spaceCount: Int64) {
12           semaphore = Semaphore(spaceCount)
13       }
14
15       // 停车
16       func parkCar() {
17           try {
18               semaphore.acquire()    // 获取一个停车位
19               println("汽车${Thread.currentThread.id} 已停车")
20
```

```
21              sleep(Duration.millisecond * Random().nextInt64(4000))   // 模拟停车时间
22          } finally {
23              semaphore.release()   // 释放一个停车位
24              println("汽车${Thread.currentThread.id} 已离开")
25          }
26      }
27  }
28
29  main() {
30      let parkingLot = ParkingLot(3)   // 创建一个有 3 个停车位的停车场
31      let futureArrayList = ArrayList<Future<Unit>>()
32
33      // 创建 5 个子线程，每个子线程对应一辆要停车的汽车
34      for (_ in 0..5) {
35          let future = spawn {
36              parkingLot.parkCar()
37          }
38          futureArrayList.append(future)
39      }
40
41      for (future in futureArrayList) {
42          future.get()
43      }
44  }
```

在以上示例程序中，首先定义了一个 ParkingLot 类，用于表示停车场（第 6 ～ 27 行）。该类中定义了一个 Semaphore 类型的成员变量 semaphore，来控制对停车位的访问。在构造函数中通过参数 spaceCount 指定了停车位的个数，即 semaphore 的内部计数器的初始值。在 ParkingLot 类中，定义了一个成员函数 parkCar 用于停车（第 15 ～ 26 行）。当车辆尝试停车时，它通过 semaphore 调用 acquire 函数获取一个停车位。如果所有停车位都被占用，车辆将等待，直到另一个车辆调用 release 函数释放了停车位。车辆在停车后，停留了一段时间，然后离开停车场，释放停车位。在 main 中，首先创建了一个有 3 个停车位的停车场 parkingLot，然后创建了 5 个子线程，来模拟有 5 辆汽车要进入停车场。在每个子线程中，调用 parkingLot 的函数 parkCar 进行停车。

编译并执行以上程序，输出结果可能如下：

```
汽车 1 已停车
汽车 2 已停车
汽车 4 已停车
汽车 1 已离开
汽车 3 已停车
汽车 4 已离开
汽车 5 已停车
汽车 2 已离开
汽车 5 已离开
汽车 3 已离开
```

当没有停车位时，想要停车的车辆可以选择直接离开，而不是继续等待而造成阻塞。这种非阻塞的行为在某些应用场景中非常有用，特别是在资源有限且不能让客户端长时间等待的情况

下。为此，我们可以使用函数 tryAcquire 来替代 acquire。修改过后的代码如代码清单 4-25 所示。

代码清单 4-25　semaphore_1.cj

```
01  from std import sync.{Semaphore, sleep}
02  from std import collection.ArrayList
03  from std import time.Duration
04  from std import random.Random
05
06  // 表示停车场
07  class ParkingLot {
08      private let semaphore: Semaphore
09
10      // 构造函数，参数 spaceCount 用于指定停车位的个数
11      init(spaceCount: Int64) {
12          semaphore = Semaphore(spaceCount)
13      }
14
15      // 停车
16      func attemptToParkCar() {
17          if (semaphore.tryAcquire()) {
18              try {
19                  println("汽车${Thread.currentThread.id} 已停车")
20                  sleep(Duration.millisecond * Random().nextInt64(4000))  // 模拟停车时间
21              } finally {
22                  semaphore.release()    // 释放一个停车位
23                  println("汽车${Thread.currentThread.id} 已离开")
24              }
25          } else {
26              println("没有停车位 汽车${Thread.currentThread.id} 放弃停车并离开")
27          }
28      }
29  }
30
31  main() {
32      let parkingLot = ParkingLot(3)    // 创建一个有 3 个停车位的停车场
33      let futureArrayList = ArrayList<Future<Unit>>()
34
35      // 创建 5 个子线程，每个子线程对应一辆要停车的汽车
36      for (_ in 0..5) {
37          let future = spawn {
38              parkingLot.attemptToParkCar()
39          }
40          futureArrayList.append(future)
41      }
42
43      for (future in futureArrayList) {
44          future.get()
45      }
46  }
```

在以上示例程序中，首先将函数名称从 parkCar 改为 attemptToParkCar，以更好地反映其行为（第 16 行）。然后在该函数的函数体中，调用 tryAcquire 函数尝试获取一个停车位。如果

成功获得停车位，则执行停车和离开的逻辑。如果没有获取到停车位，则输出消息表明放弃停车并离开，而不是因等待而阻塞。

编译并执行以上程序，输出结果可能如下：

```
汽车 1 已停车
汽车 4 已停车
汽车 2 已停车
没有停车位 汽车 3 放弃停车并离开
没有停车位 汽车 5 放弃停车并离开
汽车 2 已离开
汽车 4 已离开
汽车 1 已离开
```

虽然 Semaphore 主要用于限制访问共享资源的线程数量，不过在某种程度上它也可以实现线程同步。如果将计数器设置为 1，那么 Semaphore 可以实现互斥锁的效果，保护临界区。例如，我们可以使用 Semaphore 来解决 4.3 节（线程安全）一开始的网站访问计数的问题。示例程序如代码清单 4-26 所示。

代码清单 4-26　semaphore_2.cj

```
01  from std import sync.Semaphore
02  from std import collection.ArrayList
03
04  // 全局变量clickCount存储页面的点击次数，模拟开始时页面已经被点击了6800次
05  var clickCount = 6800
06  let semaphore = Semaphore(1)   // 创建Semaphore实例，内部计数器初始值为1
07
08  main() {
09      let futureArrayList = ArrayList<Future<Unit>>()
10
11      // 创建2000个子线程
12      for (_ in 0..2000) {
13          let future = spawn {
14              semaphore.acquire()   // 获取许可
15              clickCount++   // 临界区代码
16              semaphore.release()   // 释放许可
17          }
18
19          futureArrayList.append(future)
20      }
21
22      for (future in futureArrayList) {
23          future.get()
24      }
25
26      println("最终点击次数：${clickCount}")   // 输出最终点击次数
27  }
```

编译并执行以上程序，输出结果如下：

```
最终点击次数：8800
```

在上面的示例程序中，每次只能有 1 个线程获得访问 clickCount 的许可（第 6 行）。在每个子线程试图修改 clickCount 之前，必须先获得许可（第 14 行），然后将 clickCount 加 1，再释放许可（第 16 行）。其效果相当于使用了 ReentrantMutex。

在使用 Semaphore 时，需要注意以下几点。

1. 正确释放许可

确保每次成功的 acquire（或 tryAcquire）调用都有对应的 release 调用，即使在异常的情况下。为了实现这一点，可以在普通 try 表达式的 finally 块中调用 release 函数，以保证许可总是能够被释放（如代码清单 4-24 中的做法）。

另外，**确保申请的许可数量与释放的许可数量是一致的**。如果一个线程申请 3 个许可并成功了，然后又释放了 2 个许可，那么它仍然持有 1 个对共享资源的访问许可。在这种情况下，该线程仍然可以访问共享资源。因为在 Semaphore 的上下文中，对函数 acquire（或 tryAcquire）和 release 的调用影响的是内部计数器的状态，而不是直接控制对资源的访问权限。只要线程通过 acquire（或 tryAcquire）函数获得了至少 1 个许可，它就有了访问对应共享资源的权利。举例如下：

```
from std import sync.{Semaphore, sleep}
from std import time.Duration

var x = 0   // 共享资源

main() {
    let semaphore = Semaphore(5)

    // 线程1
    let future1 = spawn {
        semaphore.acquire(amount: 4)   // 申请4个许可

        x++
        println("x: ${x}\tsemaphore.count: ${semaphore.count}")

        semaphore.release(amount: 1)   // 释放1个许可

        x += 5
        println("x: ${x}\tsemaphore.count: ${semaphore.count}")

        semaphore.release(amount: 3)   // 释放3个许可
        println("semaphore.count: ${semaphore.count}")
    }

    // 线程2
    let future2 = spawn {
        sleep(Duration.second)   // 确保线程1先申请许可成功

        semaphore.acquire(amount: 3)   // 申请3个许可

        x += 10
        println("x: ${x}\tsemaphore.count: ${semaphore.count}")

        semaphore.release(amount: 3)   // 释放3个许可
```

```
        println("semaphore.count: ${semaphore.count}")
    }

    future1.get()
    future2.get()
}
```

编译并执行以上代码，输出结果如下：

```
x: 1      semaphore.count: 1
x: 6      semaphore.count: 2
semaphore.count: 5
x: 16     semaphore.count: 2
semaphore.count: 5
```

在这个示例中，线程 1 会先获得 4 个许可，然后将 x 的值加 1，这时 semaphore 的内部计数器的值为 1。接着线程 1 释放了 1 个许可，仍然持有 3 个许可，线程 1 继续修改 x 的值为 6，内部计数器的值变为 2。而线程 2 申请的许可数量为 3，内部计数器的值一直小于 3，线程 2 被阻塞。接着线程 1 释放了持有的 3 个许可，内部计数器的值变为 5，线程 2 被唤醒并执行。

如果持有许可的线程不再需要访问共享资源，那么它应该释放许可，以避免资源泄漏或其他线程因等待许可而被不必要的阻塞，并且申请和释放的许可数量应该是一致的。

如果释放的许可数量少于申请的许可数量，将会导致内部计数器不能准确地反映可用资源的真实数量。由于许可没有被完全释放，可用的资源将不能被充分利用，并且等待许可的线程会长时间阻塞。长期运行的应用还会因为这种许可泄漏逐渐进入不稳定的状态，最终可能导致应用崩溃或停止响应。如果释放的许可数量超过了申请的数量，那么内部计数器反映的可用资源数就超出了实际数量，这可能导致过多的线程同时访问资源，违反了资源访问控制的初衷。总之，在使用 Semaphore 时，要注意匹配申请和释放操作。

2. 注意许可的作用

信号量主要用于控制对共享资源的并发访问，但它不直接保护资源的一致性和完整性。如果需要同步访问共享资源，还需要配合其他同步机制（如原子操作、互斥锁等），以确保数据一致性。举例如下：

```
from std import sync.Semaphore
from std import collection.ArrayList

var x = 1000   // 共享资源

main() {
    let semaphore = Semaphore(1000)
    let futureArrayList = ArrayList<Future<Unit>>()

    for (_ in 0..2000) {
        let future = spawn {
            semaphore.acquire()
            x++   // 需要额外的同步措施，以避免数据不一致
            semaphore.release()
        }
        futureArrayList.append(future)
```

```
    }

    for (future in futureArrayList) {
        future.get()
    }
    println("x: ${x}")
}
```

编译并执行以上示例代码，最终输出的 x 值很可能是小于 3000 的。这是因为 Semaphore 只是限制了同时并发访问 x 的最大线程数为 1000，即同一时刻可以最多有 1000 个线程访问 x，但由于这些线程对 x 的访问涉及写操作，因此仍然会存在同步问题。

3. 避免死锁

在使用多个信号量时，确保获取和释放许可的顺序一致，以避免死锁。

下面看一个错误的示例。代码如下：

```
from std import sync.Semaphore
from std import collection.ArrayList

var x = 0   // 共享资源 x
var y = 0   // 共享资源 y
let semaphore1 = Semaphore(1)   // 表示资源 1（变量 x）可以并发访问的许可
let semaphore2 = Semaphore(1)   // 表示资源 2（变量 y）可以并发访问的许可

// 申请访问共享资源 1 和资源 2 的许可
func accessResource1() {
    try {
        semaphore1.acquire()   // 首先尝试获取资源 1
        x++

        semaphore2.acquire()   // 然后尝试获取资源 2
        y += 2
    } finally {
        semaphore2.release()
        semaphore1.release()
    }
}

// 申请访问共享资源 1 和资源 2 的许可
func accessResource2() {
    try {
        semaphore2.acquire()   // 首先尝试获取资源 2
        y += 2

        semaphore1.acquire()   // 然后尝试获取资源 1
        x++
    } finally {
        semaphore1.release()
        semaphore2.release()
    }
}

main() {
```

```
    let futureArrayList = ArrayList<Future<Unit>>()

    // 第一组线程
    for (_ in 0..300) {
        let future = spawn {
            accessResource1()
        }
        futureArrayList.append(future)
    }

    // 第二组线程
    for (_ in 0..300) {
        let future = spawn {
            accessResource2()
        }
        futureArrayList.append(future)
    }

    for (future in futureArrayList) {
        future.get()
    }

    println("x: ${x}\ty: ${y}")
}
```

以上示例中有 2 个共享资源 x 和 y。Semaphore 实例 semaphore1 和 semaphore2 分别表示这 2 个资源并发访问的许可。在函数 accessResource1 中，先尝试获取资源 1，再尝试获取资源 2。在函数 accessResource2 中，先尝试获取资源 2，再尝试获取资源 1。在 main 中，创建了两组线程，第一组线程调用的是函数 accessResource1，第二组线程调用的是函数 accessResource2。

如果第一组线程中的某一个线程获取了资源 1 的许可，但没有成功获取到资源 2 的许可，而第二组线程中的某一个线程获取了资源 2 的许可，但没有成功获取到资源 1 的许可，这两个线程互相等待对方释放许可，程序将无法继续正常执行，这就是死锁。

回到上面的示例，只要确保所有线程按照相同的顺序获取和释放资源，就可以避免死锁的发生。修改过后的示例代码如下：

```
// 其他代码略

// 只保留一个函数，并将其重命名为 accessResource
func accessResource() {
    try {
        semaphore1.acquire()   // 首先尝试获取资源 1
        x++

        semaphore2.acquire()   // 然后尝试获取资源 2
        y += 2
    } finally {
        semaphore2.release()
        semaphore1.release()
    }
}
```

```
    }

main() {
    let futureArrayList = ArrayList<Future<Unit>>()

    // 第一组线程
    for (_ in 0..300) {
        let future = spawn {
            accessResource()    // 两组线程调用同一个函数，以相同的顺序获取资源
        }
        futureArrayList.append(future)
    }

    // 第二组线程
    for (_ in 0..300) {
        let future = spawn {
            accessResource()    // 两组线程调用同一个函数，以相同的顺序获取资源
        }
        futureArrayList.append(future)
    }

    for (future in futureArrayList) {
        future.get()
    }

    println("x: ${x}\ty: ${y}")
}
```

在这个修改过的版本中，删除了函数 accessResource2，并将 accessResource1 重命名为 accessResource，然后两组线程都调用同一个函数，以相同的顺序获取资源，这样就避免了死锁。实际上 main 中的两个 for-in 表达式可以合并为一个，因为现在它们的代码是完全一样的。

编译并执行以上代码，输出结果如下：

```
x: 600  y: 1200
```

在这个示例中，还有一个小细节需要注意。在函数 accessResource 中，我们先申请了 semaphore1 的许可，再申请 semaphore2 的许可，在 finally 块中，先释放了 semaphore2 的许可，再释放 semaphore1 的许可。对于这个例子来说，这样的释放顺序没有什么特别的意图，先释放 semaphore1 的许可也是可以的（因为 semaphore1 和 semaphore2 是独立的）。然而，在某些复杂的并发场景中，资源的释放顺序可能会变得重要。正确的资源释放顺序可以帮助避免潜在的问题，如死锁或不必要的线程阻塞。在实践中，如果有明确的资源依赖关系或者特定的业务逻辑需要遵循，资源的释放顺序应该根据这些因素来决定。对于简单的示例而言，保持获取资源和释放资源顺序的一致性（即先获取的资源后释放）是一种好的编程习惯，因为它可以使代码更容易理解和维护。

4. 管理好许可的数量

正确地设置信号量的许可数量非常重要。许可的数量应该反映可用资源的实际数量。过多的许可可能会导致资源过载，而过少的许可则可能导致未充分利用资源。

5. 资源清理

在使用信号量控制资源访问时，确保在资源不再被需要时进行适当的清理，尤其是在异常退出的情况下。常见的资源清理工作可能包括关闭文件（或网络连接、数据库连接等），删除创建的临时文件，在异常退出时释放已持有的锁，以及恢复其他需要维护特定状态的资源到安全状态等。

4.6 小结

本章主要介绍了多线程的相关知识。

1. 单线程

首先，我们介绍了单个线程的创建和管理。仓颉使用 spawn 表达式来创建线程，其返回值类型为 Future 类型。每一个 Future 类型的实例都对应一个线程，线程使用 Thread 类型表示。通过 Future 类型的属性 thread 或 Thread 类型的属性 currentThread 可以获得当前线程的 Thread 实例。通过该 Thread 实例可以访问线程的属性，如 id、name 等。

线程被创建后，首先进入"就绪"状态，在获得 CPU 时间片后进入"运行"状态，之后可能被"阻塞"，或执行完成（也可能被取消），进入"结束"状态。线程从"阻塞"状态被唤醒后将恢复"就绪"状态。通过 sync 包提供的 sleep 函数或 Future 类型的 get 函数可以达到阻塞线程的目的。结合使用 Future 类型的 cancel 函数和 Thread 类型的属性 hasPendingCancellation 可以根据实际情况取消线程的执行。

单线程的相关知识点如图 4-35 所示。

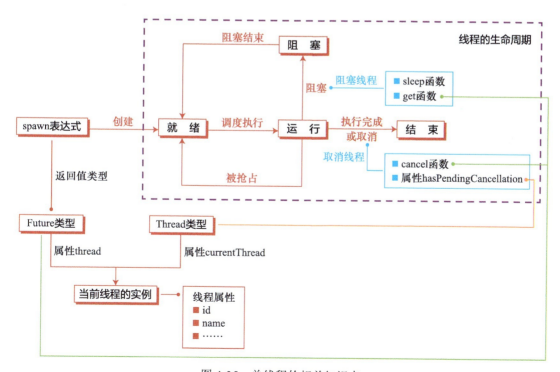

图 4-35　单线程的相关知识点

2. 多线程

在多线程环境中，尤其是多个线程需要并发访问某个共享资源时，要特别谨慎地设计多个线程之间的交互机制。这需要依赖于一系列线程同步工具。本章介绍了几种常用的同步工具，包括用于实现线程安全的各种原子类型、可重入互斥锁、可重入读写锁，用于实现线程通信的 Monitor 和 MultiConditionMonitor，以及用于线程协调的 Barrier、SyncCounter 和 Semaphore。另外，还介绍了一个线程封闭工具 ThreadLocal，它是一种用于实现线程隔离的技术。多线程的主要知识点如图 4-36 所示。

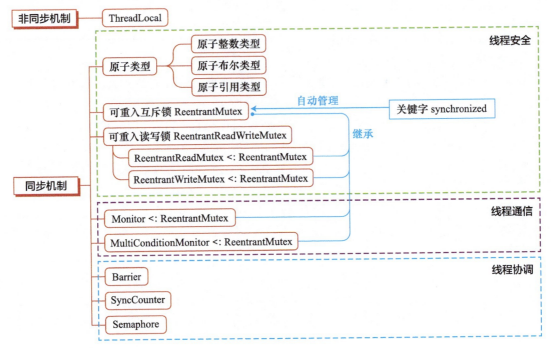

图 4-36　多线程的主要知识点

第 5 章
Socket网络编程

1　概述

2　网络通信的三要素

3　基于UDP的网络编程

4　基于TCP的网络编程

5　小结

5.1　概述

在这个数字时代，网络编程已经成为现代软件开发领域不可或缺的组成部分。网络编程使得网络中的两个或多个设备之间的数据交换和通信成为可能，使得分布在不同地理位置的用户能够互相协作和分享资源。因此，无论是构建一个全球可访问的 Web 应用，还是打造一个简单的内部通信系统，都需要掌握网络编程的相关知识。

网络编程的应用非常广泛，涉及现代软件开发的几乎每一个领域。以下是网络编程的一些主要应用场景。

- **客户端 - 服务器应用**：网络编程中最常见的模式，客户端发起请求，服务器响应请求。
- **云计算**：在云端运行应用程序，处理数据，并通过网络将结果传输回客户端。
- **即时通信**：各种即时通信软件（如微信、QQ）通过网络编程来实现实时消息传递。
- **多人在线游戏**：使用网络编程来同步不同玩家的游戏状态。
- **设备连接和管理**：连接各种智能设备，如智能家居、可穿戴设备，通过网络收集数据和远程控制。
- **电子邮件服务**：通过 SMTP、IMAP、POP3 等协议发送和接收电子邮件。

网络编程是连接现代数字世界的重要桥梁，几乎所有涉及网络交互的应用都依赖于网络编程技术。随着技术的发展，网络编程的应用领域还在持续扩大。

5.2　网络通信的三要素

在网络通信中，"主机"这个术语通常指连接到网络并参与网络通信的任何设备。当网络中的任意两台主机进行通信时，都依赖于 IP 地址、端口和协议这三个基本要素的协同工作。其中，IP 地址用于识别网络中的主机；端口用于在同一主机内部识别不同的进程或服务，确保数据被正确送达目标应用；协议则定义了数据在网络中的传输方式和格式规则。

打个比方，网络通信就像寄送一个快递包裹。在快递包裹上，我们需要写上收件人的地址，以确保快递员能够将包裹送达正确的地点。在网络通信中，主机的 IP 地址就像是收件人的地址，确保数据包能够送达正确的主机。假设收件地址是一栋写字楼，即使快递员已经到了正确的地址，还需要知道具体的单元号和房间号，才能将包裹送到正确的收件人手中。在网络通信中，主机的端口就像是收件人的具体房间号，确保数据能够被送到正确的应用程序或服务上。发件人在寄送包裹时，会指明包裹的配送方式，比如是否需要打包、是否需要特快等。在网络通信中，协议就像是快递包裹的配送方式，定义了数据如何被封装、发送、接收以及如何确保数据传输的可靠性和顺序性等。

通过上面的类比，我们可以看到在网络通信中，IP 地址、端口和协议这三个要素协同工作，确保数据不仅能够送达正确的设备，还能送到正确的应用程序，并以正确的方式进行处理，如图 5-1 所示。

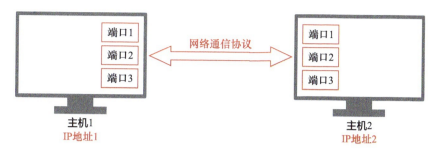

图 5-1 网络通信的三要素

5.2.1 IP 地址

IP 地址（Internet Protocol Address，网络协议地址）是用于识别和定位网络中设备的标识符。在大多数网络环境中，任何需要参与网络通信的设备都会被分配到一个 IP 地址，这些设备包括但不限于计算机、手机和某些智能设备，如图 5-2 所示。

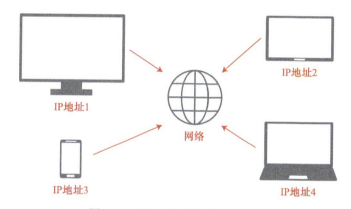

图 5-2 参与网络通信的各种设备

IP 地址按照格式可以分为两种类型：IPv4 地址和 IPv6 地址。

■ **IPv4 地址**：它由 32 位二进制数组成，通常表示为 4 个由点分隔的十进制数，每个十进制数占 8 位，取值范围从 0 到 255，如图 5-3 所示。

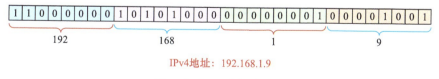

图 5-3 IPv4 地址的组成

■ **IPv6 地址**：随着设备数量的增加和 IPv4 地址的耗尽，IPv6 被开发出来以扩展地址空间。它由 128 位二进制数组成，通常表示为 8 组由冒号分隔的十六进制数，每组 4 个十六进制数，例如 20fe:0dc8:84a6:0c0d:b6f7:8a5e:0372:73be。IPv6 极大地增加了地址的数量。

尽管 IPv4 地址非常紧张，但它仍然是互联网上最广泛使用的格式。未来，预计 IPv6 将逐渐成为主导，但在这个过程中，IPv4 和 IPv6 可能会长时间共存。

根据访问的范围，IP 地址还可以分为公网 IP 地址和内网 IP 地址。

- **公网 IP 地址**：它在整个互联网上都是唯一的，用于在互联网上标识主机。在没有网络安全措施（如防火墙）阻止访问的前提下，我们可以从互联网上的任何地方访问公网 IP 地址。

- **内网 IP 地址**：它不是在互联网上唯一的，而是在局域网内部唯一，用于在局域网内标识主机。内网 IP 地址只能从局域网内部访问，而不能直接从互联网访问。内网 IP 地址在不同的局域网中可以重复使用。常见的内网 IP 地址范围是从 192.168.0.0 到 192.168.255.255。

在 IP 地址中，127.0.0.1 是一个特殊的 IP 地址，被称为 localhost，用于在网络中表示当前主机。当数据发送到 127.0.0.1 时，操作系统不会将数据发送到网络上，而是将其回送到当前主机，因此，它又被称为 loopback 地址。在开发网络应用程序时 127.0.0.1 经常被使用，因为它允许我们在不联网的情况下在本地机器上运行和测试应用程序的网络功能。

由于 IP 地址是一个数字序列，对于普通用户来说并不方便记忆和使用。因此，DNS （Domain Name System，域名系统）被引入，负责将人类可读的域名转换为机器可以理解的 IP 地址。当我们在浏览器中输入一个网址时，DNS 服务器会将这个域名解析为对应的 IP 地址，使得浏览器能够根据该 IP 地址向对应的 Web 服务器发送请求，如图 5-4 所示。

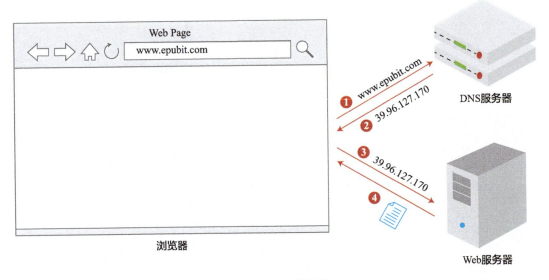

图 5-4   DNS 的作用

这个过程类似于查找图书馆的索引卡。当我们知道一本书的标题但不知道它在哪个架子上时，可以通过索引卡找到书的具体位置。同样，DNS 提供了一种将域名转换为 IP 地址的方法。

5.2.2 端口

在网络通信中，端口用于区分主机上的不同进程或服务。每个使用网络的进程或服务通过监听特定的端口，可以确保数据被正确地发送和接收。例如，计算机 A 安装了应用 1、应用 2 和应用 3，它们对应的进程都在特定的端口进行监听，当网络中的计算机 B 通过应用 1 与计算机 A 进行通信时，计算机 B 将数据发送到计算机 A 的特定端口，这个端口就是应用 1 的进程所监听的端口。这样，即使应用 1、应用 2 和应用 3 都在同一台计算机上运行，也能通过端口号被区分并确保数据准确送达给正确的应用程序，如图 5-5 所示。

图 5-5　端口的作用

端口号是一个 16 位的数字，其取值范围从 0 到 65535。根据用途，端口号被划分为 3 个区间。

- **0 ～ 1023**：这些端口称为周知端口，它们被分配给了众所周知的常用服务。例如，HTTP 服务通常使用端口 80，而 HTTPS 使用端口 443。
- **1024 ～ 49151**：这些端口称为注册端口，用于分配给用户进程。对于自己开发的网络应用程序，建议使用注册端口。
- **49152 ～ 65535**：这些端口称为动态或私有端口，通常用于短暂的、临时的网络通信。这些端口由操作系统自动管理和分配。

当一个进程或服务正在使用某个端口号时，如果另一个进程或服务也尝试使用相同的端口号，就会发生端口冲突。解决这种冲突的方法通常是使用另外一个未被占用的端口，或者停止正在使用该端口的进程或服务。

在网络通信中，由一个 IP 地址和一个端口号组合而成的端点被称为 Socket（套接字）。例如，如果一个 Web 服务器在 IP 地址为 192.168.1.1 的主机上的 80 号端口监听网络请求，那么组合 192.168.1.1:80 就构成了一个 Socket。

在仓颉中，Socket 地址使用 SocketAddress 类来表示，该类定义在标准库的 socket 包中，其定义如下：

```
public open class SocketAddress <: ToString & Hashable & Equatable<SocketAddress> {
    /*
     * 构造函数
     * 参数kind表示Socket地址类型，参数address表示IP地址，参数port表示端口号
     */
    public init(kind: SocketAddressKind, address: Array<UInt8>, port: UInt16)

    /*
     * 构造函数
```

```
 *  参数 hostAddress 表示 IP 地址，参数 port 表示端口号
 */
public init(hostAddress: String, port: UInt16)

// 获取主机 IP 地址
public prop hostAddress: String

// 获取地址类型
public prop kind: SocketAddressKind

// 获取端口
public prop port: UInt16

// 其他成员略
}
```

其中，SocketAddressKind 是定义在 socket 包中的 enum 类型，用于表示 Socket 地址的类型。其定义如下：

```
public enum SocketAddressKind <: ToString & Equatable<SocketAddressKind> {
    | IPv4
    | IPv6
    | Unix

    // 其他成员略
}
```

下面的示例代码创建了一个 SocketAddress 对象，并输出了它的 IP 地址类型、主机 IP 地址和端口号：

```
from std import socket.SocketAddress

main() {
    let socketAddress = SocketAddress("127.0.0.1", 8888)

    // 地址类型
    println(socketAddress.kind)  // 输出：ipv4

    // 主机 IP 地址
    println(socketAddress.hostAddress)  // 输出：127.0.0.1

    // 端口号
    println(socketAddress.port)  // 输出：8888
}
```

5.2.3　网络通信协议

网络通信协议是一套规则和标准，用于定义网络中的主机之间如何传输数据。这些协议对数据的传输格式、传输方式、接收方式等做了统一规定，提供了通用的、标准化的方法来传输

数据，使得不同制造商生产的主机和不同类型的网络能够相互通信。遵守这些协议对于构建和维护可靠的网络通信至关重要。

许多网络通信协议采用分层的方法来简化和管理网络通信的复杂性，其中比较典型的是 OSI 模型和 TCP/IP 模型。

OSI 模型（Open Systems Interconnection Model，开放系统互联模型）的体系结构如图 5-6 所示。

名　称	作　用
应用层（Application Layer）	为用户提供网络服务和应用，包括文件传输、电子邮件、远程登录等
表示层（Presentation Layer）	负责数据格式转换、数据加密和解密以及数据压缩和解压缩等，确保不同系统之间的数据交换格式统一
会话层（Session Layer）	管理应用之间的会话和通信连接，负责建立、维护和终止会话
传输层（Transport Layer）	提供端到端的可靠数据传输服务，主要功能包括流量控制、拥塞控制和错误检测
网络层（Network Layer）	实现数据包的路由和转发，负责寻址和路由选择，使得数据能够从源主机传输到目的主机
数据链路层（Data Link Layer）	提供可靠的点对点通信，负责将原始比特流划分成数据帧并进行差错检测和纠正
物理层（Physical Layer）	负责在物理媒介上传输原始比特流，主要涉及电气、光学和机械特性

图 5-6　OSI 模型的体系结构

OSI 模型提供了详细和抽象的网络体系结构，主要用于理论研究和网络标准制定。而 TCP/IP 模型的设计更加简洁，合并了 OSI 模型的会话层、表示层和应用层，以及数据链路层和物理层，将网络连接的细节留给应用程序来处理，因此在实际应用中更为广泛。TCP/IP 模型的体系结构如图 5-7 所示。

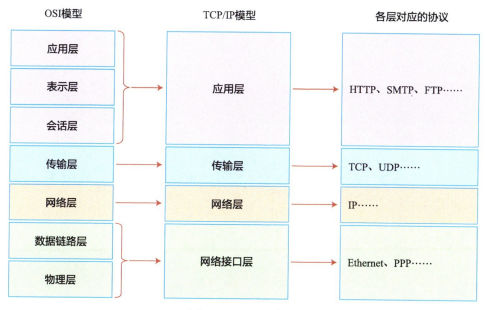

图 5-7　TCP/IP 模型

在分层网络模型中，每层都专注于特定的功能，这种模块化有助于简化网络的设计和调试过程。每层都对其上层提供抽象的服务，隐藏了下层的具体实现细节。当数据通过网络传输时，每层都可能向数据添加或删除特定的信息（如头部信息或尾部信息）。每层的变化和更新不会影响到其他层，这使得网络技术可以逐步发展和优化。

无论是 OSI 模型的传输层还是 TCP/IP 模型的传输层，在网络通信中都扮演着至关重要的角色，因为它主要负责在网络中的不同主机间提供端到端的数据传输服务。常见的传输层协议包括 UDP 和 TCP。

1. UDP

UDP（User Datagram Protocol，用户数据报协议）是一种面向无连接的网络协议。面向无连接意味着在传输数据之前，通信双方不需要建立连接。由于不需要进行连接建立和维护，UDP 能够实现相对较快的数据传输。这对于那些需要快速响应或具有实时性要求的应用程序来说是非常重要的，比如在线游戏、网络电话和视频会议等。然而，这种快速和高效是以牺牲可靠性为代价的。UDP 不会保证数据包按顺序到达，也不会对丢失或损坏的数据包进行重新传输。因此，UDP 不适合那些需要高可靠性的应用。UDP 每次传输的数据都是一个数据报，单个数据报的大小不可超过 64KB。

2. TCP

TCP（Transmission Control Protocol，传输控制协议）是一种面向连接的网络协议。面向连接意味着在传输数据之前，通信双方必须建立一个稳定的连接。这种连接的建立包括一系列的握手过程，确保双方准备好进行数据交换。TCP 的主要优势在于其提供的可靠性。它保证了数据包的顺序传输、错误检测以及对丢失或损坏的数据包的重新传输。因此，TCP 非常适合那些需要高度可靠性和数据完整性的应用，如网页浏览、文件传输和电子邮件等。然而，TCP 的这些优势也带来了一定的开销。与 UDP 相比，TCP 由于其复杂的握手过程和严格的数据传输控制，会引入更多的延迟，这使得它不如 UDP 适合实时应用。TCP 对于单次传输的数据量没有硬性的限制。TCP 传输的数据是连续的字节流，可以根据需要将数据进行分割或重组。

UDP 和 TCP 的主要区别如表 5-1 所示。

表 5-1　UDP 和 TCP 的主要区别

	UDP	TCP
是否面向连接	否	是
通信效率	较高	较低
是否可靠	否	是
主要适用场景	在线游戏、网络电话、视频会议	网页浏览、文件传输、电子邮件
数据传输形式	数据报	字节流

接下来我们将介绍如何基于 UDP 和 TCP 这两个协议进行网络编程。

5.3　基于 UDP 的网络编程

仓颉标准库的 socket 包提供了 DatagramSocket 接口和 UdpSocket 类，用于实现基于 UDP 的网络编程。DatagramSocket 接口用于表示发送和接收数据报的套接字，其定义如下：

```
public interface DatagramSocket <: Resource & ToString {
    // 将要或已经绑定的本地地址
    prop localAddress: SocketAddress

    // 已经连接的远端地址，未连接时返回None
    prop remoteAddress: ?SocketAddress

    // 设置和读取receiveFrom函数的超时时间，默认值None表示无超时时间
    mut prop receiveTimeout: ?Duration

    // 设置和读取sendTo函数的超时时间，默认值None表示无超时时间
    mut prop sendTimeout: ?Duration

    /*
     * 阻塞式等待接收数据报，将其存储到参数buffer指定的字节数组中
     * 返回一个二元组，两个元素分别表示数据报的发送端地址和字节数
     */
    func receiveFrom(buffer: Array<Byte>): (SocketAddress, Int64)

    // 将参数payload指定的数据报发送到参数address指定的接收端
    func sendTo(address: SocketAddress, payload: Array<Byte>): Unit

    // 其他成员略
}
```

UdpSocket 类既可以表示发送端的 Socket 对象，也可以表示接收端的 Socket 对象。其定义如下：

```
public class UdpSocket <: DatagramSocket {
    // 参数bindAt用于指定要绑定的端口，为0时由系统随机分配一个空闲的端口
    public init(bindAt!: UInt16)

    // 参数bindAt用于指定要绑定的Socket地址
    public init(bindAt!: SocketAddress)

    // 绑定本地端口，无论成功与否，都需要调用close函数关闭Socket对象，不支持多次重试
    public func bind()

    // 其他成员略
}
```

UDP 的通信双方是对等的，任何一端都可以发送和接收数据。因此，UDP 没有"客户端"和"服务端"的角色，只有"发送端"和"接收端"的角色，如图 5-8 所示。

图 5-8　UdpSocket 对象之间的通信

5.3.1　UdpSocket 的基本用法

接下来我们通过几个示例，循序渐进地说明 UdpSocket 的基本用法。

示例 1

首先看一个简单的示例，该示例的目的是让发送端给接收端发送一个数据报。接收端的程序代码如代码清单 5-1 所示。

代码清单 5-1　receiver.cj

```
01  from std import socket.{UdpSocket, SocketAddress}
02
03  main() {
04      try (
05          // 创建一个接收端的UdpSocket对象，要绑定的本地IP地址和本地端口分别为127.0.0.1和9999
06          receiver = UdpSocket(bindAt: SocketAddress("127.0.0.1", 9999))
07      ) {
08          receiver.bind()    // 绑定本地端口
09          println("接收端 ${receiver.localAddress} 已启动！")
10
11          let buffer = Array<Byte>(1024, item: 0)   // 用于接收发送端数据报的字节数组
12          // 阻塞式等待接收发送端的数据报
13          let (senderAddress, len) = receiver.receiveFrom(buffer)
14          let datagram = String.fromUtf8(buffer[0..len])   // 将接收的数据报转换为字符串
15          println("从 ${senderAddress} 接收的数据报为：${datagram}")
16      }
17  }
```

以上示例代码首先创建了一个接收端的 UdpSocket 对象，指定了要绑定的本地 IP 地址和本地端口（第 6 行）。需要注意的是，要绑定的本地端口必须是一个空闲的端口，否则会导致端口冲突。在创建 UdpSocket 对象之后，必须调用 bind 函数显式绑定本地端口（第 8 行）。通过 localAddress 属性可以访问 UdpSocket 对象的本地地址（第 9 行）。然后，调用 receiveFrom 函数以等待接收发送端的数据报（第 13 行）。该函数是阻塞式的，会一直等到数据报到来或超时。该函数将接收到的报文存储到传入的字节数组 buffer 中，其返回值是一个二元组，第一个元素为发送端的 Socket 地址，第二个元素为接收的报文的字节数。

发送端的程序代码如代码清单 5-2 所示。

代码清单 5-2　sender.cj

```
01  from std import socket.{UdpSocket, SocketAddress}
02
03  main() {
04      try (
05          // 创建一个发送端的UdpSocket对象，要绑定的本地IP地址和本地端口分别为127.0.0.1和8888
06          sender = UdpSocket(bindAt: SocketAddress("127.0.0.1", 8888))
07      ) {
08          sender.bind()    // 绑定本地端口
09          println("发送端 ${sender.localAddress} 已启动！")
10          // 指定接收端的Socket地址
11          let receiverAddress = SocketAddress("127.0.0.1", 9999)
```

```
12          let datagram = "《图解仓颉编程》一图胜千言"
13          println("向 ${receiverAddress} 发送的数据报为：${datagram}")
14          sender.sendTo(receiverAddress, datagram.toArray())  // 将数据报发送给接收端
15          println("数据报发送完毕！")
16      }
17  }
```

以上示例代码首先创建了一个发送端的 UdpSocket 对象，指定了要绑定的本机 IP 地址和本地端口（第 6 行）。为了方便测试，我们将当前主机同时指定为了发送端和接收端，但是发送端和接收端的本地端口是不同的。在调用 bind 函数绑定本地端口之后，通过访问 localAddress 属性输出了发送端 UdpSocket 对象的本地地址（第 8、9 行）。然后，调用 sendTo 函数将指定的数据报发送给指定的接收端（第 14 行）。

编译并执行接收端程序，输出如下：

> 接收端 127.0.0.1:9999 已启动！

此时接收端被阻塞，等待接收数据报。然后打开一个新的终端窗口，编译并执行发送端程序，输出如下：

> 发送端 127.0.0.1:8888 已启动！
> 向 127.0.0.1:9999 发送的数据报为：《图解仓颉编程》一图胜千言
> 数据报发送完毕！

最后接收端的输出如下：

> 从 127.0.0.1:8888 接收的数据报为：《图解仓颉编程》一图胜千言

注：不同的 IDE 新建终端窗口的方式不同，读者如有需要，可以通过本书提供的联系方式查看相关操作的视频教程。

以上示例程序的执行过程如图 5-9 所示。

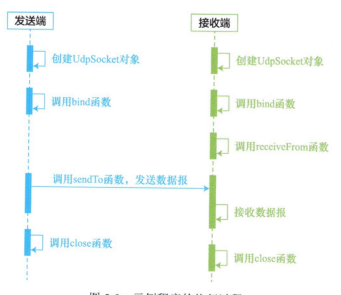

图 5-9 示例程序的执行过程

示例 2

接下来在示例 1 的基础上进行修改，使得接收端可以一直接收数据报，每接收完一个数据报之后就再次进入阻塞状态以等待接收新的数据报。同时，使得发送端可以一直发送数据报，直到控制台输入的字符串为 "bye" 时就关闭发送端的 UdpSocket 对象。

修改过后的接收端的程序代码如代码清单 5-3 所示。

代码清单 5-3　receiver.cj

```
01  from std import socket.{UdpSocket, SocketAddress}
02
03  main() {
04      try (
05          // 创建一个接收端的UdpSocket对象，要绑定的本地IP地址和本地端口分别为127.0.0.1和9999
06          receiver = UdpSocket(bindAt: SocketAddress("127.0.0.1", 9999))
07      ) {
08          receiver.bind()   // 绑定本地端口
09          println("接收端 ${receiver.localAddress} 已启动！")
10
11          let buffer = Array<Byte>(1024, item: 0)   // 用于接收发送端数据报的字节数组
12          while (true) {
13              // 阻塞式等待接收发送端的数据报
14              let (senderAddress, len) = receiver.receiveFrom(buffer)
15              let datagram = String.fromUtf8(buffer[0..len])
16              println("从 ${senderAddress} 接收的数据报为：${datagram}")
17              if (datagram == "bye") {
18                  break
19              }
20          }
21      }
22  }
```

修改过后的发送端的程序代码如代码清单 5-4 所示。

代码清单 5-4　sender.cj

```
01  from std import socket.{UdpSocket, SocketAddress}
02  from std import console.Console
03
04  main() {
05      try (
06          // 创建一个发送端的UdpSocket对象，要绑定的本地IP地址和本地端口分别为127.0.0.1和8888
07          sender = UdpSocket(bindAt: SocketAddress("127.0.0.1", 8888))
08      ) {
09          sender.bind()   // 绑定本地端口
10          println("发送端 ${sender.localAddress} 已启动！")
11          // 指定接收端的Socket地址
12          let receiverAddress = SocketAddress("127.0.0.1", 9999)
13
14          while (true) {
15              print("请输入：")
16              let optDatagram = Console.stdIn.readln()   // 从控制台读取一行字符串
17              if (let Some(datagram) <- optDatagram) {   // 读取的是有效的字符串
```

```
18                        // 将数据报发送给接收端
19                        sender.sendTo(receiverAddress, datagram.toArray())
20
21                        if (datagram == "bye") {
22                            println("发送端已关闭！")
23                            break
24                        }
25                    } else {
26                        println("输入无效！")
27                    }
28            }
29        }
30 }
```

编译并执行接收端程序，输出如下：

接收端 127.0.0.1:9999 已启动！

此时接收端被阻塞，等待接收数据报。然后打开一个新的终端窗口，编译并执行发送端程序，输出如下：

发送端 127.0.0.1:8888 已启动！
请输入：

输入"Hello, World!"并按 Enter 键，接收端的输出如下：

从 127.0.0.1:8888 接收的数据报为：Hello, World!

发送端的输出如下：

请输入：

继续在发送端输入"Hello, Cangjie!"并按 Enter 键，接收端的输出如下：

从 127.0.0.1:8888 接收的数据报为：Hello, Cangjie!

发送端的输出如下：

请输入：

继续在发送端输入"bye"并按 Enter 键，接收端的输出如下：

从 127.0.0.1:8888 接收的数据报为：bye

发送端的输出如下：

发送端已关闭！

值得注意的是，UDP 是一种面向无连接的通信协议，这意味着它不在通信的两端建立稳定的会话。因此，当一个端点关闭其 UdpSocket 对象时，另一端并不会接收到任何通知或信号表明对方已断开。UDP 的这一特性使得其传输效率非常高，适用于对速度要求极高的应用场景，如视频流和在线游戏。然而，这也意味着它无法自动处理数据的丢失、错误或不按顺序到达的问题，因为协议本身不进行数据到达确认或错误校正。

用户必须自己通过其他机制来解决这些问题，或者接受这种不完整或无序传输的可能性。例如，在上面的示例中，我们通过发送端向接收端发送了一个特定的字符串 "bye" 来通知接收端通信已经结束。如果没有这个操作，那么接收端对于发送端关闭 UdpSocket 对象这个动作是毫无感知的，将会一直处于等待接收数据报的阻塞状态。

示例 3

下面我们继续修改上面的示例代码，以演示 UDP 面向无连接的特点。这次有 2 个发送端给接收端发送数据报。修改代码的操作非常简单，首先接收端的代码 receiver.cj 无须修改，然后将发送端的代码源文件重命名为 sender_1.cj，再创建一个该文件的副本，并重命名为 sender_2.cj。将 sender_2.cj 中的 UdpSocket 对象绑定的端口号修改为 8889，如下所示（其中略去了相同的代码）。

```
from std import socket.{UdpSocket, SocketAddress}
from std import console.Console

main() {
    try (
        // 将 UdpSocket 对象要绑定的端口号修改为 8889
        sender = UdpSocket(bindAt: SocketAddress("127.0.0.1", 8889))
    ) {
        // 其他代码略
    }
}
```

然后接收端就可以同时接收来自 2 个发送端的数据报。

编译并执行接收端程序，输出如下：

> 接收端 127.0.0.1:9999 已启动！

然后打开一个新的终端窗口，编译并执行发送端 1 的程序代码（sender_1.cj），输出如下：

> 发送端 127.0.0.1:8888 已启动！
> 请输入：

在"请输入："之后输入"Hello, I am customer service robot number 8888."并按 Enter 键，接收端的输出如下：

> 从 127.0.0.1:8888 接收的数据报为：Hello, I am customer service robot number 8888.

发送端 1 的输出如下：

> 请输入：

再打开一个新的终端窗口，编译并执行发送端 2 的程序代码（sender_2.cj），输出如下：

> 发送端 127.0.0.1:8889 已启动！
> 请输入：

在"请输入："之后输入"Hi, I am customer service robot number 8889."并按 Enter 键，接收端的输出如下：

从 `127.0.0.1:8889` 接收的数据报为：`Hi, I am customer service robot number 8889.`

之后我们可以尝试继续通过 2 个发送端向接收端发送数据报，或者随便在哪个发送端输入"bye"并按 Enter 键，都可以使接收端停止继续接收数据报。

UDP 的无连接特性主要体现在以下几个方面。

- **独立的数据包处理**：在 UDP 中，每个数据包是独立处理的。接收端不需要知道数据包来自哪个发送端，它只是接收并处理到达的每个数据包。这种方式体现了 UDP 的无连接性，即数据传输不依赖于预先建立的会话状态。

- **多源数据接收**：一个接收端能够从多个发送端接收数据，显示了 UDP 不需要在特定的通信双方之间维持连接。这种模型适合多对一通信场景，如多个客户端向一个服务器报告状态信息。

- **无须连接管理**：在 UDP 中，发送端和接收端都不需要执行如建立连接、维护连接状态或拆除连接的操作。这减少了开销，提高了效率，尤其是在需要快速和频繁的交换小量数据的应用中。

- **简化的通信模型**：UDP 允许发送端随时向任何接收端发送数据，而不考虑接收端的状态或之前的交互历史。接收端同样可以从任何发送端接收数据，而无须预先配置或手动干预。

- **可靠性和顺序交由应用层管理**：因为 UDP 是无连接的，它本身不保证消息的可靠传输或顺序。这使得应用程序在需要时必须自己实现这些功能，反映了 UDP 提供的是一种非常基本的服务。

这个示例可以清晰地展示 UDP 如何在没有固定连接的情况下工作，以及它如何适应那些不需要或不能承受建立连接开销的应用场景。这种模型特别适合那些对网络延迟和系统资源使用有严格要求的应用，如实时视频会议、多人在线游戏和某些实时控制系统。

示例 4

尽管 UDP 是面向无连接的，但是在某些特定场景下，例如当你的应用主要与一个特定的主机通信时，可以调用 UdpSocket 对象的 connect 函数以建立一个虚拟的连接，使得接收端只接收指定发送端的数据报，或者使得发送端只将数据报发送给指定的接收端。调用 connect 函数之后，接收端在等待接收数据报时可以使用 receive 函数来代替 receiveFrom 函数，同时，发送端在发送数据报时可以使用 send 函数来代替 sendTo 函数。UdpSocket 类的相关函数的定义如下：

```
/*
 * 连接特定远端地址，仅接收该远端地址的数据报
 * 必须在调用 bind 函数之后执行
 * 参数 remote 表示要连接的远端地址，该地址与本地地址必须都在 IPv4 协议下
 */
public func connect(remote: SocketAddress): Unit

// 从 connect 函数连接到的地址接收数据报
public func receive(buffer: Array<Byte>): Int64

// 发送数据报到 connect 函数连接到的地址
public func send(payload: Array<Byte>): Unit
```

接下来我们在示例 3 的基础上继续修改示例程序。保持 sender_2.cj 不变，先修改 receiver.cj，使接收端只接收来自发送端 1 的数据报。修改过后的 receiver.cj 如代码清单 5-5 所示。

代码清单 5-5　receiver.cj

```
01  from std import socket.{UdpSocket, SocketAddress}
02
03  main() {
04      try (
05          // 创建一个接收端的 UdpSocket 对象
06          receiver = UdpSocket(bindAt: SocketAddress("127.0.0.1", 9999))
07      ) {
08          receiver.bind()   // 绑定本地端口
09          println("接收端 ${receiver.localAddress} 已启动！")
10          let buffer = Array<Byte>(1024, item: 0)   // 用于接收发送端数据报的字节数组
11          let senderAddress = SocketAddress("127.0.0.1", 8888)   // 指定发送端的 Socket 地址
12          receiver.connect(senderAddress)   // 只接收指定发送端的数据报
13          println("只接收 ${receiver.remoteAddress.getOrThrow()} 的数据报")
14          while (true) {
15              let len = receiver.receive(buffer)   // 调用 receive 函数接收数据报
16              let datagram = String.fromUtf8(buffer[0..len])
17              println("从 ${senderAddress} 接收的数据报为：${datagram}")
18              if (datagram == "bye") {
19                  break
20              }
21          }
22      }
23  }
```

首先指定了发送端的 Socket 地址，然后调用 connect 函数让接收端只接收来自指定发送端的数据报，之后通过 Socket 对象的属性 remoteAddress 输出了已经连接的远程地址，即发送端的地址（第 11 ～ 13 行）。在接收数据报时，使用了 receive 函数代替了 receiveFrom 函数（第 15 行）。

接下来对 sender_1.cj 作类似的处理，使发送端 1 只能向接收端发送数据报。修改过后的 sender_1.cj 如代码清单 5-6 所示。

代码清单 5-6　sender_1.cj

```
01  from std import socket.{UdpSocket, SocketAddress}
02  from std import console.Console
03
04  main() {
05      try (
06          // 创建一个发送端的 UdpSocket 对象
07          sender = UdpSocket(bindAt: SocketAddress("127.0.0.1", 8888))
08      ) {
09          sender.bind()   // 绑定本地端口
10          println("发送端 ${sender.localAddress} 已启动！")
```

```
11              // 指定接收端的 Socket 地址
12              let receiverAddress = SocketAddress("127.0.0.1", 9999)
13              sender.connect(receiverAddress)   // 只将数据报发送给指定的接收端
14              println("只将数据报发送给 ${sender.remoteAddress.getOrThrow()}")
15              while (true) {
16                  print("请输入：")
17                  let optDatagram = Console.stdIn.readln()   // 从控制台读取一行字符串
18                  if (let Some(datagram) <- optDatagram) {   // 读取的是有效的字符串
19                      sender.send(datagram.toArray())   // 调用 send 函数发送数据报
20
21                      if (datagram == "bye") {
22                          println("发送端已关闭！")
23                          break
24                      }
25                  } else {
26                      println("输入无效！")
27                  }
28              }
29          }
30      }
```

编译并执行接收端程序，输出如下：

```
接收端 127.0.0.1:9999 已启动！
只接收 127.0.0.1:8888 的数据报
```

然后打开一个新的终端窗口，编译并执行发送端 2 的程序代码（sender_2.cj），输出如下：

```
发送端 127.0.0.1:8889 已启动！
请输入：
```

这时，不管我们在"请输入："之后输入什么内容，接收端都不会接收到来自发送端 2 的数据报。

再打开一个新的终端窗口，编译并执行发送端 1 的程序代码（sender_1.cj），输出如下：

```
发送端 127.0.0.1:8888 已启动！
只将数据报发送给 127.0.0.1:9999
请输入：
```

之后我们就可以通过发送端 1 向接收端不断发送数据报，直至输入了"bye"为止。

示例 5

在通过 UdpSocket 对象的 connect 函数连接了特定的远端地址之后，可以调用 UdpSocket 对象的 disconnect 函数停止连接。该函数的定义如下：

```
// 取消仅接收特定远端的数据报
public func disconnect(): Unit
```

下面我们继续改造示例 4 的示例程序。这次只修改接收端的代码，使得接收端一开始只接收来自发送端 1 的数据报，在发送端 1 发送的报文为"bye"之后，就解除对发送端 1 的连接。

在发送端 2 发送的报文为"bye"之后，就停止接收数据报。修改过后的 receiver.cj 如代码清单 5-7 所示。

代码清单 5-7　receiver.cj

```
01   from std import socket.{UdpSocket, SocketAddress}
02
03   main() {
04       try (
05           // 创建一个接收端的UdpSocket对象
06           receiver = UdpSocket(bindAt: SocketAddress("127.0.0.1", 9999))
07       ) {
08           receiver.bind()    // 绑定本地端口
09           println("接收端 ${receiver.localAddress} 已启动！")
10           let buffer = Array<Byte>(1024, item: 0)    // 用于接收发送端数据报的字节数组
11           let senderAddress = SocketAddress("127.0.0.1", 8888)    // 指定发送端的Socket 地址
12           receiver.connect(senderAddress)    // 只接收指定发送端的数据报
13           println("只接收 ${receiver.remoteAddress.getOrThrow()} 的数据报")
14
15           while (true) {
16               let (senderAddress, len) = receiver.receiveFrom(buffer)
17               let datagram = String.fromUtf8(buffer[0..len])
18               println("从 ${senderAddress} 接收的数据报为：${datagram}")
19
20               // 如果发送端1发送的报文为"bye"，那么就解除对发送端1的连接
21               if (datagram == "bye" && senderAddress == SocketAddress("127.0.0.1", 8888)) {
22                   receiver.disconnect()
23                   println("已经解除对发送端1的连接")
24               }
25
26               // 如果发送端2发送的报文为"bye"，那么就停止接收数据报
27               if (datagram == "bye" && senderAddress == SocketAddress("127.0.0.1", 8889)) {
28                   break
29               }
30           }
31       }
32   }
```

在检测到发送端 1 发送的报文为"bye"之后，调用 disconnect 函数取消了对发送端 1 的连接（第 22 行）。在这次修改中，有以下两点需要注意。第一，由于接收端可能在连接了远端地址或未连接远端地址（解除连接之后）的情况下接收数据报，因此不能再使用 receive 函数，而应该使用 receiveFrom 函数来接收数据报（第 16 行）。第二，在取消了连接之后，UdpSocket 对象的属性 remoteAddress 将不再可访问，此时如果访问该属性，会抛出异常。因此在检查发送端的 Socket 地址时，我们使用的是 receiveFrom 函数返回的 Socket 地址（第 21、27 行）。

编译并执行接收端程序，输出如下：

```
接收端 127.0.0.1:9999 已启动！
只接收 127.0.0.1:8888 的数据报
```

然后打开一个新的终端窗口，编译并执行发送端 2 的程序代码（sender_2.cj），输出如下：

```
发送端 127.0.0.1:8889 已启动！
请输入：
```

这一次和上一个示例一样，不管我们在"请输入："之后输入什么内容，接收端都不会接收到来自发送端 2 的数据报。

再打开一个新的终端窗口，编译并执行发送端 1 的程序代码（sender_1.cj），输出如下：

```
发送端 127.0.0.1:8888 已启动！
只将数据报发送给 127.0.0.1:9999
请输入：
```

在发送端 1 的"请输入："之后输入"Hello, I am customer service robot number 8888."并按 Enter 键，接收端的输出如下：

```
从 127.0.0.1:8888 接收的数据报为：Hello, I am customer service robot number 8888.
```

继续在发送端 1 中输入"bye"并按 Enter 键，发送端 1 的输出如下：

```
发送端已关闭！
```

接收端的输出如下：

```
从 127.0.0.1:8888 接收的数据报为：bye
已经解除对发送端 1 的连接
```

这时就可以通过发送端 2 向接收端发送数据报了，直至输入"bye"为止。

5.3.2　UdpSocket 的应用示例

通过上面的介绍，相信你已经对 UdpSocket 的用法有了一定的了解。在本节中，我们使用 UdpSocket 编写一个示例程序，实现一对一实时聊天。这要求通信的任何一方都可以发送和接收消息。由于 UDP 的通信双方是对等的，因此双方运行的代码可以是完全相同的。示例程序如代码清单 5-8 所示。

代码清单 5-8　simple_udp_chat.cj

```
01  from std import socket.{UdpSocket, SocketAddress}
02  from std import console.Console
03  from std import convert.Parsable
04
05  // 接收消息
06  func receiveMessage(receiver: UdpSocket) {
07      let buffer = Array<Byte>(1024, item: 0)  // 用于接收发送端数据报的字节数组
08      while (true) {
09          let (senderAddress, len) = receiver.receiveFrom(buffer)
```

```
10              let datagram = String.fromUtf8(buffer[0..len])
11              println("${senderAddress} 说: ${datagram}")
12              if (datagram == "bye") {
13                  println("${senderAddress} 下线了! ")
14                  break
15              }
16          }
17      }
18
19      // 发送消息
20      func sendMessage(sender: UdpSocket, receiverAddress: SocketAddress) {
21          while (true) {
22              let optDatagram = Console.stdIn.readln()    // 从控制台读取一行字符串
23              if (let Some(datagram) <- optDatagram) {    // 读取的是有效的字符串
24                  // 将数据报发送给接收端
25                  sender.sendTo(receiverAddress, datagram.toArray())
26                  if (datagram == "bye") {
27                      println("发送端已关闭! ")
28                      break
29                  }
30              } else {
31                  println("输入无效! ")
32              }
33          }
34      }
35
36      main() {
37          print("请输入本地端口: ")
38          let localPort = UInt16.parse(Console.stdIn.readln().getOrThrow())
39          print("请输入远程 IP 地址: ")
40          let remoteIP = Console.stdIn.readln().getOrThrow()
41          print("请输入远程端口: ")
42          let remotePort = UInt16.parse(Console.stdIn.readln().getOrThrow())
43          let receiverAddress = SocketAddress(remoteIP, remotePort)    // 接收端的 Socket 地址
44
45          try (
46              udpSocket = UdpSocket(bindAt: SocketAddress("127.0.0.1", localPort))
47          ) {
48              udpSocket.bind()    // 绑定本地端口
49              println("${udpSocket.localAddress} 已上线")
50
51              // 创建用于接收消息的子线程
52              let receiverFuture = spawn {
53                  receiveMessage(udpSocket)
54              }
55
56              // 创建用于发送消息的子线程
```

```
57          let senderFuture = spawn {
58              sendMessage(udpSocket, receiverAddress)
59          }
60
61          // 阻塞主线程，直到子线程结束
62          senderFuture.get()
63          receiverFuture.get()
64      }
65  }
```

在以上示例程序中，定义了 2 个函数：receiveMessage 用于接收消息（第 5 ～ 17 行），sendMessage 用于发送消息（第 19 ～ 34 行）。在 main 中，创建了一个 UdpSocket 对象（第 46 行），接着创建了 2 个子线程，分别用于通过该 UdpSocket 对象接收和发送消息。将这个仓颉源文件分别编译为 2 个可执行文件 main1 和 main2，在 2 个终端窗口中运行。

运行结果如图 5-10 所示。注意，运行结果中本来没有空行，为了表示输入和输出的先后顺序，我们在图中加了空行。

图 5-10 示例程序的运行结果

5.4　基于 TCP 的网络编程

仓颉标准库的 socket 包提供了 StreamingSocket 接口、ServerSocket 接口、TcpSocket 类和 TcpServerSocket 类，用于实现基于 TCP 的网络编程。StreamingSocket 接口用于表示发送和接收字节流的套接字，其定义如下：

```
public interface StreamingSocket <: IOStream & Resource & ToString {
    // 将要或已经绑定的本地地址
    prop localAddress: SocketAddress

    // 将要或已经连接的远端地址
    prop remoteAddress: SocketAddress

    // 设置和读取读取操作的超时时间
    mut prop readTimeout: ?Duration

    // 设置和读取发送操作的超时时间
    mut prop writeTimeout: ?Duration

    // 其他成员略
}
```

IOStream 是定义在标准库 io 包中的接口，其定义如下：

```
public interface IOStream <: InputStream & OutputStream {}
```

其中，接口 InputStream 和 OutputStream 在第 2 章已经介绍过了。

TcpSocket 类表示客户端的 Socket 对象，其定义如下：

```
public class TcpSocket <: StreamingSocket & Equatable<TcpSocket> & Hashable {
    // 参数address和port分别用于指定服务端Socket对象的IP地址和端口
    public init(address: String, port: UInt16)

    // 参数address用于指定服务端的Socket地址
    public init(address: SocketAddress)

    // 参数address用于指定服务端的Socket地址，参数localAddress表示当前客户端的本地地址
    public init(address: SocketAddress, localAddress!: ?SocketAddress)

    // 连接远端Socket，自动绑定本地地址，不需要额外的绑定操作
    public func connect(timeout!: ?Duration = None): Unit

    // 读取字节流，读取的字节流存储在参数buffer中，返回读取的数据字节数
    public override func read(buffer: Array<Byte>): Int64

    // 发送字节流，发送的字节流存储在参数payload中
    public override func write(payload: Array<Byte>): Unit

    // 其他成员略
}
```

TcpServerSocket 类表示服务端的 Socket 对象，该类实现了 ServerSocket 接口，该类的定义如下：

```
public class TcpServerSocket <: ServerSocket {
    /*
     * 参数bindAt用于指定当前服务端Socket对象要绑定的端口
     * 当指定为0时系统会随机分配一个空闲的端口
     */
    public init(bindAt!: UInt16)

    // 参数bindAt用于指定当前服务端Socket对象要绑定的Socket地址
    public init(bindAt!: SocketAddress)

    // 绑定本地端口，无论成功与否，都需要调用close函数关闭Socket对象，不支持多次重试
    public override func bind(): Unit

    // 监听或接受客户端连接，阻塞等待
    public override func accept(): TcpSocket

    // 其他成员略
}
```

ServerSocket 接口的定义如下：

```
public interface ServerSocket <: Resource & ToString {
    prop localAddress: SocketAddress
    func bind(): Unit
    func accept(timeout!: ?Duration): StreamingSocket
    func accept(): StreamingSocket

    // 其他成员略
}
```

TCP 的通信双方是基于客户端 - 服务端模型的，这意味着一个服务端在特定的端口上监听传入的连接请求，而客户端发起连接请求来建立连接。因此，TCP 中的角色通常是"客户端"和"服务端"，而不是"发送端"和"接收端"。TCP 支持全双工通信模式。在全双工模式下，通信双方可以同时发送和接收数据，即数据传输是双向的。这意味着在一个 TCP 连接中，客户端和服务端可以在任何时候互相发送数据，而不需要等待对方完成发送。TcpSocket 对象和 TcpServerSocket 对象的通信过程如图 5-11 所示。

图 5-11　TcpSocket 对象和 TcpServerSocket 对象的通信过程

■ 服务端使用 TcpServerSocket 对象来监听指定的端口，等待客户端的连接请求。当 TcpServerSocket 接收到某个客户端的连接请求时，它会创建一个新的 TcpSocket 对象，用于与该客户端进行通信。这个新创建的 TcpSocket 对象在服务端代表与该客户端的连接端点，它封装了与该客户端通信所需的所有信息（如该客户端的 IP 地址和端口号）。通过这个新创建的 TcpSocket 对象，服务端能够读取来自该客户端的数据，并向该客户端发送数据。

■ 客户端通过创建一个 TcpSocket 对象并指定服务端的 IP 地址和端口号来请求与服务端建立连接。一旦连接建立，客户端通过这个 TcpSocket 对象来发送数据给服务端和接收服务端发送的数据。

因此，服务端新创建的 TcpSocket 对象与客户端的 TcpSocket 对象一起，构成了 TCP 连接的两端。每一端都可以发送数据到对方，也可以从对方接收数据，实现全双工通信。

5.4.1　TcpSocket 和 TcpServerSocket 的基本用法

接下来我们通过几个示例来说明 TcpSocket 和 TcpServerSocket 的基本用法。

示例 1

这个示例的目的是让客户端给服务端发送一个字节流。服务端程序 server.cj 如代码清单 5-9 所示。

代码清单 5-9　server.cj

```
01  from std import socket.TcpServerSocket
02
03  main() {
04      try (
05          // 创建一个服务端的TcpServerSocket对象，要绑定的本地端口为9999
06          server = TcpServerSocket(bindAt: 9999)
07      ) {
08          server.bind()    // 绑定本地端口
09          println("服务端已启动！")
10
11          // 阻塞式等待接受客户端的连接，返回一个TcpSocket对象
12          try (client = server.accept()) {
13              println("服务端${client.localAddress} 已连接客户端${client.remoteAddress}")
14
15              let buffer = Array<Byte>(1024, item: 0)  // 用于接收客户端发送数据的字节数组
16              var len: Int64   // 每次从客户端读取的字节数
17              while (true) {   // 只要数据没有全部读取完毕，就循环读取
18                  len = client.read(buffer)   // 阻塞式等待读取客户端发送的数据
19                  if (len == 0) {
20                      break   // 数据全部读取完毕，退出循环
21                  }
22                  let data = String.fromUtf8(buffer[0..len])
```

```
23                     println("从 ${client.remoteAddress} 读取的数据为:${data}")
24                 }
25             }
26         }
27 }
```

在以上代码中，首先创建了一个服务端的 TcpServerSocket 对象，指定了要绑定的本地端口（第 6 行）。注意要绑定的本地端口必须是一个空闲的端口，否则会导致端口冲突。在创建 TcpServerSocket 对象之后，调用 bind 函数显式绑定本地端口，这一步是必须的（第 8 行）。然后调用 accept 函数，阻塞式等待接受客户端的连接（第 12 行）。当客户端连接到服务端之后，服务端会返回一个 TcpSocket 对象 client。接下来，所有通信都是服务端的 TcpSocket 对象 client 与客户端的 TcpSocket 对象之间的通信。这两个 TcpSocket 对象的属性设置是互相关联的：一个对象的 localAddress 属性值是另一个对象的 remoteAddress 属性值，反之亦然。最后，通过 while 表达式持续读取客户端发送的数据（第 17 ~ 24 行）。在 while 表达式中，通过调用 TcpSocket 对象的 read 函数来接收数据（第 18 行）。read 函数是阻塞式的，会一直等到接收到数据、超时或关闭客户端的 TcpSocket 对象。当客户端的 TcpSocket 对象关闭时，read 函数的返回值为 0。当从客户端读取的字节数为 0 时，退出 while 表达式。

客户端程序 client.cj 如代码清单 5-10 所示。

代码清单 5-10　client.cj

```
01  from std import socket.TcpSocket
02
03  main() {
04      try (
05          // 创建一个客户端的 TcpSocket 对象，要绑定的远程 IP 地址和端口分别为 127.0.0.1 和 9999
06          client = TcpSocket("127.0.0.1", 9999)
07      ) {
08          // 连接到服务端的 TcpServerSocket 对象，会自动绑定本地端口
09          client.connect()
10          println("客户端${client.localAddress} 已启动并连接到服务端${client.remoteAddress}")
11
12          let data = "《图解仓颉编程》一图胜千言"
13          println("向 ${client.remoteAddress} 发送的数据为:${data}")
14          client.write(data.toArray())   // 将数据发送到服务端
15          println("数据发送完毕！")
16      }
17  }
```

在以上代码中，首先创建了一个客户端的 TcpSocket 对象 client，指定了要绑定的远程 IP 地址和端口，本地端口则由系统随机分配一个空闲端口（第 6 行）。为了方便测试，我们将当前主机同时指定为了客户端，但是客户端和服务端的本地端口是不同的。然后调用 connect 函数连接到服务端的 TcpServerSocket 对象，并自动绑定本地端口（第 9 行）。由于 TCP 是面向连接的，因此在传输数据之前必须要在客户端和服务端之间建立一个稳定的连接。建立连接之后，调用 TcpSocket 对象的 write 函数，将数据发送到服务端（第 14 行）。

编译并执行服务端程序，输出如下：

```
服务端已启动！
```

此时服务端被阻塞，等待客户端连接。然后打开一个新的终端窗口，编译并执行客户端程序，输出如下：

```
客户端127.0.0.1:7974 已启动并连接到服务端127.0.0.1:9999
向 127.0.0.1:9999 发送的数据为:《图解仓颉编程》一图胜千言
数据发送完毕！
```

之后服务端输出：

```
服务端127.0.0.1:9999 已连接客户端127.0.0.1:7974
从 127.0.0.1:7974 读取的数据为:《图解仓颉编程》一图胜千言
```

以上示例程序的执行过程如图 5-12 所示。

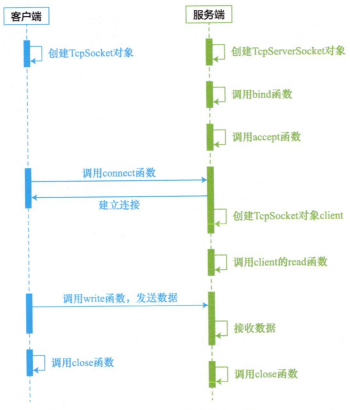

图 5-12　示例程序的执行过程

示例 2

如前所述，TCP 的数据传输是双向的，因此也可以从服务端向客户端发送数据。下面修改示例 1 中的示例程序，使服务端向客户端发送一个字符串。修改过后的 server.cj 如代码清单 5-11 所示。

代码清单 5-11   server.cj

```
01   from std import socket.TcpServerSocket
02
03   main() {
04       try (
05           // 创建一个服务端的TcpServerSocket对象，要绑定的本地端口为9999
06           server = TcpServerSocket(bindAt: 9999)) {
07           server.bind() // 绑定本地端口
08           println("服务端已启动！")
09
10           // 阻塞式等待接受客户端的连接，返回一个TcpSocket对象
11           try (client = server.accept()) {
12               println("服务端${client.localAddress} 已连接客户端${client.remoteAddress}")
13
14               let data = "《图解仓颉编程》一图胜千言"
15               println("向 ${client.remoteAddress} 发送的数据为：${data}")
16               client.write(data.toArray()) // 将数据发送到服务端
17               println("数据发送完毕！")
18           }
19       }
20   }
```

修改过后的 client.cj 如代码清单 5-12 所示。

代码清单 5-12   client.cj

```
01   from std import socket.TcpSocket
02
03   main() {
04       try (
05           // 创建一个客户端的TcpSocket对象，要绑定的远程IP地址和端口分别为127.0.0.1和9999
06           client = TcpSocket("127.0.0.1", 9999)) {
07           // 连接到服务端的TcpServerSocket对象，会自动绑定本地端口
08           client.connect()
09           println("客户端${client.localAddress} 已启动并连接到服务端${client.remoteAddress}")
10
11           let buffer = Array<Byte>(1024, item: 0)   // 用于接收客户端发送数据的字节数组
12           var len: Int64   // 每次从客户端读取的字节数
13           while (true) {   // 只要数据没有全部读取完毕，就循环读取
14               len = client.read(buffer)   // 阻塞式等待读取客户端发送的数据
15               if (len == 0) {
16                   break   // 数据全部读取完毕，退出循环
17               }
18               let data = String.fromUtf8(buffer[0..len])
19               println("从 ${client.remoteAddress} 读取的数据为：${data}")
20           }
21       }
22   }
```

仔细观察可以发现，这个示例的代码相比上一个示例只是调整了部分代码的位置，将之前在客户端发送数据的代码移动到了服务端，将之前在服务端接收数据的代码移动到了客户端。

编译并执行服务端程序，输出结果如下：

服务端已启动！

此时服务端被阻塞，等待客户端连接。然后打开一个新的终端窗口，编译并执行客户端程序，输出如下：

客户端127.0.0.1:2152 已启动并连接到服务端127.0.0.1:9999
从 127.0.0.1:9999 读取的数据为:《图解仓颉编程》一图胜千言

服务端的输出如下：

服务端127.0.0.1:9999 已连接客户端127.0.0.1:2152
向 127.0.0.1:2152 发送的数据为:《图解仓颉编程》一图胜千言
数据发送完毕！

示例 3

这个示例让客户端给服务端发送一个文件 test1.txt（该文件位于项目文件夹下的目录 src 中），服务端接收并将该文件保存为 test2.txt。服务端程序如代码清单 5-13 所示。

代码清单 5-13　server.cj

```
01  from std import socket.TcpServerSocket
02  from std import fs.{Path, File}
03
04  main() {
05      try (
06          // 创建一个服务端的TcpServerSocket对象，要绑定的本地端口为9999
07          server = TcpServerSocket(bindAt: 9999)
08      ) {
09          server.bind()   // 绑定本地端口
10          println("服务端已启动！")
11
12          try (
13              // 等待客户端连接，返回TcpSocket对象
14              client = server.accept(),
15              // 以只写模式创建从客户端读取的文件
16              file = File.create(Path("./src/test2.txt"))
17          ) {
18              let buffer = Array<Byte>(1024, item: 0)   // 用于接收客户端数据的字节数组
19              var len: Int64   // 每次从客户端读取并写入文件的字节数
20              while (true) {   // 只要数据没有全部读取完毕，就循环读取
21                  len = client.read(buffer)   // 阻塞式等待读取客户端发送的数据
22                  if (len == 0) {
23                      break   // 数据全部读取完毕，退出循环
24                  }
25                  file.write(buffer[0..len])   // 将读取的所有字节写入文件
26              }
```

```
27                println("读取完毕！")
28            }
29        }
30    }
```

客户端程序 client.cj 如代码清单 5-14 所示。

代码清单 5-14　client.cj

```
31    from std import socket.TcpSocket
32    from std import fs.{Path, File}
33
34    main() {
35        try (
36            // 创建一个客户端的 TcpSocket 对象
37            client = TcpSocket("127.0.0.1", 9999),
38            // 以只读模式打开文件
39            file = File.openRead(Path("./src/test1.txt"))
40        ) {
41            client.connect()  // 连接到服务端的 TcpServerSocket 对象，会自动绑定本地端口
42            let buffer = Array<Byte>(1024, item: 0)  // 用于存储要发送的数据的字节数组
43            var len: Int64  // 每次从文件中读取并发送到服务端的字节数
44            while (true) {  // 只要数据没有全部读取完毕，就循环读取
45                len = file.read(buffer)  // 将文件中的数据读取到字节数组
46                if (len == 0) {
47                    break  // 数据全部读取完毕，退出循环
48                }
49                client.write(buffer[0..len])  // 将读取的所有字节发送到服务端
50            }
51            println("写入完毕！")
52        }
53    }
```

这个示例与示例 1 的大部分代码都是相同的，只不过其中增加了从文件中读写的操作。通过 TcpSocket 对象，客户端逐次从源文件中读取数据到 buffer 中（第 45 行），再将每次读取的数据发送到服务端（第 49 行）。服务端在每次接收到发送端的数据之后（第 21 行），将数据分批写入目标文件（第 25 行）。

编译并执行服务端程序，输出结果如下：

> 服务端已启动！

此时服务端被阻塞，等待客户端连接。然后打开一个新的终端窗口，编译并执行客户端程序，输出如下：

> 写入完毕！

服务端的输出如下：

> 读取完毕！

这时检查项目文件夹，会发现其中多了一个 test2.txt，并且其大小和内容与 test1.txt 是完全一致的。

5.4.2　TcpSocket 和 TcpServerSocket 的应用示例

接下来编写一个示例，实现多人实时聊天。这需要有一个服务端和多个客户端，其中，客户端既可以发送消息也可以接收消息，服务端在接收到任意一个客户端的消息后，将该消息转发给所有在线的客户端，如图 5-13 所示。

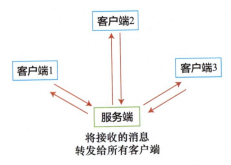

图 5-13　多人实时聊天的通信模型

服务端程序 server.cj 如代码清单 5-15 所示。

代码清单 5-15　server.cj

```
01   from std import socket.{TcpServerSocket, TcpSocket}
02   from std import collection.ArrayList
03
04   let onlineClients = ArrayList<TcpSocket>()   // 用于存储所有在线客户端的 TcpSocket 对象
05
06   // 接收消息，并将该消息转发给所有在线的客户端
07   func receiveForwardMessage(client: TcpSocket) {
08       let socketAddress = client.remoteAddress.toString()   // 客户端的 IP 地址和端口
09       let messageHead = socketAddress.toString() + "#"   // 消息头
10
11       let onlineMessage = messageHead + "上线了！"
12       sendToAllOnline(onlineMessage.toArray())   // 将上线的消息发送给所有在线的客户端
13
14       let buffer = Array<Byte>(1024, item: 0)   // 用于接收客户端发送消息的字节数组
15       var len: Int64   // 每次从客户端读取的字节数
16       while (true) {
17           len = client.read(buffer)   // 阻塞式等待并读取客户端发送的消息
18           if (len == 0) {
19               // 从 onlineClients 中移除 client
20               onlineClients.removeIf {socket: TcpSocket => socket == client}
21               client.close()   // 关闭 client
22               let offlineMessage = messageHead + "下线了！"
```

```
23                    sendToAllOnline(offlineMessage.toArray())    // 将下线的消息发送给所有在线的客户端
24                    break
25                }
26            let messageToSend = messageHead + String.fromUtf8(buffer[0..len])
27            sendToAllOnline(messageToSend.toArray())    // 将接收的消息转发给所有在线的客户端
28        }
29 }
30
31 // 将消息发送给所有在线的客户端
32 func sendToAllOnline(buffer: Array<Byte>) {
33     // 遍历所有在线的客户端
34     for (clinetSocket in onlineClients) {
35         clinetSocket.write(buffer)    // 将消息发送给在线的客户端
36     }
37 }
38
39 main() {
40     try (
41         // 创建一个服务端的 TcpServerSocket 对象，要绑定的本地端口为 9999
42         server = TcpServerSocket(bindAt: 9999)
43     ) {
44         server.bind()    // 绑定本地端口
45         println("服务端已启动！")
46
47         while (true) {    // 与多个客户端连接
48             // 阻塞式等待接受客户端的连接，返回一个 TcpSocket 对象
49             let client = server.accept()
50             onlineClients.append(client)    // 将该客户端添加到 onlineClients 中
51             // 创建一个子线程
52             spawn {
53                 receiveForwardMessage(client)
54             }
55         }
56     }
57 }
```

在以上代码中，首先创建了一个 ArrayList，用于存储所有在线客户端的 TcpSocket 对象（第 4 行）。然后定义了一个函数 receiveForwardMessage，用于接收消息并将该消息转发给所有在线的客户端（第 6 ～ 29 行）。此外，还定义了一个函数 sendToAllOnline，用于将消息发送给所有在线的客户端（第 31 ～ 37 行）。

在 main 中，首先创建了一个服务端的 TcpServerSocket 对象并绑定本地端口 9999（第 42 行）。然后在 while 表达式中调用 accept 函数，等待接受客户端的连接。每当有客户端连接到服务端时，就将该客户端对应的 TcpSocket 对象添加到 onlineClients 中，接着创建一个子线程，在 spawn 表达式中调用函数 receiveForwardMessage。

在函数 receiveForwardMessage 中，首先将上线的消息发送给所有在线的客户端，然后在

while 表达式中调用 read 函数以读取客户端发送的消息，并将接收的消息转发给所有在线的客户端。当客户端的 TcpSocket 对象关闭后，read 函数会解除阻塞并且返回值为 0。此时，从 onlineClients 中移除 client，关闭 client，并且将下线的消息发送给所有在线的客户端。

客户端程序 client.cj 如代码清单 5-16 所示。

代码清单 5-16　client.cj

```
01  from std import socket.{TcpSocket, SocketException}
02  from std import console.Console
03  from std import convert.Parsable
04
05  // 向服务端发送消息
06  func sendMessage(client: TcpSocket) {
07      while (true) {
08          let optMessage = Console.stdIn.readln()   // 从控制台读取一行字符串
09          if (let Some(message) <- optMessage) {    // 如果读取的是有效的字符串
10              if (message == "bye") {
11                  client.close()   // 关闭client
12                  break
13              }
14              client.write(message.toArray())   // 将消息发送给服务端
15          } else {
16              println("输入无效！")
17          }
18      }
19  }
20
21  // 接收服务端转发的消息
22  func receiveMessage(client: TcpSocket) {
23      let buffer = Array<Byte>(1024, item: 0)   // 用于接收服务端转发消息的字节数组
24      while (true) {
25          try {
26              let len = client.read(buffer)   // 阻塞式等待接收服务端转发的消息
27              let message = String.fromUtf8(buffer[0..len])   // 服务端转发的消息
28              let array = message.split("#", 2)   // 根据分割符 "#" 将消息分割为两部分
29              let socketAddress = array[0]   // 得到IP地址和端口
30              let messageBody = array[1]   // 得到消息的正文
31              if (socketAddress == client.localAddress.toString()) {
32                  // 输出消息的正文
33                  println("我：${messageBody}")
34              } else {
35                  // 输出消息中的Socket地址和消息的正文
36                  println("${socketAddress}：${messageBody}")
37              }
38          } catch (e: SocketException) {
39              println("我已下线")
40              break
```

```
41              }
42          }
43      }
44
45  main() {
46      // 创建一个客户端的TcpSocket对象，要绑定的远程IP地址和端口分别为127.0.0.1和9999
47      let client = TcpSocket("127.0.0.1", 9999)
48
49      client.connect()  // 连接到服务端的TcpServerSocket对象，会自动绑定本地端口
50      println("客户端 ${client.localAddress} 已启动！")
51
52      // 创建一个发送消息的子线程
53      let sendMessageFuture = spawn {
54          sendMessage(client)  // 向服务端发送消息
55      }
56
57      // 创建一个接收消息的子线程
58      let receiveMessageFuture = spawn {
59          receiveMessage(client)  // 接收服务端转发的消息
60      }
61
62      sendMessageFuture.get()  // 阻塞主线程，直到发送消息的子线程执行结束
63      receiveMessageFuture.get()  // 阻塞主线程，直到接收消息的子线程执行结束
64  }
```

在以上代码中，定义了两个函数 sendMessage 和 receiveMessage，分别用于向服务端发送消息和接收服务端转发的消息。

在 main 中，首先创建了一个客户端的 TcpSocket 对象并连接到服务端。然后创建了两个子线程，分别用于发送消息和接收消息，在子线程中分别调用了函数 sendMessage 和 receiveMessage。

在函数 sendMessage 中，可以一直从控制台输入消息，然后将消息发送给服务端。当输入的消息为"bye"时，关闭客户端的 TcpSocket 对象并且退出 while 表达式，发送消息的线程执行结束。此时，对于接收消息的线程，函数 receiveMessage 中的 read 函数会抛出异常。try 表达式会捕获该异常并输出提示信息"我已下线"，接着退出 while 表达式，接收消息的线程执行结束。

在函数 receiveMessage 中，通过 while 表达式一直阻塞式等待接收服务端转发的消息。在接收的消息中，包含了发送该消息的客户端的 Socket 地址以及消息的正文。函数会根据接收的消息是否是当前客户端发送的，输出相应的提示信息。

运行时，首先编译并执行服务端程序，然后将客户端程序编译为 3 个可执行文件，新建 3 个终端窗口分别运行这 3 个可执行文件。

服务端的输出如下：

服务端已启动！

3 个客户端的运行结果如图 5-14 所示。

客户端1	客户端2	客户端3
客户端 127.0.0.1:4517 已启动！		
我：上线了！		
	客户端 127.0.0.1:4518 已启动！	
127.0.0.1:4518：上线了！	我：上线了！	
		客户端 127.0.0.1:4519 已启动！
127.0.0.1:4519：上线了！	127.0.0.1:4519：上线了！	我：上线了！
Are we still on for the hike this Saturday?		127.0.0.1:4517：Are we still on for the hike this Saturday?
我：Are we still on for the hike this Saturday?	127.0.0.1:4517：Are we still on for the hike this Saturday?	
	Yes, I'm still in.	127.0.0.1:4518：Yes, I'm still in.
127.0.0.1:4518：Yes, I'm still in.	我：Yes, I'm still in.	
	Did you check the weather forecast?	
127.0.0.1:4518：Did you check the weather forecast?	我：Did you check the weather forecast?	127.0.0.1:4518：Did you check the weather forecast?
		Hi both!
127.0.0.1:4519：Hi both!	127.0.0.1:4519：Hi both!	我：Hi both!
		Yes, I did.
127.0.0.1:4519：Yes, I did.	127.0.0.1:4519：Yes, I did.	我：Yes, I did.
		It looks like it's going to be sunny.
127.0.0.1:4519：It looks like it's going to be sunny.	127.0.0.1:4519：It looks like it's going to be sunny.	我：It looks like it's going to be sunny.
Great!		
我：Great!	127.0.0.1:4517：Great!	127.0.0.1:4517：Great!
	Sounds good to me.	
127.0.0.1:4518：Sounds good to me.	我：Sounds good to me.	127.0.0.1:4518：Sounds good to me.
		I'll bring some water for us.
127.0.0.1:4519：I'll bring some water for us.	127.0.0.1:4519：I'll bring some water for us.	我：I'll bring some water for us.
Awesome, it's a plan then.		
我：Awesome, it's a plan then.	127.0.0.1:4517：Awesome, it's a plan then.	127.0.0.1:4517：Awesome, it's a plan then.
See you both on Saturday!		
我：See you both on Saturday!	127.0.0.1:4517：See you both on Saturday!	127.0.0.1:4517：See you both on Saturday!
	See you!	
127.0.0.1:4518：See you!	我：See you!	127.0.0.1:4518：See you!
		OK
127.0.0.1:4519：OK	127.0.0.1:4519：OK	我：OK
		bye
127.0.0.1:4519：下线了！	127.0.0.1:4519：下线了！	我已下线
	bye	
127.0.0.1:4518：下线了！	我已下线	
bye		
我已下线		

图 5-14　客户端的运行结果

以上仅仅是一个简单的示例，在实际的聊天应用中，还要考虑多方面的问题，例如，确保对共享资源 onlineClients 的访问是线程安全的、使用线程池来提升性能等。

5.5 小结

本章主要介绍了网络编程的一些基本知识以及如何实现 Socket 网络编程，包括基于 UDP 的网络编程和基于 TCP 的网络编程。

UDP 通信的双方可以担任"发送端"或"接收端"的角色，主要通过 UdpSocket 类来实现，其基本过程如图 5-15 所示。

图 5-15　UDP 通信的基本过程

尽管 UDP 是面向无连接的，调用 UdpSocket 对象的 connect 函数可以建立虚拟的连接，使得接收端只接收指定发送端的数据报，或者使得发送端只将数据报发送给指定的接收端。连接建立之后，可以使用 send 或 receive 函数来代替 sendTo 或 receiveFrom 函数，以发送或接收数据报。如果需要取消连接，可以调用 disconnect 函数。这个过程如图 5-16 所示。

图 5-16　UdpSocket 对象建立虚拟连接的过程

TCP 通信的双方担任的是"服务端"或"客户端"的角色，主要通过 TcpSocket 和 TcpServerSocket 类来实现。与 UDP 通信不同，TCP 通信的服务端和客户端必须先建立连接，之后才能通信，其基本过程如图 5-17 所示。

在实现 UDP 通信时，无论是作为接收端还是发送端的 UdpSocket 对象，都需要调用 bind 函数显式绑定本地端口。在实现 TCP 通信时，作为服务端的 TcpServerSocket 对象也需要调用 bind 函数显式绑定本地端口，而作为客户端的 TcpSocket 对象会自动绑定本地端口，不需要额外的绑定操作。

最后，实现 UDP 或 TCP 通信涉及仓颉标准库提供的一系列类型。这些类型的子类型关系如图 5-18 所示。

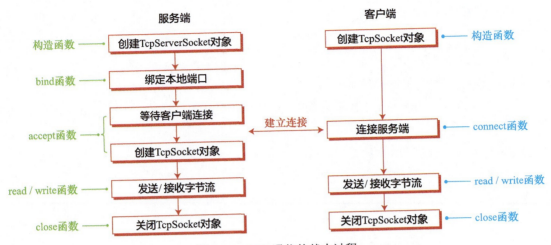

图 5-17　TCP 通信的基本过程

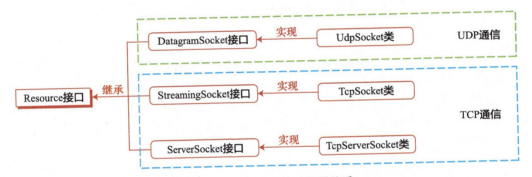

图 5-18　相关类型的子类型关系

UdpSocket 类实现了 DatagramSocket 接口，TcpSocket 类实现了 StreamingSocket 接口，TcpServerSocket 类实现了 ServerSocket 接口，而这 3 个接口都继承了 Resource 接口。这意味着 UdpSocket 类、TcpSocket 类和 TcpServerSocket 类的对象都被视作资源。在管理这几个类的对象时，当资源使用完毕后应该调用 close 函数及时关闭资源。如果不希望手动关闭资源，则应该使用 try-with-resources 表达式自动管理资源，以确保资源的安全释放。